오늘의 화학

오늘의 화학

엉뚱하지만 쓸모 많은
생활 밀착형 화학의 세계

조지 자이던 지음 | 김민경 옮김

시공사

일러두기

- 일부 용어나 회사명, 브랜드명, 제품명은 외래어표기법에 맞지 않더라도 널리 알려진 표기를 따랐습니다.

엄마, 아빠, 줄리아,
미안.

차
례

1부

우리 주변을 이루는 것들에 대하여

2부

얼마나 나빠야 건강에 해롭다는 걸까?

3부

그래서 치토스를 먹으라는 거야, 말라는 거야?

MIT는 마치 호그와트 같았다. 마법 같은 일을 하는 마녀와 마법사로 가득했다. 하지만 가장 황홀했던 부분은 내 주변이 동료 괴짜들(페이스북이 등장하기 전, 괴짜들이 아직 귀엽고 무해한 반려동물들처럼 여겨졌던 때처럼)로 가득 차 있다는 것과 나도 그들 중 하나라는 것이었다. 나도 마법을 부릴 수 있었다.

그리핀도르의 용기와 무모함을 가지고 싶었지만, 나는 뼛속까지 래번클로였다. 조용하고, 괴상하고, 결코 문제를 일으키지 않는 학생 말이다. 사실 나에 대한 내 친구들의 평가는 "재미에 알레르기 있는 녀석"이었고 그건 확실히 맞는 말이었다. 나는 대부분의 금요일 밤을 내 방에서 공부하며 보냈고, 단 한 번도 파티에 갔던 기억이 나지 않는다. 또한 나는 자발적으로 화학을 전공으로 선택했는데, 그 말은 곧 유기화학(애정을 담뿍 담아 '오르고orgo'라고 불리는) 과목을 3학기 동안 수강했다는 의미다. 그 후 그 수업의 조교가 되었다…. 두 번이나. 그러니, 맞다. 나는 확실히 심각한 재미 알레르기가 있다.

유기화학 입문 수업에서 가장 좋은 점은 분자 만드는 법을 배우는 것이다. 실험실에서가 아니라 종이 위에. 여러분에게 출발 물질(반응물)로 몇 개의 분자를 주면, 그걸 이용해서 목표 분자(생성물)를 만들어야 한다. 이렇게 말이다.

출발 물질(반응물): 벤젠, 포름알데히드
목표 분자(생성물): 다이페닐메탄올

처음 해야 할 일은 출발 물질에서 목표 분자까지의 반응 경로를 쓰는 것이다. 예를 들어 위에 주어진 반응에 대해 할 수 있는 대답 중 하나는 브로민화 철, 브로민, 마그네슘, 테트라하이드로퓨란, 피리디늄 클로로크롬산염으로 이루어지는 5단계 과정이다.

좋다. 그런데 이 과정은… 마법의 정반대 같아 보인다. 하지만 이런 지식을 배우는 것은 단지 칼을 잡는 방법이나 레시피를 따르는 방법을 배우는 것과는 다르다. 새로운 요리를 발명하거나, 칼을 갈아서 제대로 사용하거나, 새로운 요리 기술을 만드는 방법을 가르치는 요리 수업을 듣는 것과 같다. 유기화학 입문은 충분히 이해하기 쉽게 구성되었을 뿐만 아니라 창의성을 발휘해도 될 만큼 자유로운 과목이었다.

그래서 나는 **고급** 유기화학까지 들었다.

어느 날 교수가 다이어트콜라를 들고 수업에 들어왔다. 그는 콜라를 길게 한 모금 마시고 머리를 뒤로 젖히며 광고처럼 "캬~"라고 내뿜더니, 마치 앞에 카메라가 있기라도 하듯 이렇게 외쳤다. "인생의 묘약, 다이어트콜라!" 별로 드문 일은 아니었다. 그가 한 강의의 절반은 이런 식으로 시작했으니까(이상한 사람이었지만 훌륭한 선생님이었다). 내 기억으로는, 이후 교수가 칠판에 화학 반응식을 쓰더니 우리에게 이 반응의 생성물을 예측해보라고 했다.

어떤 화학물질 + 다른 어떤 화학물질 → ?

나는 이런 반응식을 본 적이 없었고, 내 주위 모든 사람들 또한 역시 본 적이 없는 눈치였다. 아무도 대답하지 않자 그는 다음과 같은 네 글자를 덧붙였다.

어떤 화학물질 + 다른 어떤 화학물질 → AHBL

"AHBL이 뭔지 아는 사람 있나?" 그가 질문했다. 평생 1등만 했던 37명의 학생들은 즉시 공황 상태에 빠졌다. 이전 학기에도 배우지 않은 내용이었다. 나는 최근 몇 년 동안 주기율표를 기억할 일도 없었지만, AHBL이 그 표에는 없다고 확신했다. A와 L은 원소가 아니다. 수소(H)는 보통 다른 원자 사이에 끼지 않는다. 붕소(B)는 보통 2개가 아니라 3개의 원자와 결합한다. 게다가 이 물질이 모두 대문자를 쓴다는 건 진짜 이상하다···.
헐.

어떤 화학물질 + 다른 어떤 화학물질
→ 아수라장ALL HELL BREAKS LOOSE

다시 말해서, 아주 간단한 두 화학물질이 반응하면 수천 개의 새로운 화학물질이 생성되는데, 그중 화학자가 간결하게 합성하려고 했던 순수한 물질 하나만을 제외하고는 전부 완전히 쓸모없는 것들이다.

이 반응식을 요즘에 다시 생각해보면 왼쪽은 단순함, 오른쪽은 혼돈이다. 결국 우리 모두가 유기화학 입문에서 배운 간결하고 마법 같은 반응식과는 정반대다.

우리가 매일 몸에 넣는 화학물질은 아주, 엄청, 매우 다양하다. 물, 치토스, 담배, 자외선 차단제, 전자담배 증기…. 이 목록은 문자 그대로 끝이 없다. 그 모든 것들이 우리 몸을 구성하는 모든 화학물질과 상호작용을 할 때 무슨 일이 일어날까?

교수가 '인생의 묘약'이라는 멋진 단어를 사용한 다이어트콜라도 AHBL(아수라장)중 하나인가? 만약 그렇다면, 아수라장을 구성하는 모든 화학물질들이 우리의 건강에 영향을 미치는가?

해답을 찾으려 노력하는 동안 나는 깜짝 놀랄 만한 발견을 했다. 과학 세계의 상황은 내가 생각했던 것과는 상당히 달랐다. 하지만 그 모든 이야기를 하기 전에, 내가 지금 여러분과 공유하려는 정보를 어떻게 찾았는지에 대해 조금만 언급하고 싶다.

바로 책을 읽다가 찾아냈다!

당연한 소리 집어치우라고?

사실 **과학 문헌**을 읽으면서 알게 되었는데, 과학은 정말 외국어라서 읽는다기보다는 해독하거나 번역한다고 해야 한다. 과학 문헌은 자기만의 특별한 단어, 문법, 리듬, 은어, 심지어 격렬한 대립까지 가지고 있다(예를 들어, 영어에서 누군가를 "진지하지 않은"이라고 묘사한다면 그 사람이 재미있거나 마음이 가볍다는 의미일 뿐이다. 하지만 과학에서 그런 단어들은 여러분이 하얀 권투 글러브를 꺼내 끼고 누군가의 얼굴을 때리는 것처럼, 심하게 모욕적인 의미다).

과학을 해독하는 과정에서는 다른 과학자들만을 위한 짧은 출판물, 공식적으로는 "학회지 기고문"이라고 불리지만 대부분의 과학자들은 "논문"이라고 부르는 문서를 읽어야 한다. 과학자들은 자신이 좋아하는 것(또는 좋은 생각이라고 판단되는 것)을 실험했을 때나, 자신이 얼마나 끝내주는 것을 알게 되었는지 다른 모든 과학자들에게 알리고 싶을 때 논문을 발표한다. 이런 일은 항상 일어나기 때문에 지금까지 적어도 6,000만 개의 논문이 발표되었고 **매년** 200만 개의 새로운 논문이 게재된다. 이 논문들을 읽는 법을 배우면 영화 〈알라딘〉 속 재스민 공주의 말처럼 완전히 새로운 세상을 만날 수 있다. 만약 여러분이 "식물은 어떻게 빛과 공기로 당분을 만들까?" 또는 "사람들이 자기 엉덩이에 넣는 가장 이상한 물건은 뭘까?"처럼 세상이 어떻게 돌아가는지에 대해 궁금한 점이 생긴다면, 가장 먼저 보아야 할 것이 바로 세계의 모든 논문들이다. 과학자들은 이것을 "문헌(정확하게는 과학 문헌)"이라고 부른다.

그래서 나는 이 책을 쓸 때 가졌던 모든 질문에 대한 답을 찾기 위해 문헌을 살펴보았다. 논문 몇 편을 읽었고 과학자 몇 명을 인터뷰했다. 그러고 나서 논문 몇 편을 더 읽고 다른 과학자들과도 이야기를 나누었더니, 여러분이 문학 작품을 접할 때 경험하는 것처럼 나도 논문들에 빨려 들어갔다. 논문 100편을 읽었을 때, 이전에 배운 몇 가지 사실들이 틀렸다는 것을 깨달았다. 500편을 읽었을 때는 너무나 많은 매혹적인 사실들과 흥미로운 이야기들을 발견했고 그 내용에 대해 글을 써야겠다고 생각했다. 1,000편을 읽고 인터뷰 50회를 하고 난 후 내가 전혀 새로운 방식으로 세상을 보고 있음을 깨달았다. 여러분도 이 책을 읽으면서 나와 같은 경험을 하기를 희망한다.

우리의 긴 여행을 시작하기 전에, 내가 누구인지 그리고 여러분이 이 여정에서 어떤 광경을 볼 수 있을지에 대해 분명히 밝히려고 한다. 나는 실험하는 과학자가 아니다. 지난 10년간 내 직업은 과학을 최대한 정확하고 재미있게 영어로 번역하는 것이었다. 그래서 전문적인 과학자들처럼 논문에 목숨을 걸지 않는다. 나는 마치 와인 비평가들처럼, 하지만 그들보다는 좀 덜 위풍당당하게 논문들을 한 모금씩 마시고 뱉으면서 그 내용을 이해하기 위해 노력한다. 그러므로 이 책에는 필연적으로 오류가 있을 수도 있다. 하나 찾았다고 생각되면 알려달라. 이메일(oops@georgezaidan.com)을 보내거나 트위터(@georgezaidan)로 연락하면 내가 그 오류를 파헤쳐서 발견한 결과를 알려주겠다.

그리고 또 다른 주의사항이 있다. 세상에는 어마무시한 양의 정보가 있기 때문에 나도 많은 부분을 잘라내서 편집실 바닥에 남겨두었다. 여러분을 위해 제공하는 다음의 편리한 표를 보면 정확하게 이 책에 어떤 내용이 들어 있고 빠져 있는지를 예측할 수 있을 것이다.

이 책에 들어 있는 내용	다른 책에 들어 있는 내용
가공식품이 얼마나 나쁜가? 우리는 그걸 어떻게 확신하는가?	여러분의 탄소 발자국(탄소 배출량)
자외선 차단제는 안전한가? 꼭 써야 할까?	식품 지속가능성
전자담배를 피우는 게 일반 담배보다 나은가?	유전자 변형 식품
커피는 여러분에게 좋은가, 나쁜가?	과학 자금
여러분의 질병 별자리 운세는 어떤가?	정치
수영장 냄새는 무엇으로 만들어졌는가?	축구
햇볕에서 펜타닐을 과다복용하면 어떻게 되는가?	야구
카사바 작물과 소련 스파이의 공통점은 무엇인가?	공을 사용하는 모든 운동
여러분은 언제 죽을까?	

오른쪽 칸의 주제는 모두 중요하며 왼쪽의 주제들과 엮인 경우가 많지만, 앞으로 나올 책들을 위해 몇 가지는 아껴두어야만 했다.

좋다, 이제 안전벨트를 잘 매시라. 험난한 길이 될 테니까.

조지 자이던

추신: 이 책에서는 내 의견, 널리 받아들여지는 상식, 논란이 되고 있는 주제를 최대한 분명히 구분하려고 노력했다. 내 의견이 아닌 모든 문장은 적어도 하나 이상의 논문에 의해 밝혀진 내용들이다. 또한 내가 정확하게 번역하고 있는지 확인하기 위해 80명 이상의 과학자들을 인터뷰했다. 내 웹사이트(www.georgezaidan.com)에서 내가 읽은 모든 논문의 목록을 찾을 수 있고 내가 인터뷰한 모든 과학자들의 이름을 볼 수 있다. 가능하면 내가 사용한 논문을 여러분이 직접 읽을 수 있도록 링크해놓았다(만약 유료 논문이라면 짧은 무료 요약본을 읽어볼 수 있다).

1부

우리 주변을
이루는 것들에 대하여

〈커피 관장 하는 법
(화장실에서 벌어진 뒷이야기)〉

_유튜브 동영상 제목

1장

가공식품은
건강에 진짜 해로울까?

**성분표시, 당뇨병, 무인도, 포르노,
집에서 만든 치토스에 대하여**

지옥으로 가는 길은 더 이상 버터로 칠해져 있지 않다.

이 길은 리세스Reese's(땅콩크림으로 채워진 초콜릿컵 과자—옮긴이)가 깔려 있고 거셔Gushers(과일 농축액이 들어 있는 사탕 모양 과자—옮긴이)가 점점이 박혀 있으며 치토스 과자 가루가 뿌려져 있다. 스니커즈Snickers와 트윅스Twix로 만들어진 여러분의 마차에는 오레오 바퀴가 달려 있고 말 대신 하리보 젤리가 끌어준다.

즉 지옥으로 가는 길은 공장에서 합성 화학물질로 만들어져 방부 처리까지 되고 화려한 포장에 담겨 썩기 직전까지 계속 팔려나가는, 위험한 가짜 음식들로 가득 차 있다. 간단히 말하자면, 가공식품은 독이다.

진짜 그럴까?

글쎄, **문자 그대로** 독극물은 아니다. 청산가리 1~2그램을 뿌려 먹지 않는 한 치토스를 먹는다고 해서 당장 죽지는 않는다. 하지만 30년 동안 매일 치토스 2봉지씩 먹는다면 어떨까? 치토스 2만 1,915봉지(약 590킬로그램 이상)에 해당하는 양이다. 그렇게 되면 심장마비나 암, 사망이 발생할 위험성이 어떻게 바뀔까? 만약 그런 일이 일어나도 치토스가 범인인지 우리가 어떻게 **알 수 있을까?** 치토스를 주디 판사Judge Judy(법정을 배경으로 하는 미국 리얼리티 쇼 주인공—옮긴이)의 법정에 끌고 갈 수는 없다. 그럴 수 있다고 해도, 치즈로 덮인 옥수수가루 반죽 조각이 희생자의 심장에 큰 칼을 들이대는 CCTV 영상이 없다면 유죄 판결을 받을 것 같지 않다. 그리고 친구가 기소당할 때 같은 봉지에 있던 다른 치토스들에 대해서는 잊어도 된다. 치토스는 고자질쟁이가 아니니까.

가공식품에 대한 법적 절차가 진행 중이긴 하지만, 어딘가에 분명 이 질문들에 대한 답이 있을 것이다. 가공식품들은 암의 위험을 높일 수도 있지만 아닐 수도 있다. 마찬가지로 여러분이 심장마비에 걸릴 위험을 높일 수도 있고, 아닐 수도 있다. 가공식품은 여러분에게 나쁠 수도 있고 나쁘지 않을 수도 있다. 혹시 이런 생각을 하고 있는가? **"가공식품이 나한테 나쁘다는 건 이미 알고 있어. 왜냐하면 그걸 먹을 때마다 기분이 안 좋거든."** 그렇다, 내게도 들린다. 나는 여러분이 자기 몸이 하는 말에 귀를 기울이는 데 전적으로 찬성하며, 그게 바로 일상생활을 위한 중요한 기준점이다. 하지만 여러분이 노시보 효과nocebo effect를 경험하고 있는 중일 수도 있다. 나쁜 것들에 대한 플라시보 효과라고 생각하면 된다. 즉 만약 여러분이 무엇인가가 몸에 안 좋을 거라고 생각한다면, 실제로도 그렇게 될 수 있다는 의미다. 계속 그렇게 생각하고 있지 않더라도, 기분이 안 좋다는 사실이 장기적인 결정을 내리는 데 필요한 정보를 주지는 않는다. 감기에 걸리거나 케이블 회사에 전화하는 일처럼 사망이나 질병의 위험에 영향을 미치지는 **않지만** 기분을 안 좋게 하는 것들이 많다. 그리고 흡연처럼 기분은 좋게 하지만 장기적으로 여러분의 죽음이나 질병의 위험에 **극적인** 영향을 미치는 것들이 있다.

장기적 결정을 위해 여러분은 다음 사항을 알고 싶어할 것이다.

1. 가공식품이 **정확히** 얼마나 몸에 해로울까?
2. 치토스 섭취를 두 배로 늘리면 위험도 두 배가 될까? 아니면 한계점이 넘을 때까지 치토스를 먹어야 나쁜 일이 생길까?
3. 치토스를 하나씩 더 먹을 때마다 수명이 얼마나 줄어들까?
4. 가공식품이 나쁘다면 얼마나 나쁜가? 가공식품을 먹는 습관에 대한 대가로 정확히 몇 년의 인생을 포기하게 되는 걸까?

나는 이 질문들에 대한 해답이 드넓은 하늘 어딘가에 존재한다고 생각했기 때문에, 바로 구글에 검색해보았다. 알고 보니 그곳에 답이 있긴 했다. 어느 정도. 그리고 답을 찾긴 했다. 어느 정도. 하지만 동시에 그보다 더한 것도 발견했다. 내가 알게 된 지식으로 인해 음식을 바라보는 관점이 바뀌었지만… 기대한 방향은 아니었다. 극에서 극으로 마음을 바꾸게 되지는 않았다. 나는 우유에 흠뻑 적신 오레오의 눅눅한 부스러기 속에서 사탄을 보는 것과 **동시에** 체스터 치타(치토스

광고에 나오는 치타–옮긴이) 합창단의 천사 같은 화음을 듣기 시작했다. 물론 말이 안 되는 얘기인 줄 알지만 마치 내 존재에 다른 차원이 추가된 것 같았다.

내가 출발했던 그 지점에서 여러분과의 여정을 함께 시작할 것이다. 바로 가공식품이다. 1부에서는 가공식품에 대한 걱정들과 도대체 애초에 가공식품이 왜 존재하게 되었는지에 대해서 알아보겠다. 2부에서는 가공식품을 넘어서, 치토스에서 자외선 차단제, 담배에 이르기까지 우리가 일상생활에서 만나는 화학물질들 중 일부를 살펴보겠다. 3부에서는 앞부분에 나왔던 끔찍한 숫자들의 본질을 다시 한번 살펴보면서 질문을 던지려고 한다. 과학은 이 숫자들을 어떤 방법으로 찾아내서 제시한 것인가? 마지막으로, 이 모든 내용이 여러분에게 어떤 의미가 될지를 알아낼 것이다.

자, 아예 처음부터 시작하자. 가공식품이 건강에 해로운지를 알아내기 위해서는 먼저 가공식품이 뭔지를 정의해야 한다. 왜냐고? 가공식품이 혈압에 영향을 미치는지 알아보기 위해, 다음과 같이 (완전히 상상으로만 해보는) 실험을 생각해보자.

1. 한 방에 100명을 가둔다.
2. 절반에게는 가공식품으로 가득 찬 식사만을 먹게 하고 나머지 절반에게는 가공식품을 주지 않는다.
3. 그 후 열흘 동안 그들의 혈압을 측정한다.

이 실험을 하기 위해서는 모든 사람들이 가공식품이 **무엇인지에**

대해서 동의해야 한다. 왜냐하면… 누군가가 실제로 장을 보러 가서 여러분의 실험용 인간 기니피그가 먹을 모든 가공식품을 사와야 하기 때문이다.

당연한 이야기 아닌가? 하지만 만약 '가공식품'의 정의가 결정적으로 명확하지 않다면 실험 결과 역시 분명하지 않을 것이다. 장 보는 사람에게 포장지에 싸여 있는 모든 음식을 사라고 말했다면 어떨까? 꽤 직설적으로 가공식품을 말한 것 같지만 그 사람은 화려한 금박으로 싸인 배나 트윅스, 오트밀, 럭키 참스Lucky Charms(마시멜로가 들어 있는 시리얼-옮긴이), 갓 구운 바게트나 대기업 베이커리 브랜드의 건포도 시나몬 롤 등을 살 수도 있다. 만약 실험 대상의 정의가 명확하지 않을 경우 실험 결과는 아래 그림처럼 중구난방이 될 것이다.

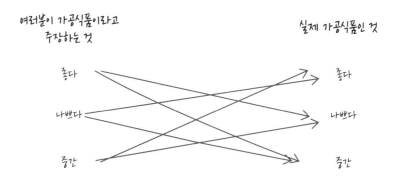

이 결과는 쓰레기 한 뭉치일 뿐이다. 따라서 과학적으로 가공식품이 여러분을 무덤으로 빨리 보낼지를 실험하기 위해서는 먼저 가공식품을 정의해야 한다.

좋다. 호그와트에서 기숙사를 정하는 것처럼 쉽지 않은가?

잼 → 가공되지 않은 것(그리핀도르!)

오레오 → 가공된 것(슬리데린)

토르티야 → 그리핀도르!

치토스 → 슬리데린

올리브 절임 → 그리핀도르!

스타버스트Starburst(과일 맛 캐러멜—옮긴이) → 슬리데린

이렇게 말하기가 괴롭지만, 호그와트식 방법은 비과학적이다. 그리핀도르든 슬리데린이든 위의 **모든** 음식들은 어떤 식으로든 가공되었다. 그래서 우리가 방금 한 일은 본질적으로 그 음식에 대해서 좋게 느끼는지, 나쁘게 느끼는지에 따라 분류한 것에 지나지 않는다. 그렇다고 위의 모든 음식들을 '가공식품' 쪽으로 던지는 것은 옳지 않다. 우선 '잼'과 '치토스'를 모두 담을 수 있을 만큼 범위가 넓다면 '가공된'이라는 범주는 그다지 의미 없어 보인다. 그런 의미에서 '가공되지 않은' 식품으로 분류될 수 있는 건 아마 날고기와 야채 정도가 아닐까.

가공식품과 비가공식품 사이에는 근본적으로 다른 무언가가 있어야 한다는 느낌이다. 어린이를 위한 판타지 동화 〈해리포터와 마법사의 돌〉과 포르노 사이트에서 무료로 볼 수 있는 〈변강쇠와 불타는 돌〉* 처럼 본질적으로 다른 무언가 말이다. 비록 두 영화 모두에서 해리와 헤르미온느 사이에 그렇고 그런 일이 일어나지는 않지만.

* 그렇다. 내가 지어낸 제목이다.

'가공식품'에 대한 일반적인 정의 하나는 음식이 얼마나 복잡해 보이는지에 따라 결정하는 것이다. 두 가지로 요약하면 이렇다. 얼마나 많은 성분들이 들어 있는지 그리고 이 성분들이 어떻게 발음 가능한지다. 화학자들은 이 정의가 터무니없이 멍청하다고 치부하는 경향이 있지만 나는 생각해볼 가치가 있다고 본다. 무엇보다도 이 정의의 장점은, 명확하고 간단하다.

하지만 가공식품에 대해 이런 식으로 접근하는 게 좋다는 의미는 아니다. 왜냐고? '가공식품 색인processed-food index, PFI`*'을 이렇게 2개의 값으로만 만들었다고 가정해보자.

PFI = 성분 개수 + 각 성분의 이름에 들어가는 음절 수

스키틀즈Skittles의 PFI는 이렇다.

성분	음절**
설탕	2
옥수수 시럽(물엿)	3
수소경화 팜 커넬 오일(야자핵기름)	9
구연산	4
타피오카 전분	6

* 옮긴이: 이 PFI라는 목록이 실제로 있지는 않고, 저자가 자기만의 용어로 만들어낸 것이다.
** 이 표에 기재된 음절 수는 영문 기준이다.

옥수수 녹말	5
천연과 인공 향료	10
적색 40호 알루미늄레이크(식용색소)	4
이산화티타늄	7
적색 40호	3
황색 5호 알루미늄레이크	4
황색 5호	3
황색 6호 알루미늄레이크	4
황색 6호	3
청색 2호 알루미늄레이크	3
청색 1호	2
청색 1호 알루미늄레이크	3
구연산나트륨	5
카르나우바 왁스(브라질야자 잎에서 정제한 밀랍)	4

- -

PFI = 성분 19개 + 음절 84개 = 103

스마티스Smarties 초콜릿의 PFI는 이렇게 된다.

$$PFI = 9 + 34 = 43$$

커피의 PFI는 이렇다.

$$PFI = 대략 1,000^{\bullet} + 대략 4,000 = 대략 5,000$$

직관적으로 생각할 때 스키틀즈와 스마티스가 똑같이 가공되어 있을 것 같지만, PFI에 따르면 스키틀즈의 가공이 스마티스의 2.4배라고 한다. 로스팅 후 뜨거운 물로 추출한(상대적으로 간단한 가공이 된) 커피는 PFI에 따르면 스키틀즈보다 49배, 스마티스보다 116배 정도 더 가공된다.

문제는 PFI가 가공 단계를 실제로 측정하지 않는다는 것이다. 단지 FDA가 성분표시를 어떻게 규제하는지 그리고 화학자들이 분자를 어떻게 명명하는지만 측정한다. 예를 들어, 강화 밀가루에는 세 가지 다른 이름으로 통하는 분자가 들어 있다.

리보플라빈

비타민 B_2

7,8-디메틸-10-[(2S,3S,4R)-2,3,4,5-테트라하이드록시페닐]벤조[g]프테리딘-2,4-디온

3개의 이름 모두 동일한 분자를 가리키지만, 각각 엄청나게 다른 PFI를 만들 것이고 커피처럼 더 복잡한 분자의 혼합물이라면 문제가 점점 심각해질 것이다. 커피는 심지어 성분표시가 아예 붙어 있지 않다. 그렇다면 무엇으로 PFI를 계산해야 할까? 커피(PFI=3), 카

• 커피콩은 수천 개의 화학물질로 구성된 살아 있는 세포로 만들어진다. 로스팅한 원두에서 950개 이상의 화학물질이 확인되었고, 아마도 우리가 아직 감지하거나 찾아내지 못한 많은 화학물질들이 있을 것이다.

페 아라비카(PFI=6), 아니면 커피 한 잔에 있는 모든 화학물질의 목록 (PFI=5,000)? 여러분이 무엇을 선택하느냐에 따라 커피의 PFI는 스키틀즈의 PFI의 3분의 1배에서 49배까지 다양하게 나타날 수 있다.

그러니 직관적인 '성분의 복잡성' 정도는 식료품점에서 빠르게 비교할 때는 괜찮지만 과학에는 도움이 되지 않을 것이다.

과학적인 실험에 사용 가능한 합리적인 식품가공지표를 제시하기는 어렵다. 공중보건 연구원의 영양학자인 카를로스 몬테이로Carlos Monteiro와 동료들은 노바 식품분류 시스템이라고 불리는 체계를 제안했다. 노바NOVA는 식품을 가공의 '본질, 범위, 목적'을 기준으로 분류한다. 다시 말해 이 식품이 어떻게, 얼마나, 왜 가공되었는가를 기준으로 본다. 수많은 기준을 두거나 달랑 2개의 기준(가공되었거나 아니거나)만을 이용하는 대신, 노바 시스템은 '가공되지 않았거나 최소로 가공된 식품'부터 '초가공식품'까지를 4개의 단계로 나눈다. 각 단계에 포함될 수 있는 몇 가지 예는 다음과 같다.

· 그룹 1: 식용 가능한 식물과 동물, 또는 식물과 동물의 일부분, 그리고 이 식품들을 원형 그대로 보관하기 위해 가공한 것들. 몬테이로는 우유, 말린 과일, 밥, 플레인 요거트, 커피 같은 음식을 이 그룹에 넣었다.

· 그룹 2: 식품 단독으로는 먹지 않고 식재료로 사용할 것들. 예를 들어 버터, 설탕, 소금, 메이플 시럽이 있다.

· 그룹 3: 그룹 1의 음식에 그룹 2의 음식을 첨가해 만든 식품. 잼, 젤리, 통조림 참치(기름이 들어 있는), 신선한 빵, 햄도 이 그룹이다.

· 그룹 4: 탄산음료, 아이스크림, 초콜릿, 모든 즉석식품, 아기용 조
제분유, 에너지드링크, 대부분의 아침식사용 시리얼, 사탕,
포장된 빵을 포함한 많은 식품들. 치토스도 여기 들어간다.

노바 시스템은 이해하기 쉬워 보이지만 사실 최근에 식품이 연
구되는 방향과는 차이가 많이 난다는 사실에 주목하자. 오늘날 대부
분의 영양학 연구는 식품에 **포함된 성분**에 집중하지만 노바는 주로 이
식품이 어떤 **가공**을 거쳤는지에 초점을 맞춘다. 이것을 가장 쉽게 보
려면 영양정보 분석표를 연구하면 된다.

〈식품 A〉

영양정보	
1회당 제공량	100g
칼로리	160
총지방	14.7g
총탄수화물	8.5g
식이섬유	6.7g

〈식품 B〉

영양정보	
1회당 제공량	100g
칼로리	23
총지방	0.4g
총탄수화물	3.6g
식이섬유	2.2g

성분을 보면 위의 두 식품이 매우 달라 보일 수 있다. 식품 A는
식품 B에 비해서 탄수화물 2배, 식이섬유 3배, 지방 37배 이상을 가
지고 있다(아, 잊지 말자. 열량은 7배 높다). 그런데도 두 식품 모두 노바
그룹 1에 있다(식품 A는 아보카도, 식품 B는 시금치).

또 다른 예를 보자.

<식품 C>

영양정보
1회당 제공량   100g
칼로리   304
총지방   0g
총탄수화물   82.4g
식이섬유   0.2g

<식품 D>

영양정보
1회당 제공량   100g
칼로리   375
총지방   0.1g
총탄수화물   93.5g
식이섬유   0.2g

위의 식품들은 대략 같은 열량, 섬유질, 당분, 지방으로 되어 있다. 하지만 식품 C는 노바 그룹 2이고 식품 D는 노바 그룹 4이다. 각각이 무엇인지 맞춰보라.[*]

노바가 식품에 **들어 있는** 성분보다 식품이 **가공된** 과정을 강조하는 것은 우연이 아니다. 몬테이로가 "식품, 영양 그리고 공중보건을 고려할 때 가장 중요한 요소는 **식품을 어떤 과정으로 만드는가다**"라는 이론에 근거해 노바 시스템을 제안했기 때문이다.

과감한 전략과 쉽게 이해할 수 있는 기준 덕분에 몬테이로의 노바 시스템은 성공했다. 세계보건기구, 범아메리카 보건기구, UN의 식량농업기구는 노바 시스템을 기준으로 두는 경우가 많다.

그룹 4는 노바 시스템의 핵심이다. 이 음식들은 몬테이로가 "초

---

[*] 식품 C는 꿀, 식품 D는 젤리빈이다.

가공식품" 또는 "초가공식품과 음료"라고 부르는 것들로, "살짝 변형된 식품이 아니라 거의 또는 완전히 음식과 첨가물에서 추출한 성분들을 이용해 인공적으로 만들어진, 온전한 그룹 1 음식은 거의 들어 있지 않은 식품"이라고 정의되기도 한다. 초가공식품에는 다른 식품에서 찾아볼 수 없는 향료, 염료, 진짜 맛있게 들리는 이름을 가진 첨가제들(예를 들면 탄산, 고형제, 팽창제와 팽창 방지제, 거품 방지제, 유화제, 격리제, 광택제 등등)이 들어간다. 하지만 그 정의는 음식에 첨가된 성분들보다 많은 의미를 갖는다. 즉, 몬테이로에 따르면 초가공식품은 산업 공정에서 생산되며 저렴하고 편리하게 먹도록 고안된 것이다. 최종적으로 초가공식품은 "매력적으로 포장되고 집중적으로 마케팅되는" 식품이다.

아마 이런 표현은 못 들어봤겠지만, 이것이 바로 여러분이 직관적으로 인식하는 가공식품에 대한 묘사다. 터무니없이 싸고, 말도 안 될 정도로 편리하고, 누구에게나 맛있지만 식품으로는 거의 인식되지 않는 것. 본질적으로 노바 시스템은 합리적이고 체계적으로 여러분이 〈해리포터와 마법사의 돌〉과 〈변강쇠와 불타는 돌〉을 분류할 수 있는 방법이라고 생각하면 된다.

노바 시스템을 사용해 진행한 연구를 검토해보자.

우리의 식단이 얼마나 많은 초가공식품으로 이루어져 있는지 알고 나서 나는 **매우** 놀랐다. 미국에서는 사람들이 섭취하는 칼로리의

58퍼센트가 초가공식품에서 나온다. 헉, 절반 이상이라니! 캐나다는 48퍼센트, 프랑스는 (평소 기준) 36퍼센트다. 미국은 프랑스에 비해 나쁘지만 스페인(61퍼센트)을 앞서고, 독일과 네덜란드(78퍼센트)와 비교해보면 건강에 대단히 신경 쓰는 사람들로 보일 지경이다! 이 숫자들 중 몇몇은 너무 높아서 나의 쓸데없는 호기심 레이더를 발동시켰다. 그러나 다른 한편으로 보면 이 백분율은 모두 칼로리 섭취량을 근거로 했으며 초가공식품은 보통 칼로리가 높다. 예를 들어, 만약 특정한 날에 여러분이 먹은 음식이라고는 콜라 2리터, 생시금치 14컵이 전부였다면 그날은 칼로리의 90퍼센트를 초가공식품으로 얻은 것이다. 혹은 만약 소닉 드라이브스루(오직 자동차를 타고만 주문 가능한 패스트푸드 음식점—옮긴이)에서 요즘 핫한 오레오 땅콩버터 셰이크를 주문했다면 그날의 초가공식품 섭취를 통한 칼로리를 51퍼센트로 줄이기 위해서* 버터 2덩어리나 시금치 117컵을 먹어야만 한다.

우리는 분명히 초가공식품을 **많이** 먹고 있다. 그런데 이것이 우리를 **죽일 수 있을까? 만약 그렇다면, 어떻게?** 초가공식품은 우리를 다양한 방법으로 죽일 수 있다. 우리에게 독이 되는 화학물질이 초가공식품에 많이 들어 있을 수도 있고, 우리에게 좋은 화학물질이 충분히 들어 있지 않을 수도 있고, 아니면 초가공식품이 우리를 비만으로 만들고 **그게 원인이 되어** 우리가 죽을 수도 있다.

그래서 중요한 질문 하나는, 가공식품이 실제로 여러분을 비만으로 만드는가다. 가설은 이렇게 진행된다. 지난 200년 동안, 칼로리

---

* 수학적 계산을 하려는 여러분을 위해 알려드리자면 이 말은 소닉 오레오 땅콩버터 셰이크의 열량이 버터 2덩어리나 시금치 117컵의 열량보다 크다는 뜻이다(버터는 그룹 2, 시금치는 그룹 1 식품이다).

가 극도로 높고 싸고 매우 편리한 초가공식품의 이용량이 믿을 수 없을 정도로 증가했다. 이 제품들은 중독성이 크도록 만들어졌기 때문에 여러분은 설탕과 지방을 더 섭취하게 되며, 식이섬유와 미량 영양소를 덜 섭취하게 된다. 시간이 지남에 따라 이 제품들은 여러분을 과체중 혹은 비만으로 만들며, 따라서 기본적으로 모든 질병, 특히 당뇨, 심장병, 암에 대한 위험을 증가시킨다. 다국적 식품 대기업들은 기본적으로 담배 회사와 유사한 방침을 따르고 있기 때문에 이런 문제는 신경 쓰지 않는 것 같다. 나중에 사람을 죽이더라도 지금은 돈을 긁어모으니 행복하다는 것이다.

우리는 이미 이 가설의 일부가 사실이라는 걸 알고 있다. 예를 들면, 몬테이로가 정의한 초가공식품은 인류 역사에서 아주 최근에 발명되었다. 콜라, 닥터페퍼, 허쉬, 리글리Wrigley, 포스트 시리얼, 크래커 잭Cracker Jack, 브레이어스Breyers, 캐드버리Cadbury, 엔텐만스Entenmann's, 펩시, 젤오Jell-O, 투시 롤Tootsie Rolls은˙ 모두 1877년에서 1907년 사이의 30년 동안 설립되거나 발명되었다. 그리고 우리는 시간이 지날수록 이런 식품을 확실히 더 많이 먹고 있다. 위의 음식 조사 수치를 믿지 않더라도, 우리 모두 이런 이름을 알고 있다는 사실은 초가공식품이 얼마나 널리 퍼져 있는지를 보여준다. 그리고 비만은 정말로 점점 더 나빠지고 있어 미국에서는 흡연하는 사람보다 비만인 사람이 2배 이상 많고, 지구상의 모든 '건강' 잡지가 투입하는 최선의 노력에도 불구하고 이 숫자는 몇 년 동안 꾸준히, 지속적으로 증가하

˙ 옮긴이: 리글리는 껌 회사이며 크래커 잭은 캐러멜 코팅된 팝콘, 브레이어스는 아이스크림 브랜드, 캐드버리는 제과 회사, 엔텐만스는 구운 도넛과 쿠키를 만드는 회사, 젤오는 젤리, 투시 롤은 초콜릿 느낌의 사탕이다.

고 있다.

여기에서 결론으로 확 넘어가고 싶은 유혹이 생긴다. 우리는 전에 2개의 명제를 가지고 있었다. 하나, 미국은 점점 더 뚱뚱해지고 있다. 둘, 미국은 전보다 더 많은 초가공식품을 먹고 있다. 그 두 명제 사이에 '왜냐하면'을 붙이는 것이 세상에서 가장 쉬운 일이겠지만, 미국 사회에는 다른 변화들이 많이 있었다. 사무직은 대부분 하루 종일 앉아서 일한다. 우리는 전보다 더 재정적으로 그리고 정신적으로 스트레스를 받는다. 우리는 전화와 반사회적 미디어 덕분에 스스로를 의식하고 우울해하고 친구들을 질투하는 완전히 새로운 삶의 방법을 발명했다.

여러분은 아마도 앉은 자리에서 치토스 대용량 한 봉지를 다 먹을 수 있게 만들 만큼 열 받는 일을 14개 이상 생각해낼 수 있을 것이다. 내가 인터뷰한 몇몇 과학자들은 니코틴이 식욕억제제이기 때문에, 금연하는 사람들이 비만을 유행시키는 데 작은 원인이 될 수 있다고 말한다. 어떤 사람들은 심지어 집의 배치가 원인일 수도 있다고 생각했다. 최근 새로 지어진 집들은 음식으로 가득 찬 부엌이 집의 중심에 배치되어서 음식에 대한 갈망을 채우기가 더 쉽다. 그리고 우리의 유전자를 잊지 말자. 인류 역사의 거의 모든 기간 동안 음식은 믿을 수 없을 정도로 부족했고, 그래서 우리는 남는 칼로리를 비축하도록 진화했다. 이제 모든 곳에 칼로리가 과잉으로 존재하기 때문에 모든 사람들은 지방을 축적하고, 즉 뚱뚱해지고 있다.

이 모든 원인들이 똑같이 문제일 수도 있다. 하지만 초가공식품이 주원인이고 다른 모든 요소들이 치토스 위에 뿌려진 양념 분말 같은 역할을 하는 것일 수도 있다.

만약 초가공식품이 여러분을 비만으로 만드는지 알아내고 싶다면, 다음과 같은 실험을 해야 할 것이다.

1. 여러분의 실험을 위해 평생 기꺼이 함께하겠다고 서명할 수 있는 2만 명 규모의 거대한 집단을 찾는다.
2. 300킬로미터 정도 떨어져 있는 똑같은 환경의 무인도 2개를 찾아서 각각에 동일한 호텔을 짓는다.
3. 2만 명을 1만 명씩 두 그룹으로 나누고 각 그룹을 호텔에 가둔다.
4. 한 집단은 초가공식품이 많은 식단을, 다른 집단은 초가공식품이 적은 식단을 수십 년 동안 먹인다.
5. 어떤 일이 일어나는지 기록한다.
6. 확실하게, 두 집단 모두 섬을 떠나거나 다른 섬으로 헤엄쳐 가거나 고향에 있는 가족 또는 친구들로부터 음식을 받는 것을 절대로 허락하지 않아야 한다.

여러 그룹의 사람들에게 다른 일을 하도록 요구하는 이런 종류의 실험은, 무작위 통제 실험이라고 불린다. 실험이 끝날 때 고高 초가공 실험군과 저低 초가공 대조군에서 비만이 될 위험성을 비교하는 것이다. 한 그룹의 위험성을 다른 그룹의 위험성으로 나누면 **상대적 위험성**이라는 것을 얻게 된다. 인터넷에 접속해본 적이 있다면 상대적 위험성에 대해서도 본 적이 있을 것이다. 나는 '달걀의 위험성egg risk'을 구글에 검색했을 때 NPR 라디오 방송 내용에서 다음과 같은 내용을 발견했다. "하루에 달걀을 2개씩 섭취했다면 심장병에 걸릴 위험성이 27퍼센트 높아진다고 연구원이 말했습니다…." (걱정하지 마라. 달걀을 먹어야 하는지 아닌지는 다시 이야기하겠다.)

달걀을 포함해, 음식과 관련된 대부분의 상대적 위험성은 무작위 통제 실험에서 나오지 **않는다**. 대신 이런 결과는 많은 사람을 모집해서 몇 년 동안 정기적으로 설문조사하는 실험에서 나오며 이런 설문조사 형식의 실험에서는 어떤 식으로든 그들의 식습관이나 행동을 바꾸라고 요구할 필요가 없다. 이런 유형의 실험을 전향적인 코호트 조사라고 한다. 연구가 끝날 때 여러분은 초가공식품을 얼마나 많이 먹었는가에 따라 사람들을 분류한다. 그러고 나서 무작위 통제 시험에서와 마찬가지로, 낮은 초가공식품 그룹에서 비만이 될 위험성과 높은 초가공식품 그룹에서의 위험성을 비교한다. 그 두 숫자를 나누면 상대적 위험성을 구할 수 있다.

상대적 위험성은 무작위 통제 실험 결과인지, 전향적인 코호트 조사 결과인지에 상관없이 같은 의미를 지닌다. 다른 사람과 비교할 때 여러분이 얼마나 엉망인지를 보여주는 것이다. 만약 여러분의 이웃이 퓨마에게 공격당할 위험이 25퍼센트이고 여러분이 공격당할 위험이 40퍼센트라면, 이웃에 대한 여러분의 상대적 위험성은 40/25=1.6이고, 이 숫자는 이런 뜻이다.

여러분은 이웃보다 1.6배 위험하다.
여러분은 이웃보다 160퍼센트 위험하다.

여러분은 이웃보다 60퍼센트 더 위험하다.

즉, 퓨마에 대해서는 여러분보다 이웃이 되는 편이 더 낫다. 대부분의 상대적 위험성은 퓨마와 아무런 관련이 없지만 여러분의 건강과 관계된 모든 것과는 관련이 있다. 이제 초가공식품에 대해 특별한 의미를 갖는 연구를 살펴보자.

카를로스 몬테이로의 노바 분류 시스템은 상당히 새롭기 때문에 그것을 이용하는 연구는 그리 많지 않다. 초가공식품과 비만 사이의 연관성을 시험하는 전향적인 코호트 조사가 시행된 적이 단 한 번 있다. 이 조사는 스페인에서 8,000명의 사람들을 대상으로 9년 동안 진행되었다. 연구자들은 초가공식품을 약 4배 정도 더 많이 먹은 사람들의 경우 9년 동안 과체중이나 비만이 될 위험이 26퍼센트 더 높다는 것을 발견했다.

다른 결과는 어떨까? 프랑스의 연구원들은 10만 명 이상의 사람들을 모집했고 평균 5년에 걸친 설문조사를 통해 암에 진단받은 사람들을 찾아냈다. 그 결과 평균적으로 약 4배의 초가공식품을 섭취한 사람들의 경우 암에 걸릴 위험이 약 23퍼센트 더 높다는 것을 발견했다. 동일한 설문조사 자료를 사용해, 또 다른 연구자들은 초가공식품을 2배 이상 섭취한 사람들이 과민성 대장 증후군에 걸릴 위험이 약 25퍼센트 더 높다는 것을 발견했다. 그리고 마지막으로 스페인에서 나온 결과로 돌아가 보면, 연구자들은 초가공식품을 2.5배 이상 먹은 사람들의 경우 9년 동안 고혈압에 걸릴 위험이 약 21퍼센트 더 높다는 것을 발견했다. 그리고 이제 이 절망의 아이스크림 꼭대기에 놓인 썩은 체리 차례다. 앞에서 프랑스 연구 데이터를 사용해 과민성 대장 증후군의 위험성이 더 높다는 것을 발견한 그룹에 속한 다른 연구자들은 초가공식품을 10퍼센트 더 많이 먹은 사람들의 사망 위험이 14퍼센트 더 높다는 것을 발견했다.

　나도 이런 결과들에 대해 다소 놀랐다고 인정한다. 좋다, 거짓말은 하지 않겠다. 사실 조금 당황했다. 암에 걸릴 위험이 23퍼센트 더 높다고? 과민성 대장 증후군에 걸릴 확률이 25퍼센트 더 높다고? 비만이 될 위험도 26퍼센트가 더 높아? 죽을 위험이 14퍼센트 더 높다니? **어떻게 초가공식품이 합법이란 말인가!**

　그렇다. 사실 많이 기겁했다.

　내가 기겁한 이유는 두 가지다. 첫째, 그 숫자들이 정말 무섭다. 둘째, 나는 교육받은 화학자다.

　두 번째 이유는 기겁한 데 대한 그다지 좋은 이유가 아닌 것 같지만 왜 그런지 설명해보겠다. 여러분 앞에 2개의 풍선이 있는데 각각 순수한 청산가스로 가득 차 있다고 상상해보라. 한 풍선에는 매사추세츠의 유기농 과수원에서 자연적으로 자라는 사과에서 하나하나 골라낸 씨앗에서 채취한 청산가스가 들어 있다(그렇다. 사과 씨 속에 청산가리가 들어 있다. 그 부분에 대해서는 이후에 설명하도록 하겠다). 다른 풍선에는 메탄가스와 암모니아를 1,093℃ 이상 온도에서 백금 촉매가 존재할 때 산소로 연소시키는 안드루소 공정Andrussow process을 통해 생산된 청산가스가 들어 있다. 어떤 풍선이 들이마시기에 더 안전한가?

물론 둘 다 아니다. 둘 다 여러분을 죽일 것이다. 화학자에게 다음은 성경과도 같은 공리다. 2개의 분자가 같은 화학적 구조를 가질 경우, 그들은 여러분의 몸에 같은 일을 할 것이다. 사과로 생산되는 청산가스나 사람이 만들어낸 청산가스, 둘 다 똑같은 **청산가스**다. 이제 '청산가스'라는 단어를 '파운드케이크'로 바꿔보도록 하자. 그러면 성스럽지는 않지만 화학자에게는 완벽하게 이치에 맞는 공리가 나온다. 유명한 셰프의 부엌에서 구워진 파운드케이크와 공장에서 생산되는 파운드케이크는 둘 다 파운드케이크일 뿐이다. 물론 공장 버전에는 몇 가지 첨가물이 들어 있긴 하겠지만 두 파운드케이크가 여러분의 건강에 전혀 다른 영향을 끼칠 거라는 주장은 화학자들에게 옳다고 생각되지 않는다. 그러나 이것이 바로 앞에서 나온 몬테이로의 주장이다. 음식에 행해지는 과정이 음식이 무엇인지보다 더 중요하다는 것이다. 화학자에게 이것은 마치 "천연 청산가리는 공업용 청산가리에 비해 독성이 적다"고 말하는 것과 같으며, 이는 물론 말이 되지 않는다. 그러나 대부분의 비과학자들에게 몬테이로의 주장은 강력하고 직관적이며 명백하다. 그리고 이런 관점의 차이는 거의 항상 같은 대화를 만들어낸다. 화학자와 일반인이 음식에 대해 이야기할 때마다 그 결과는 다음과 같다.

<화학자의 관점에서 본 '대화'>

히피: 나는 유기농, 자연산, 날것, 가공되지 않은 음식만 사.

화학자: 그런 말들은 아무 의미도 없어.

히피: 아니, 의미가 있어! 내 음식에는 화학물질이 많이 들어 있지 않다는 뜻이야.

화학자: 그건 사실 음식에 대한 합리적인 발언이라고 할 수 없어. 왜냐하면 모든 음식은 화학물질이기 때문이지. 사실, 너를 포함한 지구상의 모든 것이 화학물질로 만들어졌다는 사실을 알고는 있어?

히피: 내 몸은 신전과도 같아.

화학자: 네 몸이 크고 대부분 비어 있고 성직자들만이 들어갈 수 있는 공간이라고?

히피: 난 그냥 자연식이 더 건강하다고 생각해, 그게 다야.

화학자: ('아이고 머리야!' 하며 얼굴을 손에 너무 세게 파묻어서 코가 부러진다.)

이번에는 평범한 인간의 입장을 보자.

<비화학자의 관점에서 본 '대화'>

건강을 염려하는 소비자: 건강에 좋은 식품을 고르고 싶지만 조사를 다 하기도 어렵고 누구를 믿어야 할지 모르겠어. 그래서 난 유기농과 자연물을 살 거야. 기분이 좋아지고, 좀 더 건강해질 것 같아.

GMO(유전자 변형 식품)에 찬성하는 제약회사 사람: 그런 바보 같은 마케팅 속임수에 넘어가다니.

건강을 염려하는 소비자: 하지만 사람들이 음식에 첨가하고 있는 화학물질은 어쩌지? 그게 뭔지 모르겠어….

GMO에 찬성하는 제약회사 사람: 모든 음식은 말 그대로 화학물질만 가지고 만들어져. 너도 100퍼센트 화학물질로 이루어져 있어. 네 주위의 세계는 100퍼센트 화학물질이야. 이전에 존재했거나 앞으로 존재할 모든 것은 화학물질이라고!

건강을 염려하는 소비자: 그렇다고 소리 지를 필요는 없잖아.

GMO에 찬성하는 제약회사 사람: 날 의심하지 마, 무식아!

건강을 염려하는 소비자: 그냥 내가 자연적이고 유기농이고 첨가물과 호르몬이 없는 가공되지 않은 식품을 사게 내버려두면 되잖아. 아, 맞다. 꺼져.

GMO에 찬성하는 제약회사 사람: (명확한 이유 없이 그냥 스스로 얼굴을 때린다.)

다시 한 번 대화를 보자. 이번에는 본질적인 부분을 요약했다.

히피: 화학물질은 좋지 않다.

제약회사 사람: 모든 것이 화학물질이다.

이 두 주장 모두 터무니없다.

히피에게 나는 이렇게 말하고 싶다. "정말 모든 화학물질이 나쁘다고? 물, 공기 그리고 모든 음식까지도?"

제약회사 사람에게는 이렇게 말하고 싶다. "아니, 국어 못 해? 히피는 분명히 성분 표시에 쓰여 있는, 자기가 읽을 수도 없고 뭔지도 모르는 화학물질이 나쁘다는 말을 하고 있는 거잖아. 그러니 '화학'이라는 말 자체의 정의를 놓고 쓸데없는 싸움 걸지 말고, 히피가 실제로 우려하는 점에 대해서만 생각해보자고. 어떤 화학물질은 건강에 해로운데, 해로운 화학물질이 뭔지를 알기가 어렵단 말이야."

나는 '모든 것은 화학이다, 멍청아' 쪽 진영에 계속 있었던 사람이다. 그러나 **식품이 가공되는 방식에 의해** 다양한 질병에 걸릴 위험이 두 자릿수 정도로 증가한다고 주장하는 연구를 읽었을 때, 내 생애 처음으로 이렇게 생각했다. **헐, 어쩌면 히피들이 맞을지도 몰라.** 이 연구는 내가 알고 있다고 생각한 모든 것에 대한 직접적인 도전이었다. 비닐에 포장되어 판매되는 초가공된 빵이 가게에서 구워진 빵보다 정말, 진짜로 더 나쁠 수 있을까? 저 냉동 레모네이드는 어떤가? 설탕 3컵에 레몬 2개를 짜 넣는 것보다 정말로 여러분에게 더 해로울까? 그렇다면 치토스는 어떨까?

여러분이 가게에서 사는 치토스는 옥수수가루 반죽을 나선형으로 움직이는 기계에 넣어 뽑아내면서 부풀려 반죽 속의 물을 끓게 하고 이를 통해 다양한 종류의 공기구멍이 생기면서 전형적인 치토스 모양이 된 제품이다. 이 과정이 낯설어 보이긴 하지만, 여러분도 각자의 부엌에서 꽤 괜찮은 가짜 치토스를 만들 수 있다. 나는 이 책을 위한 연구를 하다가 우연히 인터뷰 전날 가짜 치토스를 만든 음식 역사가 켄 알발라Ken Albala와 이야기를 나누었다. 그가 고안해낸 레시피는 다음과 같다.

1. 쌀국수를 끓인다.
2. 건조기에서 건조시킨다(음식에서 대부분의 물을 증발시키도록 설계된 통풍구가 있는 오븐에서 초저온으로).
3. 건조된 국수에 스프레이로 오일을 뿌린다.
4. 부풀어 오를 때까지 전자레인지에 돌린다.

5. 여러분이 선택한 매운 가루(예를 들어 스리라차 가루)를 뿌린다.

6. 짠! 치토스 매콤한 맛 비스무리한 것이 생겼다.

〈본 아페티Bon Appetit〉(미국의 유명한 요리와 엔터테인먼트 잡지-옮긴이)의 착한 직원들은 치토스를 더 충실히 복제하는 경험을 위한 요리법을 개발했고 인터넷에 공개해두었다. 켄 알발라의 즉석 치토스나 클레어 사피츠Claire Saffitz(미국의 유명한 제과 요리사이자 〈본 아페티〉의 편집자-옮긴이)의 미식가용 치토스를 먹든, 아니면 그냥 진짜 치토스 한 봉지를 사 먹든, 여러분은 여전히 약간의 양념과 향신료가 든 탄수화물을 잔뜩 먹고 있는 것이다. 화학자로서, 공장에서 만든 치토스가 직접 만든/천연/유기농 치토스보다 나쁘다는 생각에 대한 나의 본능적인 반응은 이것이다. "아니지."

하지만 내가 스페인과 프랑스의 연구 결과를 빠르게 훑어보았을 때 나온 결과는 이와 달랐다. 초가공식품을 더 많이 먹은 사람들은 건강이 더 좋지 않았고 사망 위험도 더 높았다.

이런, 젠장.

그렇다면… 누가 옳은 걸까?

깊게 들어가기 전에, 잠시 멈추고 여러분이 **단지** 건강에 대한 초가공식품의 영향에만 관심이 있는 것이 아님을 인정하자. 여러분은 **모든 음식**에 신경을 쓴다! "가공식품을 먹어야 하나?"는 빙산의 일각에 불과하다. 진짜 질문은 "나는 무엇을 먹어야 하나?"다.

'정답'에 도달하기 전에, 다음의 사실을 알아야 한다. 정답이 무엇이든 자신은 그것을 알고 있다고 열정적으로 믿는 소수의 시끄러운 사람들이 있다. ("과식하지 말고, 채소 위주로 먹어라." 이 말이 익숙하게 들리지 않는가?) 음식(혹은 자외선 차단제, 화장품, 청소용품)에 따라 보편적 합의가 나올 수도 있고 성전holy-war 수준에 이를 정도로 강력한 의견 불일치가 나올 수도 있다. 그걸 가장 확실하게 보여주는 것이 우리가 "다이어트"라고 부르는 식이요법이다. 시도해볼 수 있는 다이어트는 말도 안 될 만큼 많은데, 언제나 또 다른 새로운 다이어트가 뜬다. 하지만 그럴듯한 겉포장을 모두 지우고 나면 다이어트는 단지 두 가지 목록일 뿐이다: 좋은 것, 나쁜 것. 즉 여러분이 먹어야 할 음식의 목록 그리고 먹어서는 안 되는 음식의 목록. 그게 전부다. 그럼에도 불구하고, 이렇게 매우 단순한 두 가지 목록이 조합되면 선택 가능한 프로그램들을 어마어마하게 많이 만들어낸다. 다음은 최근 미국에서 출간된 다이어트 책 제목들이다.

《팔레오 다이어트The Paleo Diet》, 《플렉스 다이어트The Flex Diet》, 《심플 다이어트The Simple Diet》, 《3계절 다이어트The 3-Season Diet》, 《쉽게 하는 다이어트The Easy-Does-It Diet》, 《수분 섭취 다이어트The Aquavore Diet》, 《땅콩버터 다이어트The Peanut Butter Diet》, 《슈퍼마켓 다이어트The Supermarket Diet》, 《좋은 지방 다이어트The Good Fat Diet》, 《뱃살 녹이기 다이어트The Belly Melt Diet》, 《다섯 입 다이어트The 5-Bite Diet》, 《다코타 다이어트The Dakota Diet》, 《성서 다이어트The Scripture Diet》, 《엉클 샘 다이

어트The Uncle Sam Diet》, 《정체기 방지 다이어트The Plateau-proof Diet》, 《4일 다이어트The 4 Day Diet》, 《17일 다이어트The 17 Day Diet》, 《격일 다이어트 The Alternate-Day Diet》, 《20/20 다이어트The 20/20 Diet》, 《시간이 없어 다이어트The No-Time-to-Lose Diet》, 《발열 다이어트The Thermogenic Diet》, 《혈당지수 다이어트The G.I. Diet》, 《좋은 기분 다이어트The Good Mood Diet》, 《소금물 다이어트The Salt Solution Diet》, 《북유럽식 다이어트The Nordic Diet》, 《간단한 계명 다이어트The Thin Commandments Diet》, 《미국식 해독 다이어트 The Great American Detox Diet》, 《섹스 다이어트The Better Sex Diet》, 《수면 다이어트The Sleep Diet》, 《게으른 다이어트The Couch Potato Diet》, 《자기연민 다이어트The Self-Compassion Diet》, 《S 없는 다이어트The No S Diet》, 《레몬 주스 다이어트The Lemon Juice Diet》, 《젖살 다이어트The Baby Fat Diet》, 《요가 다이어트The Yoga Body Diet》, 《별 4개 다이어트The Four-Star Diet》, 《전사 다이어트The Warrior Diet》, 《단기간에 끝내지 않는 다이어트No-Fad Diet》*, 《마티니 다이어트The Martini Diet》, 그리고 당연히, 《모든 다이어트를 끝내는 다이어트: 신의 방식으로 살 빼기The Diet to End All Diets: Losing Weight God's Way》

다이어트 책들은 마치 영국의 술집 이름들과 같다. 대부분 무작위적이고 말도 안 되는 소리지만, 동시에 정말 발길을 잡아끄는 이름이라는 것이다! 그리고 비슷한 점이 또 있다. 영국의 술집같이 오래된 다이어트 책도 있다. 예를 들어, 여기 2권의 책을 보자. 하나는 1870년에 출판되었고 다른 하나는 2018년에 출판되었다. 한번 맞춰보라.

* 정말 아이러니하다!

〈A책〉

《의학 박사 리오니다스 해밀턴 교수의

간, 폐, 혈액 및 기타 만성 질환에 대한 발견과

타의 추종을 불허하는 임상 경험,

그뿐 아니라 (《하퍼스》에 실렸던) 그의 삶에 대한 멋진 소개까지:

질병의 상식 이론 그리고 그의 놀라운 치료법을 뒷받침하는 증

거들》

〈B책〉

《간 회복을 위한 의학적 고찰: 습진, 건선, 당뇨, 연쇄상구균 감

염, 여드름, 통풍, 부기, 담석, 부신 이상, 피로, 지방간, 체중 감

량, 소장 내 세균 과증식과 자가면역질환에 대한 해답》

A책이 오래된 것이다. 모든 굵은 글씨들에서 느낄 수 있었을 것
이다. 그리고 현대의 우리가 집착하는 '자연적natural'이라는 단어는 절
대 현대의 전유물이 아니다. 1889년에 쓰인 책 제목을 한번 보자. 《완
벽한 다이어트 방법: 고대의 자연식에 대한 관심을 지지하는 책》.

어이쿠.

와인 마시는 사람들은 1724년부터 《포도 과즙》이라는 고전을 즐
겼을 것이다. 아니면 이 책도 있다. 《물보다 와인: 건강을 지키는 훌륭
한 파수꾼이자 대부분의 질병을 치료하는 약, 와인에 대한 한 권의 책.
이 고귀한 치료약으로 질병을 치료한 많은 사례, 치료 목적과 예방 목
적으로 사용하는 방법, 와인 제조자들에 대한 조언 포함》.

술을 마시지 않는 사람들이 소외감을 느끼지 않도록, 1779년부터 읽혔던 다른 책도 보자. 《광천수의 이용과 남용에 대한 책. 물을 마시는 규칙 그리고 만성적인 질환에 시달리는 사람들을 위한 식단 계획 포함》.

1916년에 유진 크리스천Eugene Christian은 식단에 관한 무려 5권짜리 책을 썼다. 《식단 백과사전: 5권으로 음식에 대한 질문에 답하는 책. 정상적인 소화와 영양분 흡수, 규칙적인 배출을 위한 음식 섭취와 이를 통한 위, 장을 비롯한 다른 모든 소화기 장애의 원인 제거 과정에서 음식의 화학과 신체의 화학이라는 두 과학 분야의 통합 쉽게 설명하기》.

식단 조절(다이어트)과 건강은 독자들이 가장 뜨거운 반응을 보이는 책 장르 중 하나다. 구텐베르크Gutenberg도 성경 초판 인쇄를 끝내고 나서 다이어트 책을 인쇄하기 시작했고 그 이후로 멈추지 않았다. 물론 이 반응이 책에만 국한되지는 않는다. 인터넷에는 자가 커피 관장(반드시 실온으로!)을 하라는 얘기도 있고 자신의 소변을 마시라는 주장도 있다. 음식과 건강에 관한 한, 적어도 300년 전에 시작되어 멈추지 않은 정보의 해일이 압도적으로 몰아치고 있다. 간단히 말해서, 여러분이 다이어트나 건강을 구글에 찾아본다면 혼란과 걱정으로 물들고 코에 큰 뾰루지를 얻을 가능성이 7퍼센트 더 높아진다.

종합해보자. 첫째, 초가공식품의 연구에서 나온 숫자들은 정말 무섭다. 둘째, 우리는 수백 년 동안 서로 다른 분야와 범위의 음식들을 미화하거나 비방해왔다. 이 모든 초가공식품이 이런 미화와 비방의 최근 유행이 아니라고 누가 말할 수 있겠는가? 셋째, 음식이 자연에서 멀리 떨어져 있을수록 우리에게 더 안 좋을 것이라는 생각이 직관적으로 강력하게 떠오른다.

1부의 나머지 부분에서, 우리는 좀 방황하다가 궁극적으로는 목표했던 명료함을 향한 길을 찾을 것이다. 먼저 지구상에서 모든 식품을 만들어내는 화학 반응을 살펴볼 것이다. 그리고 우리 조상들이 식품을 가공했던 중요한 이유 세 가지를 생각해보겠다.

이유 1: 즉각적이고 고통스러운 죽음을 피하기 위해.
이유 2: 느리지만 전혀 덜 고통스럽지 않은 죽음을 피하기 위해.
이유 3: 그냥 재미로.

하지만 죽음과 재미를 느끼기 전에, 모든 음식이 시작한 곳에서 우리도 시작해보도록 하자. 바로 지구상에서 가장 중요한 화학 반응이다.

2장

식물들이
우리를 죽이려 한다

이산화탄소, 똥, 배관,
에너자이저 토끼,
수류탄, 콘돔, 독이 든 감자,
NASA 아이스크림에 대하여

인간이 큰 사냥감을 쓰러뜨리고 불로 요리하기 훨씬 전에 우리의 주식은 식물이었다. 그리고 식물을 먹는 건 인간뿐이 아니었다. 모든 동물은 식물을 먹거나, 식물을 먹는 동물을 먹거나, 식물을 먹는 동물을 먹는 동물을 먹거나, 식물을 먹는 동물을 먹는 동물을 먹는 동물을….

그림이 딱 그려졌을 것이다.

식물은 기본적으로 마법이다. 태양으로부터 나오는 에너지를 이용해 공기와 흙으로 자기 자신을 만든다. 말 그대로 직접 또는 간접적으로 지구 전체를 먹여 살린다. 식물의 비밀은 무엇일까? 아마 여러분은 해답을 들어본 적이 있을 것이다. 고등학교 때 배웠을 테니. 바로 광합성이다. 그리고 다음과 같은 화학식으로 배웠을 것이다.

$$6CO_2 \text{ (기체)} + 6H_2O \text{ (액체)} \rightarrow C_6H_{12}O_6 \text{ (용액)} + 6O_2 \text{ (기체)}$$

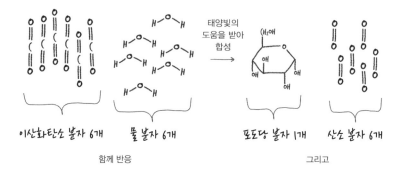

함께 반응   그리고

(만약 여러분이 화학물질을 구글로 검색해본 적이 있다면, 아마도 위와 같은 구조들을 보았을 것이다. 이 그림은 화학적인 표기법이다. 각 알파벳 글자는 원자에 해당한다. C=탄소, O=산소, H=수소. 선은 화학적 결합을 나타내는데 이 경우, 전자들은 원자 사이에 공유된다. 둘 이상의 선들이 만나는 곳에는 탄소 원자가 있다. C라는 원소 기호를 쓰지 않아도 선과 선이 만나는 곳에는 탄소가 있다고 생각하면 된다. 왜 화학자들이 탄소를 하나하나 쓰지 않냐고? 큰 분자의 경우 탄소를 모두 쓴다면 시간이 어마어마하게 걸릴 것이기 때문이다.)

만약 그림에 그다지 관심이 없다면, 고등학교 때 배운 광합성에 대한 설명을 보자.

식물은 태양에서 오는 빛 에너지를 사용하여 이산화탄소 분자 6개와 물

분자 6개를 포도당 분자 1개와 산소 분자 6개로 변환시킨다.

아, 순식간에 잠들었다가 책상에 머리를 박았다. 다시 한 번 쪼개서 살펴보자.

식물은 태양에서 오는 빛 에너지를 사용하여…

인간은 1950년대에 태양 전지판을 발명했지만 식물들은 이미 5억 년 전에 발명했다. 왜냐하면 식물의 잎이 기본적으로 작은 태양 전지판이기 때문이다.* 식물들은 빛의 광자(빛의 에너지 입자라고 생각하면 된다−옮긴이) 하나를 맞으면 모양과 행동을 바꾸는 작은 분자 기계를 만드는 방법을 찾아냈고 그 기계를 이용해 태양의 빛에너지로 설탕을 만들게 되었다.

자, 다음. **이산화탄소 분자 6개와…**

우리의 관점에서 보면, 대기는 이산화탄소를 너무 많이 가지고 있다(안녕, 기후 변화!).** 그러나 식물의 관점에서 보면, 너무 적다. 해수면에서는 공기의 0.04퍼센트만이 이산화탄소다. 만약 여러분이 공기 분자 1만 개를 뽑아냈을 때 그중 4개 정도만 이산화탄소라는 의미

---

* 그리고 광합성 능력이 있는 또 다른 식물 세포의 가장 중요한 예는 바다 조류(플랑크톤)이다.
** 옮긴이: 우리가 지구 온난화Global Warming라고 알고 있는 용어는 기후 변화Climate Change로 바뀌었다. 지구가 전체적으로 뜨거워진 건 맞지만 놀랍게도 더 차가워진 부분도 있으므로.

다. 나머지 9,996개는 이산화탄소가 아니므로 광합성에는 절대 쓸모가 없다. 그래서 식물들은 (거의 쓸모없는 쓰레기의 바다인) 분자 1만 개중 그들이 필요로 하는 4개의 분자를 어떻게든 추출해낸다.

계속 해보자. **물 분자 6개를…**

우리 모두에게도 그 소중한 물이 필요하다.

거의 다 됐다. **포도당 분자 1개와…**

식물이 만드는 포도당은 아주 다양한 방법으로 사용된다. 식물들은 우리 인간들이 에너지를 얻기 위해 포도당을 태우는 것과 같은 방식으로 포도당을 태우기도 하고 포도당으로 설탕을 만들기도 하며 (여러분 부엌 찬장에 있는 바로 그 설탕!) 녹말로 만들어 겨울을 위해 저장하기도 한다. 또한 포도당은 식물의 구조를 만드는 데 필요한 셀룰로오스(사람은 소화시키지 못하는 녹말류, 즉 식이섬유—옮긴이)로 변하기도 하며… 하여튼 끝도 없이 다양한 방법으로 사용된다. 기본적으로 식물계의 스위스 군용 칼(작지만 별 기능이 다 있는, 흔히들 알고 있는 맥가이버 칼—옮긴이)이다.

그리고 마지막이지만 중요한 것이다. **산소 분자 6개로 변환시킨다.**

식물이 포도당 분자 1개를 만들 때마다 산소 분자 6개도 생성된다. 식물은 만들어진 산소를 대기 중으로 밀어내야 하는데, 대기는 이미 1만 개의 분자 중 2,096개가 산소인 상황이다. 어떤 산소는 당분을 분해해 에너지를 만드는 데 사용되기도 하지만 대부분은 대기 중으로 배출된다. 산소는 기본적으로 광합성 배기가스다.

대체로 식물은 태양의 에너지와 물을 사용해 이산화탄소 분자를 분해하고 탄소 원자들을 묶어서 화학적으로 안정하고, 수용성인 고리 모양의 에너지 저장 분자를 생성한다. 여러분은 이 분자를 '설탕(원래 는 포도당이지만 저자는 설탕으로 쓴다—옮긴이)'이라고 알고 있다. 설탕 은 에너지를 내기 위해 즉시 태워질 수도 있고, 식물 구성 재료로 쓰이기도 하며, 훗날 사용하기 위해 수천 개가 연결된 긴 분자로 저장 되기도 한다.

설탕은 잎에서 생산되지만, 너무 중요하기 때문에 식물의 다른 모든 부분들에도 필요하다. 그래서 설탕은 잎을 떠나 식물의 다른 많 은 부분으로 여행해야 한다. 여러분의 부엌에서 자라고 있는 허브라 면 그 여행의 거리는 기껏해야 수십 센티미터밖에 안 되겠지만, 엄청 키가 큰 나무들에서는 수백 미터일 수 있다. 그렇다면 설탕은 식물의 한쪽 끝에서 다른 쪽 끝으로 어떻게 갈까?

설탕이 **어떻게** 여행하는지를 보기 전에, **얼마나 많은 양이** 여행하 는지에 대해 이야기해야 한다. 간단하게 답하면 "엄청 많다." 참나무 는 매일 25킬로그램의 포도당을 만들 수 있다. 어린 아이나 골든리트

리버 암컷의 무게다. 이 설탕의 대부분은 다른 곳으로 옮겨진다. 꽃, 과일, 가는 줄기, 중간 줄기, 큰 줄기, 뿌리.

우리 인간에게는 대단히 멋진 순환계가 있다. 우리는 살아 있는 세포가 가득한 밀도 높은 액체(혈액)를 큰 동맥, 중간 크기의 동맥, 가느다란 모세혈관을 통해 밀어내는 강력한 중앙 펌프(심장)를 가지고 있다. 식물은 그런 것이 없다. 하지만 캘리포니아의 '하이페리언Hyperion'이라는 세계에서 가장 키가 큰 나무는 땅 위로 약 116미터 위치에 있는 가장 높은 잎에서 지하 약 30미터 깊이의 가장 먼 뿌리 끝까지 설탕을 이동시킬 수 있다. 어떻게? '체관'이다. 아마 학교에서 체관에 대해 배웠을 것이다.

물관은 물을 뿌리에서 식물의 나머지 부분까지 운반하고 체관은 잎에서 만든 설탕을 다른 모든 곳으로 운반한다.

체관은 복잡한 조직이지만 가장 주된 구성물은 체관 세포다. 체관 세포는 기본적으로 배관인데, SNS에서나 볼 수 있는 수공예 욕실 수도관처럼 구리로 만든 것이 아니라 살아 있는 세포로 만들어진다. 마치 짧은 파이프들이 연결되어 송유관을 만드는 것처럼 살아 있는 단일 세포들이 쭉 놓이는데, 연결 부위에는 부엌에서 쓰는 체처럼 구멍이 뚫려 있다. 체 원소라 불리는 각 구간의 길이는 수백 마이크론밖에 되지 않는다. 잎에서 체 원소의 폭은 대략 1,000만분의 1미터다.*

* 이것은 사람의 머리카락 너비의 약 10분의 1이다. 1978년식 포드 핀토 자동차의 폭과 비교하면 600만분의 1이며 네브라스카주의 폭과 비교하면 3,000억분의 1이다.

폭이 1,000만분의 1미터에 불과하지만 길이가 수백 미터나 되는 빨대를 통해 설탕 용액을 빨아 당기는(또는 불어 내보내는) 데 필요한 힘을 상상해보라. 식물은 매일 그렇게 한다. 어떻게 그게 가능할까?

바로 광합성이다. 광합성은 믿을 수 없을 정도로 생산적이다. 최적의 조건 하에서, 어떤 식물들은 광자 60개만을 사용해 포도당 분자 하나를 광합성해낼 수 있다(햇볕이 좋은 날, 하늘의 파란 부분을 올려다보면 매초 약 300,000,000,000,000개의 광자가 여러분의 눈을 때린다). 평균적인 조건하에서도 식물은 하루에 중간 크기의 잎사귀당 약 800밀리그램의 포도당을 만들 수 있다. 이 당은 잎의 체관 세포에 계속 쌓이고, 알다시피 한정된 공간에 물건을 쑤셔 넣으려 할수록 그 공간에 압력이 쌓이는 것처럼 체관 세포의 압력도 커진다. 다행히도 그 당은 압력을 완화하기 위해 갈 곳이 있다. 식물의 나머지 부분이다. 다만 잎에서 광합성이 계속 일어나고, 거기서 점점 더 많은 당이 만들어져서 체관 세포로 밀려오므로 체관 세포에 쌓여 있던 당을 식물의 나머지 부분으로 밀어내도 압력은 결코 낮아지지 않는다.˙

그래서 광합성을 일종의 펌프처럼 생각할 수 있지만, 뭔가를 압축해서 작동하는 기계식 펌프는 아니다. 그보다는 설탕이 어딘가로 갈 때까지 계속해서 더 많은 설탕을 만들어내며, 그 어딘가가 바로 체관 세포의 끝인 **화학적 펌프**다.

하지만 이 펌프 시스템이 기계적이지 않다는 사실에 속지 말자. 여기서 생성되는 압력은… 흠, 여러분이 병원에 가서 혈압을 측정할

˙ 약간 단순화시킨 것이다. 실제로 잎의 당분 농도가 높을수록 삼투현상에 의해 체관 세포로 물이 끌려 들어오고, 그것이 잎의 당 용액을 식물의 나머지 부분으로 밀어내는 압력을 발생시킨다.

때, 만약 건강하다면(그리고 다소 운이 좋다면) 1평방인치당 2파운드(2psi)의 범위 안에 있을 것이다. 자동차 타이어 공기압은 약 32psi, 즉 여러분의 혈액보다 약 15배 높은 압력이다. 식물들은(기억하자, 이들에게는 중앙집중식 펌프가 없다) 체관 세포를 약 145psi까지 가압할 수 있다! 그런 압박감이 어떨지 느끼려면 스쿠버 장비를 착용하고 **해수면 100미터 아래로** 잠수해야 할 것이다. 이 100미터의 물이 여러분을 **위에서 누르면서** 여러분의 피부에 가하는 힘이 바로 인간 머리카락 너비의 10분의 1밖에 되지 않는 아주 작은 관에 가해지는 힘과 같으며, 이 관은 매일 여러분을 둘러싸고 있는 식물들 깊숙한 곳에 자리 잡고 있다.

그러니 다음에 나무를 보거나 물 주기를 잊어버리고 있던 부엌 구석의 허브들을 본다면, 지구상에서 가장 기술적으로 진보된 배관 시스템을 보고 있다는 사실을 깨닫길 바란다.

이제 이 배관 시스템을 통해 **무엇이** 흐르는지에 대해 이야기해보자. 광합성은 식물의 잎에서 많은 설탕(다시 한 번 강조. 저자는 포도당을 설탕으로 써놓았다–옮긴이)을 생산한다는 사실을 기억하라. 하지만 그 식물은 **고체** 설탕을 만들고 있지 않다. 광합성을 포함해, 식물에서 일어나는 거의 모든 일은 물속에서 일어난다. 그래서 식물이 설탕을 만들 때도, 체관을 통해 설탕을 운반할 때도 항상 물속에 담근 채로 한다.

차나 커피 1잔에 설탕 2티스푼을 녹이면 대략 3.3퍼센트의 설탕 용액을 만들 수 있다. 우리 대부분에게 이것은 꽤 달콤한 맛이 난다. 캔에 든 콜라는 10퍼센트 정도의 설탕 용액이다. * 식물의 수액은 10퍼

---

* 만약 10퍼센트의 설탕/물 혼합물을 마셔본 적이 있다면, 경의를 표한다. 진짜 역겨운 맛이다. 콜라, 오렌지 주스, 다른 주스들은 근본적으로 설탕을 가려주기 위해 향료와 많은 산을 가지고 있다.

센트에서 **시작해** 50퍼센트까지 올라간다. 그래서 어떤 식물에서는 배관 시스템을 통해 흐르는 액체가 콜라의 3배 농도의 설탕물이다. 식물은 전 세계에서 가장 오랫동안 시럽을 제조해온 생산자다.

요약하자면, 과일은 맛있고 훌륭하지만, 폭이 10마이크론인 관 수천 개를 통해 잎에서 뿌리까지 흘러내리는 액체가 받는 압력은 해수면 100미터 아래에 있는 관이나 소방 호스에서 받는 압력과 동일하고 그 원인이 바로 과일 속의 당분(설탕)이다.

그리고 설탕은 단지 시작에 불과하다.

만약 여러분이 미국이나 다른 부유한 나라에 산다면, 여러분이 선택할 수 있는 음식의 목록은 기본적으로 무한하다. 하지만 그 무한한 선택들을 거슬러 모든 음식의 원천으로 올라가면, 딱 하나밖에 없다. 식물이다. 광합성은 탄소, 수소, 산소라는 세 가지 화학 원소로 만들어진 두 종류의 분자를 가지고 설탕으로 만든다. 식물은 즉시 에너지를 만들기 위해 설탕을 태우지만, 나중에 녹말이나 지방으로 저장하기도 한다. 그래서 우리의 가장 중요한 음식 그룹인 당, 녹말, 지방 세 가지는 모두 광합성에 이용되는 동일한 세 가지 원소로 만들어진다(식이섬유, 즉 셀룰로오스도 같은 원소로 만들어진다. 이건 정확히 음식은 아니지만, 화장실에서의 기분 좋은 경험에 매우 도움이 된다).

식물은 단백질도 만든다. 그러기 위해서는 질소가 필요하다. 어떤 식물들은 뿌리를 통해 흙에서 질소를 빨아올린다. 다른 식물들은 대기에서 질소 가스(N_2)를 뽑아내 암모니아(NH_3)를 만들 수 있는 미생물과 파트너 관계를 맺는데, 암모니아가 식물이 단백질, 비타민, DNA를 스스로 생산할 수 있도록 만들어준다.

다시 요약하자면, 광합성은 탄소, 수소, 산소, 질소를 당분, 녹말, 식이섬유, 지방, 단백질로 변환하는 데 필요한 에너지를 제공한다. 식물은 또한 토양으로부터 미네랄을 흡수하고 우리가 생존하는 데 필요한 비타민을 만든다.

더 간단히 말해서, 식물은 음식이 아닌 것들을 음식으로 바꾼다.

이 모든 음식을 어디에 보관하냐고? 식물은 그 음식으로 스스로를 만들어낸다. 아, 그리고 식물은 대부분 물로 구성되었다는 것도 잊지 말자. 식물은 여러분과 다른 동물들이 살기 위해 필요한 모든 것을 가지고 있다.*

만약 여러분이 식물이라면 물, 공기, 햇빛, 흙만 있으면 살아남을 수 있으니 꽤 멋진 일이다. 하지만 단점도 있다. 여러분(식물)은 음식으로 만들어졌고, 기본적으로 모든 순간 영양가 높은 설탕 시럽을 체관에 주입하는 광합성을 한다. 또한 말 그대로 땅에 뿌리를 박았다. 움직일 수 없을 뿐만 아니라 으르렁거리거나 짖거나 물거나 주먹을 날릴 수도 없다. 이런 이유들로 인해 많은 곤충과 동물들이 여러분을 잡아먹고 싶어할 것이다.

어떻게 이런 상황을 막을 수 있을까?

지저분하게 싸워야 한다.

---

* 당연하게도, 만약 여러분이 한 종의 식물만을 먹는다면 여러분에게 필요한 아미노산, 비타민, 또는 미네랄을 모두 섭취하지 못할 수도 있다. 그러나 종류를 적절히 섞어서 먹으면 엄격한 채식주의자라도 필요한 영양분을 모두 섭취할 수 있다.

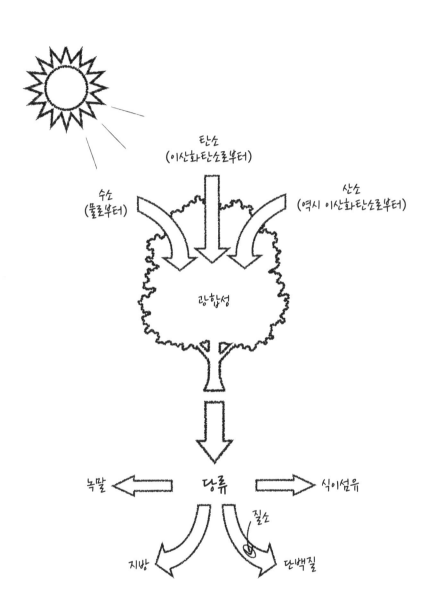

＊

1980년대 초, 오스트레일리아의 빅토리아 서부는 20세기 최악의 가뭄을 겪고 있었다. 피해자들 중에는 앙고라염소 50마리도 있었다. 물이 부족하다는 건 풀을 뜯을 수 있는 목초지가 부족하다는 의미였고, 불쌍한 염소들은 굶주리고 있었다. 그때 누군가가 설탕고무나무를 베었다. 설탕고무나무는 30미터 이상의 높이까지 자랄 수 있으며 농장에서는 종종 바람막이로도 사용된다. 그 쓰러진 나무는 아마도 수만 개의 잎을 가지고 있었을 것이다. 염소가 좋아하는 음식은 아니지만, 없는 것보다는 낫지 않은가?

불행히도 아니다. 24시간도 되지 않아 거의 절반이 죽었다(원래대로라면 다른 절반도 죽었을 테지만 염소 관리인의 신속한 행동이 있었기에 죽지 않았다). 무슨 일이 일어난 것일까?

시안화이온이다(그 유명한 청산가리가 시안화칼륨이다—옮긴이).

시안화이온은 아름다운 입자다. 음전하 입자 14개가 각각 양전하 6개와 양전하 7개를 가진 작은 덩어리 2개를 구름처럼 둘러싸고 있다. 양전하를 띤 중심부를 볼 수는 없지만, 바깥쪽의 음전하 구름층은 한쪽 무게가 다른 쪽보다 약간 무거운 비대칭 아령처럼 보인다. 음전하가 양전하 덩어리 근처에서는 밀집되어 있지만 멀어질수록 흐려진다. 마치 방귀 냄새처럼.

시안화이온은 간단하다. 단지 원자 2개, 즉 탄소 하나와 질소 하나로 이루어져 있다. 시안화이온은 가볍다. 우리가 지구에서 여행하는 동안 마주칠 가능성이 있는 분자 중 시안화이온보다 가벼운 분자

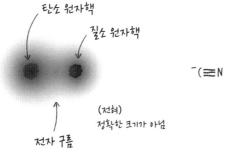

탄소 원자핵

질소 원자핵

$^-(\equiv N$

(전혀)
정확한 크기가 아님

전자 구름

시안화이온의 (대충 그린) 모양   화학자들의 표기

는 오직 네 종류뿐이다.* 시안화이온은 독성이 매우 강하다. 내 몸무
게는 약 73킬로그램인데, 시안화이온 10분의 1그램이면 날 죽일 수
있다. 보통 크기의 클립 반 개 정도의 무게면 분명히 죽을 것이다. 복
용량에 따라 더 빨라질 수도 있지만 아무리 길어도 첫 분자가 내 입술
을 통과한 지 60초도 채 되기 전에 죽는다. 비록 내 심장은 마지막 호
흡이 끝난 후 3~4분 동안 계속 뛰고 있을지 모르지만.

　시안화이온은 산소처럼 **보이지만** 산소처럼 작용하지 않기 때문에
독성이 강하다. 여러분이 공기를 들이마실 때, 핏속의 적혈구는 폐의
아주 가느다란 혈관에서 산소를 흡수해서 여러분의 몸속 거의 모든
세포로 산소를 운반한다. 운반된 산소는 미토콘드리아라고 불리는
작은 세포 비슷하게 생긴 것들이 아데노신삼인산adenosine triphosphate,
ATP이라고 불리는 분자를 생산하는 데 사용한다. ATP를 분자 AAA
배터리로 생각하면 된다. 이 AAA 배터리는 우리 몸 세포의 주요 에
너지원이기 때문에 대부분의 세포에는 많은 미토콘드리아가 들어 있

---

* 수소, 메탄, 암모니아, 물이다(헬륨은 분자가 아니라 원자다).

다. 산소는 AAA 배터리 생산의 마지막 단계에서 중요하다. 전자(음식에 들어 있던 화학 결합에서 나온)는 산소 분자(여러분이 숨 쉬는 공기에서 들어온)를 박살내서 수소 이온 2개(아마도 여러분이 마시는 물에서 나온)와 함께 결합시켜 물 분자를 생성함과 동시에 AAA 배터리를 만드는 반응에 에너지를 공급한다. 기본적으로 이렇다.

전자들 + 산소 + 수소 → 물 + AAA 배터리를 만드는 에너지

그리고 위의 식을 다음과 같이 단순화할 수 있다고 해도 전적으로 틀린 얘기는 아니다.

음식 + 공기 + 물 → 에너지

이 반응은 여러분 삶의 기본이다. 여러분은 전자를 위해 먹고, 산소를 위해 숨 쉬고, 수소를 위해 마신다. 이것들 중 하나라도 없어지면 여러분은 죽는다.

산소, 전자, 수소 이온은 AAA 배터리를 생산하기 위해 개별적인 단계를 거쳐 공간에 완벽하게 배치되어야 하며, 여러분의 몸은 이런 과정을 위해 일련의 효소[*]를 사용한다. 여기서 시안화이온이 들어온다. 시안화이온은 그 경로에 있는 중요한 효소들 중 하나에 마치 자신을 산소 분자인 것처럼 전달한다. 시안화이온이 없을 때는 산소가 효

---

* 효소는 화학 반응이 더 빨리 진행되도록 돕는 단백질이다. 효소는 전형적으로 반응 자체에 관여하는 분자보다 훨씬 크다.

소에 결합되어 산소 원자 2개로 분열되지만 시안화이온을 들이마시는 순간 미토콘드리아로 빠르게 확산되어 효소가 산소와 결합할 위치에 달라붙는다. 산소와 달리 시안화이온은 갈라지지 않기 때문에 효소는 무력화된 채 그냥 앉아 있을 뿐이다. 최종적으로는 시안화이온과 효소의 결합이 끊어져 효소가 다시 작동하게 되지만, 묶여 있던 기간 동안 AAA 배터리는 생산되지 않는다.

전자들 + 시안화이온 + 수소 → 아무 일도 일어나지 않는다.

여러분의 몸은 수백 조 개의 미토콘드리아를 가지고 있기 때문에, 만약 여러분이 시안화이온 하나를 흡입한다면, 그것은 몸 안에 있는 대략 37조 개의 세포 중 1개에 있는 하나의 미토콘드리아 안에서 생산되는 AAA 배터리의 수를 약간 줄일 수 있지만, 그렇다고 여러분을 죽이지 않을 것이다. 최종적으로 여러분의 몸은 시안화이온에 황 원자를 부착해 독성이 덜한 티오시아네이트thiocyanide를 생성하고 소변으로 배출한 후 삶을 계속 이어갈 것이다. 하지만 충분한 양의 시안화이온을 들이마신다면 많은 미토콘드리아가 AAA 배터리를 만들지 못하게 할 수 있다. 허벅지에 배터리가 없는 에너자이저 토끼는 어떻게 될까?

죽는다.

시안화물(시안화이온이 들어 있는 화학물질) 가스를 많이 들이마시면 목이 건조하고 타는 듯한 느낌을 받을 수 있다. 그러면 어떻게 체내에 들어갔든 숨이 막히는 느낌이 들 것이고, 공기를 마시기 위한 호흡을 못 하게 된다. 그러면 여러분은 숨을 멈추게 될 것이다. 경련이 뒤따를 것이고 그러면(자비롭게도) 의식을 잃는다. 이 순간 여러분이 심장마비를 일으켜 비교적 빨리 죽을 수도 있지만 만약 여러분의 뇌가 간신히 심장을 뛰게 한다면, 심장 근육의 배터리가 없어질 때까지 몇 분 더 걸릴지도 모른다. 여러분이 충분한 산소를 폐로 유입시킬 수 없을 때 일어나는 일련의 불행한 사건들과 거의 같다. 하지만 이 경우, 놀랍게도, 여러분의 폐와 몸 전체에는 산소가 많이 있다. 시안화이온이 방해를 해서 산소를 사용할 수 없을 뿐이다. 시안화물은 우리 몸 안에 있는 세포 각각을 질식시킨다. 심지어 주변에 산소가 풍부한 상태에서도. 마치 수영장에서 갈증으로 죽는 것과 같다.

만일 여러분이 미토콘드리아를 가진 생명체라면 시안화물을 흡수하는 것만으로도 죽을 수 있다. 미토콘드리아는 희귀 아이템이 아니다. 앙고라염소도 갖고 있고 그냥 염소도 갖고 있다. 여러분도 갖고 있고 여러분의 개/고양이/애완용 쥐/흰족제비/여우원숭이/앵무새/두더지도 미토콘드리아를 갖고 있다. 곤충도 포유동물도 갖고 있다. 기본적으로 식물을 먹는 모든 생명체는 미토콘드리아를 갖고 있다. 만약 여러분이 식물이고 시안화물을 만들 수 있다면 여러분의 잠재적 포식자들은 모두 여러분의 독에 희생될 수 있다.

시안화이온은 간단하다. 탄소와 질소로 만들어졌고, 둘 다 식물이 공기와 토양으로부터 거의 무제한으로 얻을 수 있다. 시안화이온은 가볍다. 원자 2개로 구성되었을 뿐인데, 이는 곧 수천 개의 원자(또는 그 이상)를 가진 단백질에 비해 생산 비용이 엄청나게 싸다는 의미다. 그리고 시안화이온은 생물을 살아 있게 하는, 즉 에너지를 생산하는 핵심 기능 중 하나를 공격한다. 따라서 광범위한 잠재적 포식자들에게 위험하다. 완벽한 독이다….

아주 작은 세부사항 하나를 제외하고 말이다. 식물도 미토콘드리아를 가지고 있다. 시안화물은 잠재적인 포식자만큼이나 식물에게도 독이다. 독성을 피하는 방법이 있는데 간단하면서도 우회적이다. 식물들은 순수한 시안화물을 만드는 대신에 무해한 설탕 분자에 시안화이온을 붙여 청산 글리코사이드라고 불리는 것을 만든다.

청산 글리코사이드는 수류탄으로 생각할 수 있다. 수류탄에서 폭발하는 부분은 시안화물 분자, 안전핀은 설탕이다.

안전핀을 꽂으면? 무해하다. 안전핀을 뽑으면? 해롭다.

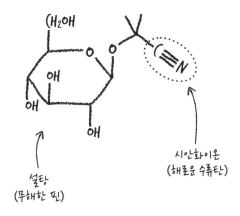

청산 글리코사이드에서 안전핀을 뽑으려면 "베타−글루코시다아제(베타−포도당 분해효소)"라 불리는 특정 효소가 필요하다. 이 효소를 "베타 글루코시다아제"보다 기억하기 쉽게 "필립"이라 부르자. 필립은 자신과 신만 아는 이유로, 수류탄에서 안전핀을 뽑는 것을 좋아한다. 안전핀을 뽑는 건 그의 소명이자 천성, 운명이다.

필립 + 수류탄 → 쾅!

수류탄과 필립 둘 다 그 자체로 독성이 있지는 않지만, 함께하면 시안화이온을 방출한다. 만약 식물이 이 2개를 세포의 같은 부분에 저장한다면 즉시 혼합되어 시안화이온을 생산해서 식물을 심하게 손상시키거나 죽인다. 좋지 않다. 그래서 식물은 수류탄과 필립을 따로 보관한다. 정상적인 공장 가동 중에는 모든 것이 괜찮다. 둘이 만날 일이 없다. 그러나 만약, 예를 들어 딱정벌레나 애벌레가 나타나서, 나뭇잎을 뜯어내고, 찢고, 으깨면서 필립이 섞이지 못하도록 막는 막을 먹기 시작한다면 필립은 마지막 소원을 빌게 될 것이다. "모든 수류탄이여, 터져라!" 불행한 포식자의 소화기 계통 어디선가 시안화이온이 생산되어 바로 작동한다. 기분 좋게 휘파람을 불어서 그 주위의 세포를 질식시키는 작용을 하는 것이다.

시안화물은 매우 효과적인 독이고 수류탄(필립) 시안화이온 방출 시스템도 만들기가 매우 쉽다. 우리는 2,500종 이상의 다양한 식물에서 이런 시스템을 발견할 수 있다. ˙사과 씨, 체리 씨, 아몬드, 복숭아 씨, 살구 씨가 시안화물을 가지고 있음을 여러분은 이미 알고 있을 것이다. 비록 여러분이 실수로 씨를 한두 개 먹었더라도 알아차리지 못할 정도로 충분히 낮은 수준이지만 말이다. 전 세계 수백 만 명의 사람들이 많은 칼로리를 얻는 몇몇 종류의 식물들에도 훨씬 더 많은 양의 시안화물이 들어 있다. 하지만 이 부분은 나중에 다시 이야기하겠

˙ 그리고 시안화물의 친구는 식물에만 국한되지 않는다. 일반적인 약물에 내성이 있는 박테리아인 녹농균은 여러분을 감염시킬 때 시안화이온을 만들고 방출할 수 있다.

다. 시안화물이 유일한 식물 독이라고 생각하는가? 아니다. 식물은 단지 준비운동을 했을 뿐이다.

식물 독에는 미국 상원의원 수보다 더 많은 종류가 있으며 각각의 종류마다 20개, 50개 또는 100개의 다양하고 특이한 독성 물질이 들어 있을 수 있다.

어떤 것들은 시안화물보다 훨씬 엉큼하다. 예를 들어 타닌이 있다. 타닌은 상대적으로 큰 분자로 수십, 수백, 심지어 수천 개의 원자들(시안화이온은 딱 2개!)로 이루어져 있으며, 매우 다르게 작용한다. 타닌은 미토콘드리아의 산소 사용을 막는 대신 단백질에 달라붙는다. 여러분의 손을 꼭 잡은 어린 아이 2명이 꼼짝하지 않는 상황에서 안방에서 건넌방으로 걸어간다고 상상해보라. 힘들어도 걸을 수는 있지만, 아이들을 끌고 가야 할 것이다. 거기다 2명이 더 여러분의 다리를 잡는다면 끈적이는 물엿 속을 헤쳐 나가는 것처럼 느껴질 것이다. 설상가상으로 또 다른 아이가 여러분의 허리에 달라붙고, 2명이 더 여러분의 목과 어깨에 매달린다면? 결국 너무 많은 아이들이 달라붙어서 여러분은 움직일 수 없을 것이고 어린 아이들로 덮여서 완전히 알아볼 수 없게 된다. 이것이 바로 타닌이 단백질에 하는 작용이다.•

예를 들어, 특정 도토리처럼 타닌이 많이 함유된 음식을 먹었을

• 이게 바로 적포도주처럼 타닌 함량이 낮은 음료나 음식물을 먹을 때 입이 오므라드는 원인이다. 타닌이 여러분의 뺨 안쪽에 내벽을 이루는 단백질과 결합하여 떫은 느낌을 만든다.

때 발생하는 결과 중 하나는 타닌이 음식의 단백질과 결합해 소화를 방해하는 것이다. 그래서 안타깝지만 타닌을 먹는 포유류들은 그 귀중한 단백질을 배설한다. 사료의 1퍼센트를 타닌으로 섭취하는 닭은 타닌을 안 먹는 닭보다 더 느리게 자라고, 먹고 있는 단백질의 충분한 혜택을 받지 못하기 때문에 달걀을 더 적게 만든다. 복용량이 많아지면 타닌은 급성 독성을 갖게 된다. 소화불량 환자를 만드는 대신 소화기관에 궤양을 비롯한 다른 손상을 입힐 것이다. 5~7퍼센트의 타닌을 먹인 닭은 죽는다. 소와 같은 다른 동물들은 더 저항력이 강하다. 이들을 죽이려면 타닌이 사료의 20퍼센트 이상은 되어야 한다.•

역사상 가장 유명한(셰익스피어 덕분에) 마녀들의 음료는 독미나리 뿌리를 이용해서 만드는데, 진짜로 그 음료에 들어 있는 건 알칼로이드(식물에서 추출한 염기성 화학물질을 두루 일컫는 용어−옮긴이)라고 불리는 화학물질이다. 커피에 들어 있는 카페인도 알칼로이드다. 링거액에 들어 있는 모르핀과 진 토닉에 들어 있는 퀴닌도 마찬가지다. 니코틴, 코카인, 스트리크닌도 모두 알칼로이드다. 많은 양을 투여하면 신경계나 호흡기를 정지시킬 수 있다. 적은 양을 사용한다면, 일부 알칼로이드는 매우 유용한 약이 될 수 있다. 인간이 실험실에서 우리만의 알칼로이드를 만들기 전에는 모두 식물에서 추출했다. 약 18퍼센트의 식물이 알칼로이드를 만든다.

몇몇 식물 독소들은 놀랍도록 구체적이고 특별한 이름을 가지

• 대부분의 동물들은 타닌을 피하는데, 궤양이나 죽음 때문이 아니라 훨씬 단순한 이유 때문이다. 맛이 없다. 그래서 이 특정 식물 독은 독성을 표현하기 전에 동물들의 식물 섭취를 억제하는 수단이 된다. 그리고 저용량에서 타닌은 실제로 몇몇 동물들에게 좋은 영향을 끼친다. 예를 들어, 타닌은 소의 첫 번째 위에 있는 미생물의 성장을 조절하는 데 도움이 된다.

고 있다. 리신은 "리보솜 불활성화 단백질들ribosome inactivating proteins",
줄여서 "RIP"로 불리는 식물 독 중에서 가장 유명한 예다. 리신을 충
분히 섭취한다면 여러분은 영원히 잠들 것이다(영어로 RIP는 Rest In
Peace, 고인의 명복을 빈다는 뜻이다-옮긴이). 고등학교 생물학에서 배
운 리보솜 기억나시는지? 리보솜은 여러분의 DNA 염기서열을 기반
으로 단백질을 조립하는 분자 기계다. 리보솜은 79개의 단백질과 수
천 단위 길이의 핵산(RNA) 사슬들로 이루어진, 세포 기준에서 보면
꽤 큰 입자다. 리신은 리보솜에서 핵산 하나를 제거하는데, 그 결과
완전하고 불가역적이게 전체가 비활성화된다. 계속 진행되면 다른 리
보솜의 날개를 잘라내고, 1분에 1,000개 이상을 비활성화시킨다. 결
국 세포가 죽을 만큼 충분한 리보솜을 비활성화한다.

여기서 잠시 멈춰보자. 말도 안 되게 어이없는 상황이다! 리신 분자
하나만으로도 세포 전체를 죽일 수 있다고? 다른 관점으로 설명하자
면, 리신 분자 하나의 무게는 약 0.00000000000000005그램이고, 세
포 하나의 무게는 리신 분자의 약 4억 배다. 하나의 리신 분자로 세포
전체를 죽이는 것은 개미의 오른쪽 다리 하나로 사람을 죽이는 것과
같다. 불행하게도, 리신은 피마자(아주까리 식물)에 의해 상당히 많은
양이 생산되기 때문에 손에 넣기가 쉬워서 유명한 사람들을 우편으
로 죽이려는 아마추어 암살자들에게 인기 있는 선택이다.* 리신은 매
우 강력하고 쉽게 구할 수 있기 때문에, 1940년대 중반 미국의 화학
전 부대에서는 리신을 생물학 무기로 사용하는 것을 검토했다. 하지

---

* 약국에서 피마자유castor oil를 본 적이 있다면, 생산 과정에서 심각한 문제가 발생하지 않는 한 리
  신을 함유하지 않으니 안심하시길(오일이 추출된 뒤 남겨진, 으깨진 식물에 독이 있다).

만 무기로 만들어 많은 사람들을 죽이려면 리신을 고운 가루로 만들어야 하는데, 인류에게 다행스럽게도 그 과정이 매우 어렵다.

식물 독소들 중에는 굉장히 느린 암살자들도 있다. 오스트레일리아 양치식물의 일종인 네가래(지역에 따라 '파동선'이라고도 함)는 티아민, 즉 비타민 B_1을 분해하는 효소인 티아미나제를 많이 만든다. 오랜 기간 비타민 B_1이 부족하면 결국 각기병에 걸리게 되고 최종적으로는 죽는다. 죽기 전까지 병에 대해 인식하지 못하는 채로 말이다. 1861년 오스트레일리아를 떠돌던 영국 탐험가 2명에게 일어난 일이 바로 이것이다. 그들은 잘못해서 네가래가 들어간 밀가루를 만들었고 각기병(물론 다른 질병이 수반된)에 걸렸으며 서서히 죽어갔다.

식물의 방어 작용 중 어떤 형태는 너무 익숙해서 우리는 그것들의 원래 목적을 잊어버린다. 따뜻하고 아늑한 소나무 냄새 아는가? 그것도 작동 중인 방어 시스템이다. 곤충들이 침엽수를 갉아먹으면, 나무는 부상 부위에 테레빈유(침엽수에서 나오는 기름)에 용해된 수지(고무처럼 끈적이는 송진 덩어리, 일종의 고분자−옮긴이)를 내뿜으며 반응한다. 테레빈유가 증발하며(좋은 냄새가 나는 분자 몇 개를 코로 운반하며) 수지가 굳어져서 상처를 봉합하고, 우리가 알고 있는 호박(송진이 굳어서 생긴 광물의 일종−옮긴이)을 형성한다. 호박은 때로 곤충을 가두기도 한다. 소나무를 한 입 갉아먹기 위해 앉아 있다가 갑자기 앞으로 5,000만 년 동안 못 나오게 될 끈적끈적한 황금색 감옥(심지어 점점 딱딱해진다)에 싸여 있는 자신을 발견하는 것을 상상해보라. 잘했어, 소나무⋯. 제법인걸. 어떤 다른 식물들은 수지를 센 압력으로 저장했다가 곤충이 수지 저장고로 연결된 관을 씹는 순간 주삿바늘에서 액을 내뿜듯이 쏘아서 그 곤충을 1.5미터 밖으로 날려버린다. 생물학자들은 이런 작용을 "물총 방어"라고 부른다.

라텍스(그렇다. 대장 검사 전에 의사가 착용하는 베이지색 장갑을 만드는 물질 말이다)는 단순히 콘돔 만드는 물질 그 이상이다. 라텍스를 연구하던 2명이 2009년에 이것을 "독성 백색 접착제"라고 불렀는데, 그 이유는 라텍스가 식물의 종류에 따라 수백 가지의 다른 독소를 함유할 수 있기 때문이다. 라텍스는 다량의 아주 작은 고무 입자들이 송진과 같은 액체에 분산되어 있는 형태라서 곤충 전체를 가둬 놓을 수도 있지만 곤충의 입 부분을 봉해버릴 수도 있다. 고무줄 수천 개가 여러분의 입을 꽁꽁 싸매서 벌리지 못하게 한다고 상상해보라. 바로 그렇게 하는 것이다.

식물은 잔인하다.

식물은 이 모든 무서운 일을 일으키면서 미안하게 생각할까? 식물을 이해할 수 있는 방법은 단 하나뿐이다. 식물에게 물어보면 된다. MIT의 연구원들은 최근 유럽의 산톱풀(가루를 날려서 재채기를 유발하는 식물−옮긴이)을 맥북 프로와 교배시켜 식물의 의식에 접근할 수 있게 했다. 수천 년 동안 인간이 존재한 후에야 드디어 인간들이 식물들의 일에…! 농담이다.

식물은 믿을 수 없을 만큼 대단한 존재지만, 지금까지 인류는 식물이 자기 비밀을 말 그대로 '털어놓게' 할 수 없었다. 피마자 식물에게 특별히 포유류를 죽이기 위해 리신을 발달시켰는지 아니면 세포 내에서 중요한 기능을 담당하게 하려고 리신을 만들었는데 그 독성은 결과적으로 단지 생각지 못한 사고일 뿐이었는지 물어볼 수가 없었다. 그러나 대부분의 과학자들은 대부분의 식물 독소가 의도적으로 독성을 가지며 곤충과 동물이 식물을 먹지 못하게 막는 방향으로 진화했다는 데 동의한다. 그리고 모든 형태의 생명체, 특히 곤충과 포유류는 기본적으로 생존하기 위해 동일한 분자들을 사용하기 때문에 식물이 만드는 거의 모든 화학적 또는 생물학적 무기는 한 종 이상의 생물(우리 인류를 포함한)에 영향을 미칠 게 분명하다. 솔직히 나는 식물이 여러분의 목과 기도를 충혈시켜 따끔거리고 화끈거리게 하며 현기증, 구토, 설사, 호흡곤란, 심부전, 혼수, 죽음을 포함한 태양 아래 모든 의학적인 증상들을 일으킬 수 있는 화학적인 방법들을 사용한다는 사실에 엄청난 감명을 받았다.

식물의 화학 무기는 압도적이고, 막을 수 없고, 심지어 충격적으로 보일 수도 있지만, 동물이나 곤충 또한 아무 생각 없이 독을 먹고 괜찮기만을 바라는 것은 아니다. 식물학자 파비안 미켈란젤리Fabian Michelangeli는 이렇게 말했다. "식물은 독소를 진화시킬 수 있지만 일부 곤충은 독소를 극복하도록 진화할 수 있다. 즉 군비경쟁이 된다."

예를 들어, 여러분의 몸은 로다네제 효소(시안화물의 독성을 없애기 위해 시안화물에 황 원자를 붙이는 반응을 하는 효소−옮긴이)를 기반으로 한 시안화합물(예를 들어 청산가리) 해독 시스템을 가지고 있다. 많은 생물들이 우연히 시안화 식물을 먹었을 때 죽는 일을 피하기 위해 이 로

다네제를 가지고 있다.[•] 하지만 거기서 멈추지 않는다. 곤충과 동물들은 단지 화학적으로 독소를 파괴하는 것 이상의 일을 할 수 있다. 무스, 비버, 검은꼬리사슴, 흑곰을 포함한 많은 다른 종들은 타닌을 빨아들이는 스펀지 같은 단백질을 침에 분비하는데, 이 단백질은 동물이 먹는 음식 단백질에 타닌이 결합하는 것을 막아서 소화가 잘 되도록 한다.

청산 글리코사이드(앞에서 나온 '수류탄'을 기억하는가?)는 수천 종류의 식물에 존재하기 때문에, 몇몇 곤충과 동물은 그러한 식물들을 시안화물까지 다 먹을 수 있는 극도로 창조적인 방법을 진화시켜 왔다. 식물을 잘게 잘라 먹으면 세포 여러 개가 쪼개져서 시안화물이 더 많이 나오기 때문에 여섯점버넷나방의 애벌레는 식습관을 바꾸어 한 입에 큰 조각의 식물을 먹는다. 이 애벌레는 또한 매우 염기성 상태인 중간창자를 가지고 있어서 필립이 1초당 안전핀을 뽑을 수 있는 수류탄의 수를 줄일 수 있으며, **초고속**으로 빠르게 먹고(거의 시속 4평방센티미터의 잎을 먹을 수 있다) 초고속으로 배설하기 때문에 몸 안에서 방출될 수 있는 시안화물의 양이 획기적으로 줄어든다.

나비와 나방 중 몇 종의 애벌레도 청산 글리코사이드 수류탄을 안전하게 다루는 방법을 알아냈다. 신박하게도 이 애벌레들은 수류탄을 그냥 먹어치우는 대신 **포식자들**에게 사용하기 위해 몸 안에 저장한다. 한 실험에서 과학자들은 시안화물을 생산하는 식물과 생산하지 않는 식물에다가 각각 한 그룹의 애벌레를 키워서 천연 포식자인 도

[•] 해독제가 있는데 왜 시안화물(청산가리)는 여전히 독성이 강한가? 로다네제는 어딘가에서 황을 얻어야 하는데 그 어딘가는 주로 단백질이다. 우리가 단백질을 분해해서 황 원자를 뽑아낸 후 로다네제에게 주어서 해독 작용을 하게 하는 데는 시간과 에너지가 필요하다. 따라서 양만 충분하다면 시안화물이 해독 시스템을 압도할 수 있다.

마뱀에게 바쳤다. 도마뱀은 시안화물을 저장한 애벌레를 그렇지 않은 애벌레에 비해 절반도 먹지 않았다. 어떤 경우에는 도마뱀들이 시안화물을 저장한 애벌레를 한 입만 먹고 바로 버리고 나서 고개를 떨어뜨리고 입을 크게 벌려 턱을 바닥이나 다리에 닦거나 혀로 위턱을 핥아냈다. 마치 누군가가 초콜릿 칩 쿠키 같은 걸 준다고 생각했는데 실제로는 오트밀 건포도 쿠키였던 것과 같은 느낌이다.

어떤 애벌레들은 잡아먹힐 상황이 되면 시안화물이 들어 있는 소화액 한 방울을 역류시켜 잠재적인 포식자에게 말한다. "이거 내 몸속에 더 있다고. 날 먹기 전에 한 번 더 생각해봐." 담배 식물을 먹고 사는 담배뿔벌레는 담배 잎에서 니코틴을 섭취하고 늑대거미가 공격하면 기체 상태로 니코틴을 방출하는데, 바로 그 순간 늑대거미는 지옥을 경험하게 된다(이 장면을 보여주는 놀라운 영상이 있다. 나는 거미가 그렇게 빨리 식사를 포기하는 것을 본 적이 없다).* 이 행동을 발견한 과학자들이 이것의 이름을 "독성 입 냄새"라고 지었는데, 나는 이름 때문에 이 행동이 낮게 평가된다고 생각한다. 담배뿔벌레는 사람처럼 입에서 악취를 내뿜는 대신 몸 전체에 분포된 약 12개의 작은 구멍을 통해 니코틴 가스를 배출해서 자기 몸을 둘러싸게 한다. 불쌍한 늑대거미들.

라텍스를 생산하는 식물에 대항하기 위해 어떤 곤충들은 잎맥 하나를 잘라내고 라텍스가 흘러나오게 한 다음 돌아서서 잘라낸 잎맥의 윗부분을 먹기 시작한다. 그 특정한 잎맥이 말라 죽었기 때문에, 곤충이 먹는 곳에서는 라텍스가 나오지 않는다. 정말이지 비겁하다.

---

* 니코틴은 생각보다 독성이 강하다. 4장에서 다시 얘기해보자.

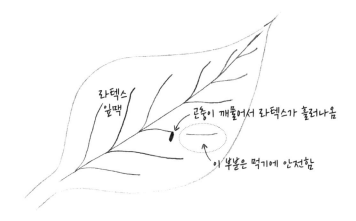

라텍스
잎맥

곤충이 깨물어서 라텍스가 흘러나옴

이 부분은 먹기에 안전함

식물과 식물을 먹으려는 모든 것 사이의 이런 군비 경쟁은 수억 년 동안 계속되어 왔다. 그리고 거기에 우리도 있다. 이 전쟁 한가운데서 존재하며 살아가고 있는 인류는 식물이 자신을 방어하기 위해 만드는 모든 훌륭하고 창조적인 화학물질에도 불구하고 어떻게든 식물을 마음껏 먹을 수 있는 방법을 찾아냈다. 물론 우리의 능력 중 일부는 생화학적이지만(예를 들어 로다네제 같은), 나는 이 능력의 대부분이 인류의 창의력 덕분이라고 주장한다.

알티플라노Altiplano라고 불리는, 해발 약 3,660미터인 안데스 산맥의 높은 곳에 있는 비교적 평평하고 넓은 고원은 페루 남부에서 거의 아르헨티나까지 길이 약 965미터, 너비 약 130미터 크기로 뻗어 있다. 일반적으로 춥고 건조하며, 지독한 햇볕이 내리쬐고 있다. 공기가 희박해서 살아가기도 어렵지만 그 지역 주민들은 수천 년 동안 이 환경에서 살고 있다. 그들이 주로 먹는 음식, 때로는 유일한 음식은 야생 감자다. 여러분은 감자를 '스테이크 옆에 나오는 녹말 주머니'라고 생각할지도 모른다. 틀린 생각이 아닐 수도 있다. 감자는 대부분 탄수화물이니까. 하지만 감자는 비타민, 철분, 마그네슘, 인, 2~4퍼센트의 단백질도 함유하고 있다. 만약 여러분이 해발 수천 미터에서 힘든 삶을 살아가고 있다면, 야생 감자가 생명줄이 될 수 있다. 작은 문제 하나는 야생 감자 대부분이 독성이 강하고 심지어 모든 종류의 독을 함유하고 있다는 것이다.* 만약 여러분이 야생 감자를 많이 먹는다면, '심각한 위장 장애'가 생길 것이고 그 증상은 의학적으로 '통증, 경련, 변기를 껴안게 하는 구토, 깨질 듯한 두통 또는 이것들의 조합'이라고 표현할 수 있다. 감자를 요리하면 독성이 감소되지만, 일부 독은 열에 의해 파괴되지 않는다. 요리된 감자도 먹기에 안전하지 않다는 뜻이다. 말 그대로 굶어 죽을 상황이라도 독성이 있는 야생 감자를 먹는 것보다는 계속 굶고 기적을 바라는 것이 낫다.

수백만 년 후에는 알티플라노에 사는 사람들이 야생 감자 독에 대해 효과 좋은 생물학적 방어체계를 진화시킬 수도 있지만, 오늘의 여러분에게는 도움이 되지 않는다. 운 좋게도 바로 지금 이 순간, 거의 마법처럼 아무런 나쁜 영향도 없이 야생 감자를 먹을 수 있게 해주는 무언가가 있다. 간단하고, 쉽고, 자유롭다. 여러분의 주방에서 할

---

* 몇 가지 예를 들어보자면, 글리코알칼로이드(가수분해되면 솔리닌이라는 독성물질이 나와서 구토, 설사, 위경련, 심할 경우 사망까지 이르게 하는 물질—옮긴이), 피토헤마글루티닌(메스꺼움, 복통, 설사, 두통을 유발할 수 있는 물질—옮긴이), 프로테아제 억제제(단백질 분해 효소의 작용을 억제하는 단백질—옮긴이), 세스퀴테르펜 피토알렉신(식물에서 분비하는 항균 물질—옮긴이) 등이 있다.

수도 있지만 밖에서도 할 수 있다. 마치 오래된 욕처럼 들릴 수도 있다. "흙이나 처먹어라."

사실 그냥 흙이 아니라 **점토**인데, 아무 점토도 아니고 특별한 점토다. 알티플라노의 원주민인 아이마라족은 파사, 파살라 또는 차코라는 특정 점토를 찾기 위해 지표면 아래로 약 1.8~3미터를 판다. 파사, 파살라, 차코는 각각 모양, 느낌, 맛이 다른 3종류의 점토다.* 특이한 점은 이 3종류의 점토가 모두 정확히 같은 방식으로 작용한다는 것인데, 마치 스펀지처럼 야생 감자의 독을 흡수해서 감자를 안전한 음식으로 바꾼다. 점토로 만든 양념에 감자를 넣고 조리하든, 따로 조리해서 점토 소스에 찍어 먹든(감자튀김과 케첩처럼) 독성을 없애는 데 거의 마법처럼 효과가 있다. 야생 감자에서 검출된 글리코알칼로이드계 독성 물질인 토마틴 30밀리그램을 해독하는 데는 세 종류의 점토 중에서 가장 효과적인 파사 60밀리그램만 있으면 된다. 즉, 10~15개의 감자를 2~3티스푼의 파사로 해독할 수 있다(아이마라족은 이것보다 훨씬 더 많이 사용한다. 음식을 토하기보다는 점토를 많이 먹는 편이 낫다고 느끼는 것 같다. 내 생각에는 논리적이다).**

우리가 잠재적으로 위험한 음식을 해독하기 위해 점토(또는 다른

---

* 사실 이 점토들을 직접 파러 갈 필요는 없다. 자본주의의 마법 덕분에, 이제 세 가지 모두 알티플라노 시장에서 구하기 쉽다.
** 여러분이 인터넷에서 파사 가루를 사기 전에 말해두어야겠다. 우리는 필요 없다. 여러분이 가게에서 사는 감자는 재배된 것이며, 품종 개량이 되어 안전하다.

미네랄)를 먹는 것이 아마 "가공"으로 여겨질 만한 첫 번째 행동일 것이다. 즉 자연에서 가져온 무언가를 먹거나 사용하기 전에 특정한 방법으로 그것을 변화시키는 과정이다. 가공의 핵심은 자연을 우리의 필요에 맞추는 과정인 것이다. 자, 만약 여러분이 '**감자와 함께 점토를 먹는 건 감자를 가공하는 게 아니라 단지 두 가지를 동시에 먹는 거잖아**'라고 생각해도 난 이해할 수 있다. 감자를 점토 소스에 찍는 것은 가공의 가능한 가장 넓은 정의에 가장 가까울 수도 있다. 만약 감자튀김에 독성이 있고 케첩이 해독제였다면 감자튀김을 꼭 케첩에 찍어먹어야 하는 것과 같다. 아이마라족과 독성 감자 사이에 있는 또 다른 예를 찾아보자.

어렸을 때, 나는 워싱턴 D.C.에 있는 국립항공우주박물관으로 매년 여름 맞이 순례를 갔었다. 이 여행의 하이라이트는 항상 작은 직사각형 동결 건조 아이스크림인 우주 아이스크림을 사는 것이었는데, 일반적인 지구 아이스크림을 얼리면서 건조시켜 맛과 (대부분의) 식감은 남겨두고 모든 물만 제거해서 만들었다. 동결 건조는 골치 아픈 과정이다. 현대 기술로 이 과정은 다음과 같이 진행된다.

1. 강한 진공 펌프, 알코올과 드라이아이스, 누수방지 배관 및 플라스크를 구한다.
2. 동결 건조하고 싶은 것을 얼린 후 첫 번째 플라스크(오른쪽 그림)에 담는다.
3. 플라스크를 파이프 한쪽에 연결한 다음, 다른 쪽 끝을 두 번째 플라스크(가운데 그림)에 연결한다.
4. 두 번째 플라스크를 알코올/드라이아이스 욕조에 담근다.
5. 두 번째 플라스크를 진공 펌프에 연결한다.
6. 진공 펌프를 최소한 12시간 동안 작동시킨다.
7. 이후 몇 시간 동안, 샤워 후 몸을 따뜻하게 해주는 빨간 전구(물리치료할 때 쓰는 빨간색 전등을 떠올리시길—옮긴이)로 플라스크를 천천히 데운다.
8. 몇 시간 더 기다리면, 드디어…
9. NASA 아이스크림을 즐길 시간!

어떻게 이런 일이 가능할까? 진공 펌프는 압력을 거의 0으로 낮춰서 아이스크림 속의 언 물이 녹지 않고 증발하게 한다(기체-액체-고체 사이의 상평형 도표에 의하면 압력이 아주 낮을 때는 고체인 얼음에서 바로 기체인 수증기로 변한다. 냉동실의 얼음이 작아지는 현상을 자주 본 적이 있을 것이다—옮긴이). 전구에서 오는 열은 이 과정을 돕는다. 수증기가 두 번째 플라스크에 들어가면 얼게 된다(알코올과 드라이아이스가 섞인 용액은 온도가 영하 80도까지 내려간다—옮긴이). 결국에는 차갑고 말라빠진 음식이 된다. 본질적으로 여러분은 낮은 압력, 아주

차가운 온도, 온화한 열을 이용해 냉동식품을 녹이지 않고 그 안의 고체물(즉, 얼음)을 제거하고 있는 것이다.

동결 건조 식품은 현대 기술의 결정체처럼 보인다. 그러나 아이마라족은 펌프나 파이프, 냉동고 없이 감자를 동결 건조시키는 방법을 알아냈고 그 방법은 다음과 같다.

1. 독성 있는 야생 감자를 가져온다.
2. 감자를 높은 고도에서 밤새 밖에 놓아 냉동시킨다.
3. 프랑스의 와인 제조자들이 포도를 짓밟는 것처럼 냉동된 감자를 짓밟는다.
4. 짓밟힌 감자를 느슨하게 짜인 고리버들 바구니에 넣고, 바구니를 개울이나 시냇물에 몇 주 동안 그대로 넣어둔다.
5. 감자를 문 밖에 놓고 밤새 얼렸다가 낮에 말리고 가끔씩 물기를 짜주면서 몇 주 더 놔둔다.
6. 짜잔! 동결 건조 감자다.

이 방법은 놀라울 정도로 현대 기술과 비슷하다. 아이마라족은 진공 펌프 대신에 환경을 사용한다. 높은 고도는 곧 낮은 압력을 의미한다. 태양은 열을 공급하는 램프의 역할을 한다. 아이마라족의 방식은 현대 방식보다 훨씬 정교하다. 감자를 짓밟은 뒤 흐르는 물에 그대로 두면 야생 감자 독소의 약 97퍼센트가 빠져나간다.* 모든 처리가

---

* 물론 거의 모든 단백질과 많은 비타민과 미네랄도 같이 빠져나간다. 하지만 어쩌겠는가? 인생이란 주고받기인 것을.

끝난 야생감자는 위장 장애 없이 먹을 수 있을 뿐만 아니라 훨씬 오래 저장할 수 있다. 신선한 감자는 약 1년 정도 저장 가능하지만 물에 담갔다가 얼리고 말린 감자는 20년 동안 저장할 수 있다(어떤 사람들은 저장 기간이 무한정이라고도 한다). 만약 여러분이 아이마라족과 같은 전통적 사회의 일원이었다면, 2년 또는 3년 동안의 기근을 견뎌낼 정도로 저장 가능한 식용 탄수화물을 가지고 있는 것만이 생존의 열쇠가 될지도 모른다.

아이마라 부족의 감자가 세계 최초의 가공식품인지 아닌지에 대한 역사적 기록은 분명하지 않지만, 이 과정은 '가공'이 분명하다. 자연에서 무언가를 가져다가 우리의 목적에 맞게 바꾸는 것, 이 경우에는 야생 감자를 독성이 없도록 바꾸는 것이다.

훨씬 더 흔한 작물인 카사바(고구마처럼 덩이뿌리를 탄수화물 공급원으로 먹는 구황 작물의 일종, 카사바 전분이 바로 타피오카다―옮긴이)를 살펴보자. 지역에 따라 마니옥manioc이나 유카yuca로도 부른다. 여러분이 어디에 사느냐에 따라 카사바는 고급 메뉴의 재료가 되기도 하고 주식이 되기도 한다. 오스트레일리아 식물을 주로 연구하는 학자인 로스 글리도Ros Gleado는 "카사바는 중요한 식량이다. 오스트레일리아에서는 많이 먹지 않지만 전 세계 10억 명이 매일 카사바를 먹는다"고 말했을 정도니까. 카사바는 농부의 꿈이다. 이것은 쉽게 퍼져나가고 척박한 토양에서도 잘 자라며 관리도 거의 필요 없는 데다 가뭄에 잘 견디고, 다 익은 후에도 최대 3년까지는 땅에 남겨두어도 된다. 기본적으로 카사바는 기근에 대비한 식물성 보험이기도 하다.

물론 함정이 있다. 아직 짐작하지 못하셨다면, 힌트를 하나 주겠다. 어떻게 이 식물은 영양가가 높고 잘 익은 상태로 3년 동안 지나가는 동물이나 곤충에게 안 먹힐 수 있을까? 빙고! 시안화물이다. 우리가 이미 보았듯이 많은 식물들, 실제로 모든 농작물의 3분의 2는 시안화물을 만들어내는 부분을 적어도 하나는 갖고 있다. 그리고 세계적으로 먹는 카사바의 몇몇 품종은 어른을 죽이기에 충분한 청산 글리코사이드를 덩이뿌리에 저장하고 있다.[*] 불행히도 카사바를 굽거나 삶는 것 같은 간단한 방법은 청산 글리코사이드를 제거하는 데 아무런 도움이 되지 않는다. 하지만 카사바를 제대로 가공하면 시안화물을 제거할 수 있다.

앞에서 나온 수류탄 비유를 다시 살펴보자. 식물은 수류탄(청산글리코사이드)을 필립(안전핀을 당기는 녀석)과 별도로 보관하지만, 어떤 곤충이 와서 식물 세포를 씹어대기 시작하면 필립과 수류탄을 만나게 한다는 걸 기억하시라. 필립이 안전핀을 뽑고 수류탄이 터지며 시안화물(청산가리)이 방출된다.

역설적이게도, 카사바 해독법의 첫 번째 단계는 **모든 수류탄!**의 안전핀을 뽑아 가능한 한 많은 청산가리를 인간의 몸 밖에서 생성하는 것이다. 예를 들어, 카사바 덩이뿌리를 강판에 갈아서 식물 세포를 산산조각 낼 수도 있고 발효 과정을 이용해서 박테리아와 곰팡이가 식물 세포를 잘근잘근 씹게 만들 수도 있다. 일단 시안화물이 생성되면 두 번째 단계는 시안화물(청산가리)을 제거하는 것이다. 다행히도 시안화물은 물에 잘 녹고 쉽게 증발하기도 한다. 그래서 일단 카

---

[*] 장례식에 참석한 사람들 중 2명이 (시안화물이 들어 있는) 카사바로 만든 장례식장 음식을 먹고 죽은 불행한 사고도 있었다.

사바를 으깨면 체로 거르고 끓여서 물을 증발시키거나 얕고 넓은 팬에 놓고 뜨거운 햇볕에서 몇 시간 말린다. 남아메리카에서는 카사바 가루나 반죽을 티피티tipiti라고 불리는 특별한 망을 사용해 꼭 짜곤 한다. 중국의 손가락 함정(손가락을 넣으면 빼기 힘들게 만든 장난감―옮긴이)처럼 생겼는데 길이가 1.2미터 정도라고 생각하면 된다. 티피티에 카사바 반죽을 가득 채우고 한쪽 끝을 서까래나 나뭇가지에 걸어둔 다음, 체중을 이용해 반대쪽을 아래로 당긴다. 시안화물이 들어 있는 물을 쭉 짜낸 후 안심하고 먹을 수 있는 카사바를 남긴다. 대단히 창의적인 방법이다.

독성 식물을 식품으로 바꾸는 것은 인류가 할 수 있는 최소한의 가장 기본적인 가공이다. 인류는 오랜 시간 동안 이렇게 해왔고, 여전히 많은 사람들이 오늘날에도 이 기본적인 처리 방식에 의존하고 있다. 감자를 점토에 찍어 먹거나 물에 담갔다가 얼리고 말려서 먹고, 점토를 섞어 만든 도토리 빵을 굽는다. 물론 식품 가공의 최고봉은 애초에 독성이 생기지 않도록 선별적인 재배와 육종으로 식물의 유전자 자체를 변화시키는 것이다.[•]

여러분이 이런 질문을 할 수도 있다. "독성 식물은 그냥 놔두고, 독성이 없는 식물을 먹는 게 어때?" 주변에 독성이 없는 음식들이 많이 있을 때라면 완벽하게 합리적인 방법이다. 하지만 완벽하게 안전한 무독성 탄수화물/지방/단백질 공급원이 없어져 버린다면, 굶어 죽지 않기 위한 예비 계획을 세워야만 한다. 간단하지만 잔인한 논리인데, 독성이 있든 없든 간에 음식으로 만들 수 있는 것이 많을수록 여

• 하지만 이 내용은 다른 책에 해당한다.

러분이 살아남을 가능성이 더 높다.

하지만 우리가 당장의 생존만을 위해 식품을 가공하는 건 아니다.

3장

미생물이
호시탐탐 우리의 음식을 노린다

죽은 소 두 마리, 꿀, 물, 샤워 커튼 위에 사는 세균,
마사 스튜어트, 작은 녹색 곤충,
오언스 계곡에 사는 파이우트족,
설탕, 꿀, 피에 대하여

지금부터 우리는 사고 실험을 해보려 한다. 좀 괴상해 보일 수도 있다.

죽은 소 2마리가 여러분 바로 앞에 있다고 상상해보라. 여러분은 왼쪽의 죽은 소(베르타)를 가능한 한 빨리 사라지게 하고 싶다. 베르타는 증거물이기 때문에 즉시 없애야 한다. 하지만 오른쪽의 죽은 소(빌헬미나)는 될 수 있는 한 오래 보존하고 싶다. 이때 '오래'란 며칠, 몇 달 동안을 얘기하는 게 아니고 인류가 그토록 두려워하던 소일렌트 그린Soylent Green(핵전쟁의 공포를 다룬 영화 제목으로, 모든 천연 식품이 사라진 미래를 배경으로 인간에게 오직 물과 소일렌트 그린이라는 가공식품만 배급된다는 내용―옮긴이)을 배급받는 시대까지다.

화학적으로 말하자면, 베르타 문제는 해결하기 쉽다. 영화 〈스내치Snatch〉를 보면, 베르타를 한 입 크기로 조각내어 돼지에게 먹이는

것이 모든 흔적을 없애는 가장 확실한 방법이지만, 솔직히 말해서 베르타의 몸을 세계의 어디에 두든 빨리 부패할 것이다. 빌헬미나를 보존하는 것은 베르타를 제거하는 것보다 훨씬 더 힘들다. 물론 여러분이 지구상의 어디에 있느냐에 따라 엄청 쉬울 수도 있는데, 만약 북극 근처에 산다면 그냥 밖에 놔두면 된다. 북극은 본질적으로 거대한 천연 냉동고니까. 물론 결국 빌헬미나의 몸도 부패하겠지만 훨씬, 훠얼씬, 훠어어어어얼씬 더 오랜 시간이 걸릴 것이다.

왜 우리 머릿속에 죽은 소들을 떠올리는 거냐고? 두 가지 이유가 있다. 첫째, 죽은 인간을 떠올리는 것보다 덜 이상하다. 둘째로 더 중요한 이유는 대부분의 음식이 살해에서 시작되기 때문이다. 여러분이 먹어본 적이 있거나 앞으로 먹게 될 거의 모든 것들은 한때 살아서 호흡하는 것이었거나 혹은 살아 있는 것의 일부였다. 여러분이 굶어 죽지 않기 위해 꼭 먹어야 하는 음식의 대부분을 구성하는 단백질, 지방, 탄수화물, 식이섬유는 지구가 완벽하게 만들어서 갑자기 툭 던져준 것이 아니다. 식물은 자신을 만들고(광합성), 동물은 식물을 먹고, **우리는** 그 식물과 동물을 먹는다. 이 사고 실험을 하는 이유는 여러분의 기분을 나쁘게(또는… 좋게?) 하기 위해서가 아니고 우리가 뭔가를 먹을 때 식물과 동물의 사체를 먹는다는 사실을 다시 인식시키기 위해서다. 이런 인식은 중요한데, 왜냐하면 다른 많은 생물들 역시 사체를 먹으려고 하기 때문이다.

인류 역사 중 한때, 죽인 지 몇 시간 안에 사냥감을 먹어야 했던 시기의 인간은 하이에나, 독수리, 파리를 비롯해서 눈에 보이는 다른 생물들에게 사냥감을 빼앗기지 않기 위해 경쟁하고 있었다. 그때 인류에게 갑자기 **지금** 무언가를 사냥해서 **며칠이나 몇 주 지난 후에** 먹는 건 어떨까 하는 이상한 생각이 떠올랐다. 그 이후부터 우리는 눈에 보이지 않는 거대한 미생물 동물원과 경쟁하기 시작했다.* 인간과 미생물들은 빵이나 과일 한 조각, 또는 베르타 한 덩어리를 먼저 먹기 위해 서로를 앞지르려고 노력했다. 자, 확실히 하자. 결국에는 미생물들이 항상 이긴다. 덴마크 식품과학자 수사네 크뇌첼Susanne Knøchel은 강력하게 주장한다. "미생물은 인간보다 먼저 존재했고, 인간들이 모두 사라진 후에도 존재할 것이다. 언제나 미생물이 이긴다." 왜냐고? "미생물들은 모든 곳에 있기 때문이다. 50년 전만 해도 사람들이 미생물의 존재를 생각지 못했던 곳에서도 발견된다."

미생물들은 대기 중에 떠 있기도 하고 여러분 집의 먼지를 타고 다니기도 하고, 샤워기에 붙어 있기도 하고, 샤워 커튼 위에서 캠핑을 하기도 하고 부엌 전체를 식민지로 만들고 있기도 하다. 그리고 물론 여러분(그리고 베르타) 안에도 있고, 여러분이 먹는 '소화 불가능한' 식물 섬유의 일부를 발효시키기도 한다. 사실, 내장 속에는 내 몸의 세포를 모두 합한 수만큼의 박테리아(세균)가 살고 있다. 장내 세균(미생물 군집microbiome, 우리 안에 살고 있는 미생물 집합체의 일부)은 우리의 생존에 중요한데, 왜 그런지는 아직도 연구 중이다. 그러나 체내 미생물들과 우리의 현재 관계는 일시적인 휴전 상태에 불과하다. 우리는 살아 있는 동안 미생물에게 따뜻하고 습한 서식지와 많은 음식을 제공하고, 미생물은 우리에게 에너지를 주기도 하고 해로운 사촌들

* 사실 "동물원"이라고 부르면 관련된 미생물의 수를 제대로 표현하지 못하는 것 같다. 만약 여러분이 세계의 모든 동물원 안에 있는 모든 동물들의 수를 합하고 그 수에 약 1조를 더 더하면, 냉장고에서 썩어가는 작은 고기 조각 위에 있는 미생물들의 수를 얻을 것이다.

(병균들)로부터 우리를 보호해준다. 하지만 우리가 죽는 순간, 이 작은 생명체들은 우리에게 등을 돌리고 우리를 안에서부터 전부 먹어치울 것이다.

그리고 여러분을 먹어치우는 건 미생물 군집만이 아니다. 여러분이 어떻게 그리고 어디서 죽느냐에 따라, 다양한 미생물들과 여러 종류의 생물들이 행복하게 단백질, 지방, 탄수화물, 비타민, 미네랄을 비롯해 여러분을 구성했던 모든 것을 먹은 뒤 원하는 목적으로 사용할 것이다. 결국 여러분은 사라질 것이다. 분해되는 여러분의 몸은 **어떤 생물**에겐 뷔페다. 기분 나쁘게 생각하지 마시라. 거의 모든 생물에게 해당되는 얘기다. 생물이 일단 죽으면 다른 생물의 먹이가 된다. 베르타도 예외가 아니다. 베르타의 내장과 연한 조직이 먼저 먹혀 없어질 것이다. 뼈는 더 오래 버티겠지만, 뼈를 먹는 생명체들도 있다. 시간이 지남에 따라, 베르타는 완전히 분해되어, 헤아릴 수 없을 정도로 많은 박테리아, 균, 곰팡이, 곤충, 동물 그리고 식물에게 먹이가 되고, 베르타의 원자들은 지구상의 수십 억 다른 생물체들에 퍼질 것이다.

이런 과정을 부패라고 하며, 다른 말로 썩는다고도 한다. 생물이 죽은 후 그 몸에 일어나는 완벽히 자연스럽고 지극히 정상적인 일이다. 그래서 빌헬미나를 보존하는 것보다 베르타를 제거하는 것이 훨씬 쉽다.

그러나 인류가 노력하지 않았다는 뜻은 아니다.

가능한 한 오랫동안 빌헬미나를 보존하고 싶다고 가정해보자. 그러기 위해서는 미생물이 그녀를 먹어버리지 못하도록 막아야 하고, 빌헬미나 자신의 세포 안에서 일어나는 물질 대사를 막아야 한다. 그렇게 하는 가장 좋은 방법은 빌헬미나를 방부 처리하는 것이다. 가장 인상적인 방부제 중 하나는 아주 간단한 분자이기도 한 포름알데히드라는 물질이다. 포름알데히드는 달랑 탄소 1개, 산소 1개, 수소 2개만 가진다.

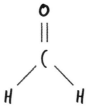

하지만 분자의 단순함에 속지 마라. 포름알데히드는 (화학적으로) 극도로 악랄하고 문란하다. 그림에서 탄소가 보이는가? 이 탄소의 상태를 화학자들은 "전자 결핍"이라고 부르는데, 그 이유는 산소가 전자 밀도를 탄소로부터 끌어당기고 있기 때문이다.

그래서 탄소가 약간의 양(+)의 전하를 갖게 되는데, 이 말은 약간의 음(−)의 전하를 가진 다른 분자의 일부분에 끌린다는 의미다.

그런 분자가 어디에 있을까? 바로 여러분이 그런 분자들로 만들어졌다.

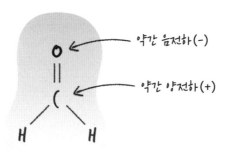

약간 음전하(-)

약간 양전하(+)

　여러분을 구성하는 모든 세포 속의 거의 모든 분자가 이런 특징을 가진다. 감염과 싸우거나 여러분의 DNA를 저장하고 복제하는 것을 돕는 단백질, 여러분의 세포와 주변 모든 것 사이에서 장벽을 구성하는 지방, 여러분이 에너지를 얻으려고 태우거나 나중을 위해 저장하는 탄수화물, 심지어 여러분의 유전 정보를 구성하는 RNA와 DNA까지도 약간 음전하를 띤 부분이 있어서 포름알데히드와 반응할 수 있다. 만약 포름알데히드가 다른 분자(예를 들어 단백질)의 음전하 부분과 충돌한다면, 두 분자가 결합해 하나가 될 수 있다. 그리고 반응은 거기서 멈추지 않는다. 단백질과 결합한 포름알데히드는 본질적으로 같은 방식으로 두 번째 반응을 할 수 있는데, 즉 약간의 음전하를 가진 다른 분자와 결합하는 것이다. 이때 결합하는 분자는 또 다른 단백질일 수도 있고 지방이나 DNA 한 가닥일 수도 있다.

　자, 이 모든 과정이 시작될 때, 여러분에게는 분자 3개가 있을 것이다. 거대한 단백질, 아주 긴 DNA 사슬, 작디작은 포름알데히드 분자. 결국 이 분자 3개는 꼬마 포름알데히드에 의해 서로 연결되어 하나가 된다.

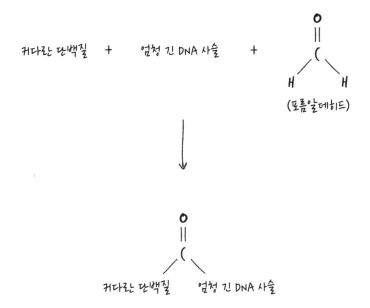

커다란 단백질　+　엄청 긴 DNA 사슬　+

(포름알데히드)

커다란 단백질　　엄청 긴 DNA 사슬

　　　포름알데히드를 이용한 방부 처리도 이런 반응이지만 **대규모로** 이뤄진다. 출퇴근 시간 뉴욕시에 600만 갤런(약 2,300만 리터)의 초강력 접착제를 뿌린다고 상상해보라.* 몇 분 안에 사람들이 인도, 가로등, 표지판, 핫도그 가판대뿐만 아니라 서로와도 붙어버릴 것이다. 자동차, 버스, 트럭, 기차는 길거리와 레일에 붙게 될 것이다. 그리고 유나이티드 항공에 탑승한 모든 사람들은⋯ 그전과 마찬가지로 꼼짝 못하게 될 것이다. 모든 사람, 자동차, 트럭, 버스, 기차 등은 원래 하

---

* 600만 갤런이라는 숫자는 내가 실제로 계산해서 구했다. 포름알데히드 4.5그램이 있어야 평균 수용성 단백질 100그램을 완전히 '고정'할 수 있다. 이 같은 비율을 사용하면 몸무게가 약 68킬로그램인 사람을 완전히 고정시키는 데는 약 3킬로그램의 초강력 접착제가 필요하다. 뉴욕시의 인구는 약 800만 명이니까 그 사람들을 모두 고정하려면 약 2,450만 킬로그램의 초강력 접착제가 필요하고 일반적인 초강력 접착제의 주성분인 시아노아크릴레이트는 밀도가 1.1g/mL이므로 2,450만 킬로그램을 부피로 변환하면 약 600만 갤런(약 2,300만 리터)이라는 결과가 나온다.

던 정상적이고 넓은 범위의 동작을 멈춘 채 오로지 포름알데히드 접착제와 씨름하며 제자리에서 진동만 할 것이다.

생명은 움직임이 필요하다. 분자들은 갈 곳도 있고 할 일도 있다. 동작을 멈추게 하면 세포의 생명이 뚝 끊긴다. 먹이를 찾는 박테리아의 관점에서 볼 때, 포름알데히드는 많은 양의 음식을 거대하고 쓸모없는 박물관으로 바꾼다. 포름알데히드는 궁극의 방부제다.

물질 대사(살아 있는 생명체에서 일어나는 반응)를 멈추게 하는 화학물질도 독성이 있다고 추측할 수도 있다. 아마 추측이 맞을 것이다. 포름알데히드가 시안화물(청산가리)만큼 강력하지는 않지만, 성인을 죽이려면 포름알데히드 약 12~20그램이 필요한데, 이때 죽는 과정은 전혀 보기 좋지 않다. 방부제로 사용되기 전 포름알데히드는 동물의 피부를 가죽으로 바꾸는 무두질 액으로 사용되었다. 포름알데히드를 이용해 자살한 시체를 부검한 결과 엄청난 폐 손상과 "가죽처럼 두꺼워진 위벽"이 발견되었다. 살아 있는 사람들이 우연히 포름알데히드를 복용한 사건들은 이것의 엄청난 독성을 고려할 때 충격적일 만큼 많이 일어난 편인데, 대부분의 경우 누군가가 얼간이 짓을 했기 때문이다. 포름알데히드가 실수로 3살 아이와 59살 여성의 눈꺼풀에 주사되기도 했고 23살 청년의 잇몸에 주입된 적도 있다(어떤 천재 치과의사가 교육이 끝나지 않은 학부생이 이를 뽑도록 내버려두었다). 사고로 투석 환자의 정맥에 주입된 적도 있는데 그 불쌍한 환자는 화형당한다고 느꼈을 것이다. 놀랍게도, 한 환자는 4퍼센트의 포름알데히드 100밀리리터를 사용해서 **관장**을 받은 후에도 살아남았다. 그리고 내가 가장 좋아하는 포름알데히드 독성 사고는 한 외과의사가 실수로 포름알데히드를 환자의 무릎에 직접 주사했던 사건인데, 그 포름알데히드는 바로 그 환자의 무릎 조각이 보존된 작은 바이알(생물 표본을 담는 작은 병−옮긴이)에서 나온 것이었다. 심지어 이 작은 바이알은 성공적인 수술을 기념하기 위한 선물이었다. 선물은 물 건너 간 셈이다.

어쨌든, 만약 여러분이 빌헬미나를 포름알데히드로 가득 찬 거대한 통에 보존한다면… 글쎄, 빌헬미나가 얼마나 오래 보존될지는 아무도 모른다. 포름알데히드는 1899년에 처음으로 사체를 방부 처리하는 데 사용되었고, 그 사체는 아마도 여전히 그대로 유지되고 있을 것이다. 그래서 빌헬미나도 적어도 120년 동안은 보존될 거라고 예측할 수 있고 포름알데히드의 방부성에 대해 우리가 알고 있는 지식대로라면 아마도 훨씬 더 오래 그대로 있을 것이다.

이제 우리는 죽은 소를 이용한 사고 실험의 이론적 한계를 설정할 수 있다. 이것을 '베르타−빌헬미나 연속성'이라고 부르겠다.

베르타 ↔ 빌헬미나
따뜻하고 습한 환경 ↔ 포름알데히드 방부 처리
활발하게 움직이는 삶 ↔ 특정 궤도에 멈춰버린 삶
빠른 부패 ↔ 영원한 보존

음식은 **생명체** 때문에 상한다. 생물이 죽은 후에도 그 생물의 세포에 남아 있는 생명체와 사체를 장악하는 생명체. 그 생명체를 막아야 부패를 막는다.

이 연속성은 소뿐만 아니라 모든 죽은 것에도 적용되기 때문에, 그리고 모든 음식이 한때 살아 있었기 때문에, 우리는 여기에 한 줄을 더 추가할 수 있다.

상하는 음식 ↔ 영원히 보존되는 음식

왼쪽에 있는 것은 모두 동일하다. 베르타의 빠른 부패는 수많은 미세한 생명체들이 엄청나게 번식하기 위해 최선을 다해 폭식한 결과물이다.* 베르타는 인간의 음식이 될 수도 있었지만 미생물들이 먼저 도착해서 망가뜨려 버렸다. 마찬가지로 오른쪽에 있는 것도 모두 동일하다. 빌헬미나가 보존된 이유는 포름알데히드가 화학적으로 최대한 근접해, 빌헬미나를 먹고 있는 모든 유기체의 세포뿐만 아니라 빌헬미나의 세포 하나하나까지 모든 생명의 움직임을 멈추게 했기 때문이다.

음식을 보존하는 것이 과학이기 전에는, 베르타와 빌헬미나 사이의 행복한 중간지대를 찾는 것이 하나의 예술이었다. 음식을 먹을 자격이 있는 생명체들에게는 충분한 양의 음식을 제공하고 음식을 부패시키는 생명체들에게는 아주 조금만 허락하는 예술 말이다. 음식을 보존하는 과정은 반드시 음식을 변화시키는 과정을 포함한다. 딱 세포 안의 삶을 멈추거나, 늦추거나, 초대받지 않은 미생물이 살 수 없

---

* 모든 식품이 미생물에 의해 변질되는 것은 아니다. 몇몇 변질은 다른 생물의 도움 없이 음식 자체에서 일어나는 화학 반응의 결과로 일어난다. 예를 들어 올리브유와 같은 불포화지방은 공기 중의 산소와 반응하는 지방 속 이중결합 덕분에 저절로 부패할 수 있다.

게 만들 수 있을 만큼만. 음식이 박물관이 될 정도로 해서는 안 된다.

　인간들이 음식을 보존하기 위해 고안해낸 특이하고 멋진 방법들 중 몇 가지를 보려면, 여러분은 엄청나게 큰 창고로 가기만 하면 된다. 고수(쌀국수에 들어 있는 독특한 향의 식물—옮긴이)를 팔아먹는 사기꾼, 완두콩 공급업자, 우유 배달부, 오트밀에 헌정하는 노래가 자유로운 음식 거래를 위해 바쳐진 곳이다. 바로 슈퍼마켓이다. 일부 보존 기술은 간단하다. 신선한 과일과 야채를 냉각해 분자의 움직임과 부패를 늦춘다. 냉동 기술은 이 과정의 더 극단적인 버전이다. 어떤 기술들은 복잡하고 대부분 눈에 보이지 않는다. 예를 들어, 마노서모 소니케이션manothermosonication이라는* 기술은 우유와 오렌지 주스를 보존하는 데 사용될 수 있다. 하지만 현대 식료품점에서 음식을 보존하는 데 사용되는 대부분의 기술은 매우 오래되고 유래를 알 수 없지만 믿기지 않을 정도로 효과적이다. 이 중에서도 가장 중요한 기술은 단순히 음식을 말리는 것이다.

　사람들은 수천 년 동안, 아마도 음식을 요리하는 법을 배우기 전부터 음식을 말렸다. 식료품점은 밀가루, 코코아, 분유, 감자/토르티야/채소 칩, 귀리, 견과류 등등 말린 것이 분명한 저장 식품들로 가득하다. 거기에다가 축축해 보이지만 사실은 그렇지 않은 저장 식품들

---

* 마노-서모-소니케이션은 마치 핫요가 중간에 엄청 싫은 사람에게 데이트 신청을 받는 것처럼 고압, 고온, 시끄럽고 파괴적인 초음파를 동시에 적용하는 방법이다.

도 가득하다. 잼, 시럽, 물엿, 연유, 버터, 꿀은 실제로 보기보다 훨씬 더 건조하다.

건조는 물을 제거하는 것이니까 H_2O에 대해 이야기해보자. 물에 대해 많이 생각해보지 않았다면 아마도… 음, 시시해 보일 것이다. 자주 있는 일이다. 싫증난 화학자는 지루하다고 말할지도 모른다. 일반적으로 인터넷의 상상력을 사로잡는 대부분의 화학물질과는 달리, 물은 투명하고, 색도 없고 맛도 없고 향도 없으며, 여러분이 생각할 수 있는 거의 모든 'ㅇㅇ없음'에 해당한다. 몇 년 동안 놔둬도 변하지 않을 것이고 여러분이 물에 빠지지만 않는다면 독성도 거의 없고 부식성이 심한 편도 아니다. 이렇게 물이 가지는 특성이 인터넷과는 거리가 멂에도 불구하고, 우리가 지금까지 발견한 모든 형태의 생명에는 물이 필수적이다.

다음 부분에서는, '물'이라는 단어를 읽을 때 머릿속에서 개울, 강, 빙하, 오줌, 바다, 비 등등 어떤 이미지들이 튀어나오든 깨끗하게 지우는 편이 도움이 될 것이다. 그 모든 이미지들은 여러분의 이해에 도움이 되지 않을 뿐만 아니라, 적극적으로 방해할 것이다. 왜냐하면 물을 하나의 **유체(흐르는 물체)**로 생각하게 만들기 때문이다. 여러분은 아마도 다음의 그림을 본 적이 있을 것이다.

여러분의 몸에 얼마나 많은 물이 있는지를 보여주기 위한 그림이다. 불행히도 이 그림은 물이 컵처럼 여러분을 가득 채운다고 인식하게 한다. 그러나 생물의 내부, 개별적인 단백질이나 DNA의 규모에서 물의 행동을 보면 이런 인식은 정말 말도 안 된다.

팔꿈치 모양의 작은 로봇들이 자유분방하게 움직이는 모습을 상

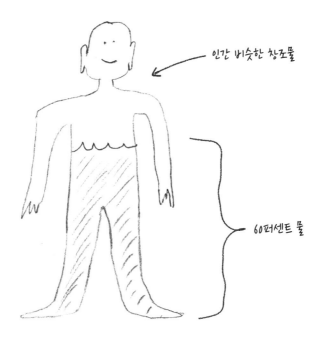

인간 비슷한 창조물

60퍼센트 물

상해보자. 각 로봇은 다른 로봇이 가진 자석을 끌어당기거나 밀어내는 작은 자석 2개를 내장하고 있고, 다른 로봇의 3분의 1을 잘라내서 자신에게 그 조각을 붙이거나 혹은 자신의 3분의 1을 다른 동료에게 쉽게 빼앗길 수 있다. 이 두 가지 능력을 사용해, 알려진 우주에 있는 별보다 많은 수의 로봇들이 1초당 수십 억 번씩 수억 조 개의 다른 로봇들과 3차원 네트워크를 만들고, 부수고, 다시 만든다. 이 모든 일이 골무 크기의 부피에서 일어난다.

이런 젠장, 진짜?

물을 아무것도 없는 맑은 액체라고 생각하지 말고 (보통은) 자애롭고 극도로 활발하지만 지각력이 전혀 없는 기계 문명으로 인식하기 시작하면, 왜 물이 우리를 유지하는 세포 기관뿐만 아니라 우리의 음식을 상하게 하려는 박테리아에게도 그렇게 중요한지를 이해하기 쉬워진다.

이 자석 같은 행동을 물만 하는 건 아니다.[*] 사실, 대부분의 분자는 보통 분자당 1개 이상의 작은 자석이 박혀 있는 것처럼 행동한다. 화학자들은 이런 분자들을 "극성"이라고 부른다. DNA는 그런 분자 중 하나다. 극성 분자는 비극성 분자(강력하게 식별할 수 있는 자석 같은 행동이 없는 분자)와 하는 상호작용보다 자기들끼리 하는 상호작용이 훨씬 더 강하다. 만약 이 모든 게 이해되지 않아도 걱정하지 마시라. 중요한 점은 물과 DNA가 실제로 서로 끌어당겨서 DNA가 여러 겹의 물 분자로 **코팅(둘러싸이게)**된다는 것이다.

자, 여기 생각을 바꿔야 할 부분이 있다. 물로 코팅된 인체를 생각해보라. 부드럽고, 반짝이고, 미끄러운 표면의 코팅이 생각날 것이다. 그러나 분자 눈금에서는 그렇지 않다. 수십억 개의 작은 로봇들이 DNA 1가닥에 1겹으로 느슨하게 달라붙는다고 상상해보라. 이제 두 번째 층의 작은 로봇이 첫 번째 층에 자신을 부착한다고 상상하자. 이제 세 번째 층을 생각해볼까? 그것이 바로 물 분자가 DNA를 수화하는 방법이다. 활기찬 벌들이 양봉가의 목 주위에서 여왕벌에게 떼를 지어 몰려들어 붙었다가 떨어졌다가 다시 붙으면서 움직인다고 상상해보자. 양봉가의 목 아랫부분은 모양이 남아 있기는 하지만 여러 벌

---

[*] 헷갈리게도, 개별 분자가 자석인 것처럼 행동함에도 불구하고 컵에 든 물은 자성을 띠지 않는다(물 가까이에서 자석을 흔들어보라. 아무 일도 일어나지 않을 것이다). 핵과 그 분자들의 전자들 사이에서 만들어진 전기장 때문에 물 분자는 작은 자석처럼 행동한다. 이상하다는 건 나도 알고 있다. 물리학을 탓하시길.

들이 붙어서 마치 하나의 덩어리처럼 보일 것이다.

벌에 둘러싸인 사람처럼, DNA의 근본적인 구조는 한두 겹의 물 분자들 밖에서도 보인다. 이는 곧 세포가 분열할 때 DNA를 복사하거나 손상을 고치려면 DNA를 읽어야 하는 단백질이 DNA에 완전히 붙을 필요 없이 DNA의 염기서열을 감지할 수 있다는 의미다. 그리고 물 분자는 비교적 쉽게 부착되고 떨어질 수 있기 때문에 DNA를 읽는 단백질은 멈춰서 DNA 자체에 결합하려고 에너지를 낭비할 필요 없이 실제 DNA를 둘러싸고 있는 DNA 모양의 물 층을 따라 염기서열을 읽어낼 수 있다.

이것은 물이 할 수 있는 모든 놀라운 일들의 한 예일 뿐이다. 물은 절대 생각이란 걸 할 수 없겠지만, 가끔은 간신히… 어쩌면… 그럴 수도 있다. 물이 해내는 모든 것을 할 수 있는 다른 분자는 없다(적어도 내가 아는 한 그렇다. 그리고 난 꽤 많이 알고 있다). 생물물리학을 연구하는 화학자인 베르틸 할레Bertil Halle는 2004년에 "단백질을 만드는 방법, 광합성을 하는 방법, 정보를 저장하고 전달하는 방법 모두 딱 한 가지뿐이고 모든 형태의 생명체는 동일한 분자 메커니즘을 사용한다"라고 말했다. 이는 우리가 지금까지 발견한 모든 형태의 생명체들이 살아가기 위해서는 적어도 약간의 물이 필요하다는 의미다. 또한 물을 제거하면 음식이 보존되는 이유이기도 하다.

그러므로 저장 식품의 신성한 사원, 즉 슈퍼마켓에 있는 많은 물건들이 건조하다는 점이 전혀 놀랍지 않다. 칩(얇고 바삭바삭한 과자) 코너에 있는 모든 제품이 건조시켜 보존된 것이다(칩은 약 150도까지 가열된 액체 지방의 혼합물에 풍당 빠뜨려서 칩을 구성하는 감자나 옥수수 세포 내의 대부분의 물을 끓여 없애는 방법을 사용하며, 이 방법은 "튀김"이라고도 부른다). 특이하게 생긴 대부분의 시리얼과 과자(치즈볼을 떠올려라) 또한 바삭바삭해질 정도로 가열된다(그래서 건조해진다). 적어도 미생물이 생각하기에는 냉동 식품 코너의 음식조차도 건조하다. 냉동은 복싱에서 원투 펀치를 날리는 것과 같다. 모든 분자 운동(결국 생명 현상까지)을 늦출 뿐만 아니라 매우 단단한 결정 구조를 갖도록 물을 얼려서, 세포를 터뜨릴 수 있게 하고 미생물의 성장을 지탱할 수 없게 한다.

지금까지 발견된 모든 생명체에게는 물이 필요하지만, 생명체의 종류마다 필요한 물의 양은 매우 다르다. 만약 여러분이 **어떤 종이든 단 하나의 생물도** 음식에서 자라지 못하게 하고 싶다면, 음식을 완전히 말려서 그 속의 마지막 물 분자 하나까지 짜낼 것이다. 불행히도, 그렇게 할 수 있는 유일한 방법은 모든 마지막 세포를 말 그대로 재가 될 때까지 바삭바삭하게 태우는 것뿐이다. 다행히도, 여러분은 음식을 상하게 하거나 위험하게 만드는 생명체를 없애기 위해서 음식에 있는 물 분자를 전부 제거할 필요가 없다. 단지 **충분히** 제거하면 된다. 얼마만큼이 충분할까? 글쎄, 그건 여러분이 뭘 죽이길 원하느냐에 달려 있다.

여러분의 목표가 **대장균**Escherichia coli이라고 가정해보자. "여기에 똥 묻었다" 박테리아로도 알려져 있는데, 왜냐하면 어디서 발견되든 거의 확실히 포유류의 장에서 나온 것이기 때문이다.˙ 대장균은 약간만 건조한 환경에서도 잘 살지 못한다. 그래서 **대장균 O157:H7**(세균성 장염, 형변성 장염을 일으켜 심하면 사망에 이르게 하는 독성 대장균의 한 종류–옮긴이)이 발견되어 문제가 될 때 보통 범인이 쇠고기, 유제품 또는 신선한 과일과 야채처럼 물기가 많은 음식인 것이다. 효모가 전형적으로 박테리아(세균)보다 더 강인하고 곰팡이가 효모보다 더 강인하지만, 아무것도 자랄 수 없는 임계 기준이 있다. 여러분의 찬장에 있는 말린 향신료들, 상자에 들어 있는 파스타, 코코아 가루, 분유, 감자 칩은 모두 이 임계 기준보다 낮은 양의 물이 들어 있다. 이런 식품의 종류에는 꿀처럼 겉으로 보기에 '축축한' 제품들도 놀랄 만큼 많다.

꿀은 많은 가공의 산물이다. 사실 가공식품의 원조 격일 수도 있다. 인간이 만든 게 아닐 뿐. 벌들은 여름 동안 30~50퍼센트의 설탕을 함유한 달콤한 음료를 모아서 약 75퍼센트의 설탕을 함유한 음료로 농축시키고, 거기에 자신들의 분자 몇 개를 첨가한다. 그랬더니 보라! 믿을 수 없을 정도로 에너지 밀도가 높지만 미생물이 살기 힘든, 마법처럼 달콤한 음식을 겨울 내내 먹을 수 있게 되었다.˙˙ 미생물이 못 사는 이유도 어느 정도는 그 건조함 덕분이다.

상식적으로 말도 안 된다. 대부분의 꿀은 쏟을 수 있는 액체다. 느릿느릿 움직이는 물처럼 보이는데 어떻게 **건조**하다는 거지? 음,

---

˙ Escherichia는 1886년 독일 의사 테오도르 에스케리히Theodor Escherich가 발견하면서 그렇게 이름이 붙었다. coli는 라틴어로 '결장'이라는 단어에서 나왔다. 그래서 이 세균의 이름은 사실상 '독일 의사의 똥관 박테리아'다. 누가 과학적인 이름이 지루하다고 했는가?

˙˙ 솔직히 말해보자. 누구 집에든 여전히 완벽하게 괜찮은 1997년산 꿀 항아리가 있다.

"건조"는 단지 음식 속에 물이 얼마나 많으냐는 의미가 아니라, 음식이 그 안에 살고 싶어 하는 미생물에게 얼마나 많은 물을 **줄 수** 있느냐는 의미다. 꿀은 쌀이나 마지팬marzipan(아몬드, 설탕, 달걀의 혼합물. 과자를 만들거나 케이크 위를 덮는 데 사용한다—옮긴이)과 동일하게 약 15퍼센트가 물이며, 10퍼센트의 다른 물질과 약 75퍼센트의 설탕으로 이루어지는데 대부분은 과당, 포도당, 엿당 같은 것들이다. 이 설탕(다시 한 번, 저자는 당류를 설탕이라고 부른다—옮긴이)의 화학적 구조를 살펴보자.

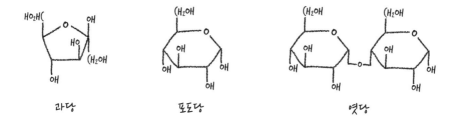

과당   포도당   엿당

설탕에 붙어 있는 "−OH" 기가 보이는가? 포도당과 과당은 −OH가 각각 5개, 엿당은 8개다. 각각의 작은 -OH 기들이 물 분자를 끌어당길 수 있는 2개의 작은 자석처럼 작용한다고 생각할 수 있다. 그리고 수분이 DNA를 여러 겹으로 둘러싸듯이 설탕도 여러 겹으로 둘러쌀 수 있다. 물을 이해하는 데 평생을 바쳐온 많은 과학자들 중 하나인 마틴 채플린Martin Chaplin은 포도당 분자 하나가 21개의 물 분자를 끌어모아서 대부분 붙잡고 있다는 사실을 발견했다. 여기서 중요한 점은 꿀 안에 있는 모든 당들이 물을 강하게 머금고 있을수록

미생물이 물을 캐낼 가능성이 적다는 것이고 따라서 미생물이 자라지 못한다는 것이다.[•] 그래서 꿀은 자유롭게 유동하는 액체이고 약 15퍼센트의 물이 들어 있지만, 미생물이 사용하고 살고 번식할 수 있는 물의 양은 많지 않다. 잼과 젤리 같은 저장 식품도 동일한 원리를 이용해 만든다. 설탕의 물 결합 능력을 이용해 미생물이 물을 사용하지 못하도록 막는 것이다.

다른 보존 기술은 다소 모험적이다. 포장되어 나오는 과카몰리(으깬 아보카도에 토마토, 양파, 고추 등을 섞어 만든 음식-옮긴이)는 "고압 가공"된 것인데, 이 말은 우리가 그 안의 살아 있는 쓰레기들을 짜내서 미생물을 죽이고 또한 과카몰리를 검게 변하도록 만드는 효소를 불활성화시킨다는 의미다.

발효는 익숙하면서도 동시에 매우 직관에 반하는 것처럼 보인다. 미생물의 성장을 억제하기 위해 미생물의 성장을 장려한다고? 그렇다. 여기서 알아야 할 약간의 배경 지식은, 모든 미생물이 똑같이 창조되지는 않는다는 것이다. 이 지구에는 말 그대로 수백만 종의 미생물이 있다. 그들 중 대부분은 우리에게 완전히 무해하며, 어떤 미생물은 극히 유익하다. 발효는 기본적으로 유산균과 같은 좋은 미생

[•] 만약 초보 엄마들이 이 책을 읽고 있다면 아마 이상하다고 느낄 것이다. '꿀에 미생물이 살지 못한다면, 어째서 아기에게 꿀을 주지 말아야 할까?' 정답은 바로 이것이다. 꿀은 클로스트리디움 보툴리눔Clostridium botulinum의 포자를 포함할 수 있기 때문이다. 박테리아가 정상적인 생활을 할 수 없을 때의 포자는 단백질 결정(살 수도 번식할 수도 없지만 죽지는 않은) 형태라서 아무 문제를 일으키지 않지만, 생존 조건이 좋아지면 박테리아가 된다. 포자들은 시간을 벌면서 기회나 운명이 자신들을 적대적인 환경(예컨대, 꿀)에서 다정한 환경(여러분 아기의 장)으로 옮기는 순간을 기다리고 있다. 한때는 포자였지만 상황이 좋아지면 살아 있는 박테리아가 되고 엄청나게 번식한다. C.보툴리눔의 경우, 분명히 좋지 않다. 왜냐하면 C.보툴리눔 박테리아는 정상적인 세포 기능의 일부로서, 말 그대로 인간에게 알려진 가장 독성이 강한 물질, 즉 청산가리보다 수십만 배쯤 더 유해한 단백질을 배출한다. 뭐, 몇 배인지 일일이 세고 있는 사람은 없겠지만.

물이 여러분의 음식 안에서 주지육림을 펼치도록 만드는 것이다. 유산균은 당분을 먹고 젖산을 배설하며 어마어마한 속도로 번식한다. 고대 로마의 부자들이 그랬듯 그들은 먹고, 마시고, 번식하고, 토하고, 결국 죽는다. 이 역겨운(또는 멋진) 바쿠스 축제는 우유처럼 완벽하게 행복한 미생물의 집(산성도가 6.5이고 **완벽한** 공립학교같이 매우 살기 좋은)을 우유보다 100배나 더 산성인 부식성 지옥으로 변하게 해서, 특히 우리를 아프게 하는 녀석들을 포함한 다른 미생물들 대부분이 절대 살 수 없게 만든다. 이 부식성 지옥의 늪은 "요거트"라는 이름으로 통용되며 고맙게도 앞서 본 C.보툴리눔도 거기서 살 수 없다. 유산균은 단지 하나의 예일 뿐이다. 발효는 요거트뿐만 아니라 치즈, 사워크림, 맥주, 와인, 식초, 사우어크라우트, 김치, 빵을 비롯한 수많은 다른 음식들을 만들어낸다.

그리고 물론, 최후 심판의 날을 대비하는 가장 주된 비상식량인 통조림 식품이 있다. 통조림 식품은 미생물들이 산소와 만나지 못하게 하기 때문에 미생물들을 모두 죽이기 충분하다고 생각하겠지만, 사실은 그렇지 않다. 우리의 오랜 친구 클로스트리디움 보툴리눔은 실제로 산소가 없는 환경에서 번성하므로, 일단 산성도가 4.6 이상인 식품을 통조림으로 만들 때 특정한 온도로 충분히 가열해서 통조림 하나에서 C.보툴리눔을 발견할 확률을 10억분의 1 정도까지 줄여야만 한다.

바니 하리Vani Hari는 2015년 저서 《음식의 안전한 길: 음식에 숨겨진 독소로부터 벗어나 살을 빼고, 젊음을 되찾고, 21일 만에 건강 회복하기The Food Babe Way: Break Free from the Hidden Toxins in Your Food and Lose Weight, Look Years Younger, and Get Healthy in Just 21 Days》에서 이렇게 썼다.

> 식료품점의 통로를 거닐 때 상자에 담긴, 통조림 형태인, 병에 담긴, 포장된 음식들을 보면 사체를 담고 있는 관들이라고 생각 하라. 그것들은 전부 다 보존제로 방부 처리되어, 여러분도 죽 은 것처럼 느끼게 할 음식이다.

식품 보존과 시체 방부 처리를 비교하다니 역대급 충격이군!

방부 처리라고 하면 장례식장, 죽은 사람들, 〈식스 피트 언더Six Feet Under〉라는 노래가 떠오르는데 이 중에서 치토스 하나, 소시지 한 조각, 겨자 한 덩어리 등과 연관시키고 싶은 것은 단 하나도 없다. 바 니 하리가《음식의 안전한 길》에서 했던 말이 어느 정도는 맞다! 내 생각에, 음식을 보존하는 것은 방부 처리와 '유사한 것'이 아니라 진짜 방부 처리를 '하는 것'이다! 하지만 완전한 방부 처리 말고 식이요법으로 서의 방부 처리라고 할까. 또는 딱 괜찮을 만큼의 방부 처리.

어쨌든 방부 처리를 하지 않으면 식물이든 사람이든 시체는 썩는 다. 우리는 직감적으로 오래전부터 이 사실을 알고 있었고, 그 결과 로 멋진 것들을 만들어냈다. 가령 여러분이 소금에 절이고 말린 생선 을 맛있게 먹은 적이 있다면, 여러분은 고대 이집트인들이 왕의 시체 를 보존한 것과 거의 같은 방식으로 보존된 물고기의 시체를 먹은 것 이다. 단지 고대 이집트인들은 요리용 소금 대신 소다석(천연 탄산나

트륨, Na_2CO_3)을 사용하긴 했다. 프랑스에서만 판매되는 '잠봉 드 파리Jambon de Paris'라는 특정한 종류의 햄(최근 이 햄을 넣어 만든 잠봉뵈르 샌드위치가 유행이다-옮긴이)을 운 좋게도 먹어보았다면 여러분은 소금에 절인 돼지의 몸을 즐긴 것이다. 이 특정한 햄의 경우 소금 용액이 돼지의 정맥계를 통해 돼지 전체에 퍼지는데, 미국 전역의 장례식장에서 사체의 정맥계에 포름알데히드를 주입하는 것과 정확히 같은 방법이다.

그리고 물론 꿀도 있다. 꿀은 그 자체가 보존식품이므로 무언가를 보존하고 싶을 때 꿀 항아리에 넣는 것보다 더 쉬운 방법은 없다. 모든 사람들이 이 사실에 동의했다. 중국인, 인도인, 이집트인, 그리스인, 로마인뿐만 아니라 캐나다 원주민까지도. 이들은 씨앗부터 야생화, 딸기부터 겨울잠쥐까지 아우르는 모든 것을 보존하기 위해 꿀을 사용했다. 그렇다. 중세 시대 사람들은 이 섬세한 설치류가 자신들의 집에 오면 잡아서 꿀에 보존했다가 원할 때 먹곤 했다(식량이 제 발로 찾아오는데 도대체 왜 사냥을 하겠는가?). 그리고 역사상 가장 유명한 군 지휘관 중 하나인 알렉산더 대왕은 죽고 나서 안치될 때 지금의 바그다드에서 그리스에 이르는 사후의 여정 동안 일시적으로 꿀에 방부 처리되었다.

물론 보존과 방부 처리 사이의 연관성은 정확하고 매끄럽다기보다는 화학적 은유에 가깝다. 예를 들어, 내가 알기로는 감자를 얇게 썰고 튀기는 것처럼 사람의 몸을 튀겨서 말리려고 한 사람은 없었다. 요구르트의 보존 방법은 미생물 성장을 막는다는 방부제와 같은 목표에 의존하고 있지만, 나 또한 요구르트가 방부 처리된다고 말하지는 않을 것이다. 그럼에도 불구하고, 내가 이런 종류의 비교를 해도 되는지에 대한 의구심을 떨치기 위해 도니 스테드먼Dawnie Steadman에게 도움을 요청했다. 그는 인간과 동물의 몸이 어떻게 부패하는지를 연구하는 과학자로, 법의학의 발전을 돕기 위해 3에이커의 땅에 사체를 그냥 두고 자연적으로 어떻게 썩어서 분해되는지를 확인하는 '시체 농장Body Farm'을 총괄하고 있다. 썩어가는 인체와 썩어가는 스테이크 사이에 엄청난 차이가 있었느냐고 물었더니, 그는 이렇게 말했다. "아뇨, 대신 명확한 유사성이 있는 것 같군요. 썩은 고기는 썩은 고기라는 것."

방부 처리는 육류나 채소가 썩는 것을 막을 수 있는 한 가지 방법이고, 그런 의미에서는 바니 하리가 맞는 것 같다. 그러나 방부 처리를 **했는지 안 했는지**보다 훨씬 중요한 점은 **어떻게 했는지**다. 여러분은 박물관의 표본처럼 포름알데히드에 방부 처리된 음식을 결코 먹고 싶지 않을 것이다. 하지만 그렇다고 해서 물, 아세트산(식초의 구성 성분), 소금을 섞은 것에 방부 처리된 오이를 먹지 말아야 하는 것은 아니다. 피클 말이다. 이집트 파라오나 생선에 소금을 뿌리든, 겨울잠 쥐나 알렉산더 대왕을 꿀에 담그든 간에, 그 화학 작용이 얼마나 비슷한지 놀랍기만 하다.

일부 보존식품은 마치 시체처럼 방부 처리가 되어 있는데, 이 얘기는 물론 **절대로** 부패하지 않을 정도로 방부 처리된 것이 아니고 겨우 겨울을 견딜 수 있을 정도로만 되어 있다는 뜻이다.

보존은 모든 종류의 창조적인 음식을 만들어낼 수 있고, 그래서 우리가 물건을 가공하는 두 번째 이유인 '재미'를 이끌어낸다. 만약 여러분이 이 책을 읽고 있다면, 아마도 음식을 재미와 연관시킬 것이다. 새로운 요리법을 시도하고, 다른 요리를 탐구하고, 이상한 재료들을 실험하는 것. 하지만 음식과 즐거움이 동반자가 된 지는 그리 오래되지 않았다. 우리 조상들에게는 TV 요리 프로그램도, 복잡한 요리법도, 저온숙성 요리법도, 분자 요리도 없었다. 선사시대의 보비 플리Bobby Flay(미국의 유명한 요리사이자 식당 오너, TV쇼 출연자―옮긴이)는 별로 할 일이 없었을 것이다.

하지만… 몇 가지 예외는 있었을지도. 내부의 부드럽고 기름진 골수를 얻기 위해 뼈를 쪼개거나, 암염을 찾기 위해 적절한 바위를 핥는 것 말이다. 확실히 알 방법은 없지만, 선사시대의 가장 맛있고, 독성이 없고, 완전 최고인 음식이 바로 꿀이었다는 것에 내가 가장 좋아하는 네코 웨이퍼 과자를 건다. 만약 여러분이 수천 년 전에 살고 있어서 인류가 아직 사탕수수의 설탕을 결정으로 만드는 방법을 알아내기 전이라면, 꿀은 거의 확실히 여러분이 먹어본 식재료 중 가장 달콤하거나 맛있었을 것이다.

꿀벌들은 벌집을 만들고, 많은 새끼 벌(애벌레)들을 만들고, 새끼들에게 꿀을 먹이고, 겨울 동안 직접 꿀을 먹으며 많은 시간과 에너지를 소비한다. 만일 여러분이 벌이라면, 벌집은 여러분의 집이자 에너지원이며, 다음 세대의 기초가 된다. 만일 여러분이 벌이 아니라면 벌집은 믿을 수 없을 정도로 구미가 당기는 음식이다. 꿀은 설탕으로 가득 차 있고, 애벌레는 쇠고기만큼 그램당 단백질이 많고, 지방은 더 많다. 당연히 벌에게 있어 벌집 방어가 중요하기 때문에 벌들은 꽤 창의적인 방어자가 되었다.

개미가 벌집으로 걸어 들어가려 한다고 상상해보자. 벌들은 날개를 말 그대로 초당 약 275번 부채질해 만들어진 기류를 이용해서 개미를 날려버릴 것이다. 말벌은 방어하기가 더 어렵다. 어떤 종류의 말벌들은 보통 꿀을 가득 모아 둥지로 돌아오는 어른 꿀벌을 사냥한다. 말벌을 침으로 쏘기가 어렵기 때문에(겉껍질이 딱딱하다) 꿀벌들은 창의적으로 대응해야 했다. 꿀벌 중 약 15~30마리가 말벌을 잡고 그 주위에 살아 있는 벌들이 모여서 덩어리를 형성한다. 일단 덩어리가 만들어지면 모두 엉덩이를 함께 흔들며 43도 넘게 오를 정도로 자신들의 몸을 덥힌다. 결국 그 속에 갇힌 말벌은 죽는다. 말벌 중 열에 강한 종도 있기 때문에 꿀벌들은 말벌을 가열하는 동시에 마치 스모 선수가 폐에 앉는 것같이 말벌의 배를 눌러서 숨을 막는다. 곰이나 인간과 같은 더 큰 동물들을 방어할 때는 침을 쏜다.[*] 하지만 대부분의 꿀벌들은 실제로 쏘지는 않고 주로 괴롭힌다. 벌들은 여러분 눈앞으로 날아가거나 큰 소리로 윙윙거리거나 깨물거나 심지어 여러분의 머리카락을 잡아당기기도 한다(어쩌다 한 번이지만 진짜 그렇게 한다!). 기본적으로, 그들은 여러분이 꿀을 따려 할 때 그 경험을 가능한 한 끔찍하게 만들려고 할 것이다.

---

[*] 실제로는 벌이 한번 쏘고 나서 즉시 죽지 않는다. 침이 뽑힌 벌은 하루에서 닷새 정도 더 살 수 있다.

왜냐고? 꿀은 놀라운 식품이기 때문이다. 아마도 자연에서 가장 칼로리가 높은 식품일 것이고, 좋은 위치에(접근하기 쉽지 않을 수도 있지만) 편리하게 포장되어 있으며, 단백질과 지방이 가득한 애벌레도 들어 있다. 그리고 혹시 눈치 챘는지 모르겠지만, 정말 맛있다.

이제 나는 선사시대 인류가 꿀을 얻는 교묘한 방법을 알아낸 것은 가공이 아니며 다른 동물의 가공식품을 훔치는 것이라고 생각한다. 꿀을 훔치는 건 매우 훌륭하고 좋은 방법이다…. 만약 여러분이 벌집 근처에 산다면 말이다. 하지만 벌집이 근처에 없다면, 당 충전을 할 수 있는 다른 방법을 찾아야 한다.

식물들이 조직 깊숙한 곳에 묻힌 체관을 통해 본질적으로 시럽인 액체를 잎에서 다른 부분까지 도달하도록 끊임없이 펌프질하고 있다는 것을 기억하자. 만일 이 설탕물 고속도로에 접근하고 싶다면, 식물을 그냥 한 입 베어 먹어서는 소용없다. 잎, 새싹, 줄기(즉, 달콤한 설탕물 고속도로를 품고 있는 식물의 부분들)등은 달지 않다(셀러리 줄기를 생각해보라). 인간이 거대한 이빨을 갈면서 식물을 한 입 베어 먹을 때 체관만 먹는 것이 아니다. 우리가 먹는 식물의 다른 모든 부분들은 끊임없이 설탕이 흐르지도 않고 오히려 수액이 많은 부분을 상쇄하는 경향이 있다. 우리는 또한 그 식물이 자신의 맛을 나쁘게 만들려고 특별히 생성한 쓴 화학물질을 먹을 수도 있다. 안타깝게도 우리에게는 식물의 설탕물 고속도로에 꽂을 수 있는 정교한 기계가 없다. 그걸 가진 생물이 있는데, 바로 보잘것없이 작은 진딧물이다.

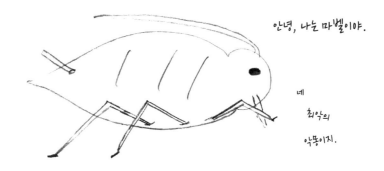

안녕, 나는 마벨이야.

네
최악의
악몽이지.

'식물에 사는 이'라고도 알려진 진딧물은 매우 작고, 보통 초록색이며, 식물에게 절대적으로 끔찍한 존재다. 우리는 암컷 진딧물(이름을 '마벨'이라고 하자) 개체 하나가 식물에 앉는 순간부터 이야기를 시작할 것이다. 마벨은 길이가 약 5밀리미터지만 진딧물치고는 몸집이 크다. 대부분의 진딧물은 약 2~3밀리미터다. 마벨은 좋아하는 장소를 찾으면 작은 침방울을 뱉어내는데, 이것은 빠르게 땅콩버터처럼 굳는다. 침방울이 굳는 동안 마벨은 '탐침'을 편다. 피하주삿바늘처럼 생겼는데, 유연하고 관이 1개가 아니라 2개라는 점만 다르다.

이 탐침은 기본적으로 마벨의 입이다. 마벨의 얼굴은 얼굴이길 포기하고 길고 유연한 바늘로 변하기 시작한다.

마벨은 이 주삿바늘 얼굴을 이용해 방금 뱉은 침방울을 식물에 침투시킨다. 마벨의 탐침 끝이 식물 표면에 도착하면, 그것은 의사들이 주사를 놓는 금속 바늘과는 달리 식물 세포들을 뚫지 않고 대신 세

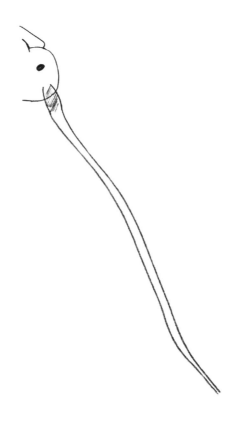

포들 사이에서 벌레처럼 꿈틀거린다. 마벨은 그녀의 탐침을 부드럽게 진동시켜서 식물 속으로 밀어 넣는다. 그리고 각각의 진동이 시작되기 전에 작은 침방울을 뱉어낸 다음 탐침으로 그것을 뚫고, 탐침 끝이 침방울의 반대편을 뚫고 나오면 또 다른 침방울을 뱉어낸다. 이런 과정을 계속 반복하면 이 침방울들이 딱딱하게 굳어서, 마벨이 식물 세포들 사이로 탐침을 더 깊이 밀어 넣을 때 그것을 보호하고 윤활하는 덮개가 된다.

마벨은 모든 단계마다 방향을 확인해야 한다. 탐침에 눈이 없기 때문에 지금 식물 속 어디에 있는지 알 방법이 없다. 그래서 마벨은 근처에 있는 세포에 탐침의 끝을 찔러 넣고 내용물을 '한 모금' 빤다. 즉, 바늘 얼굴에 있는 관 2개 중 하나로 세포의 내용물을 빨아들이고 그것을 '맛본다.' 우리는 마벨이 어떻게 '맛보는지' 잘 모르지만, 아마 얼마나 달콤하거나 시큼한지 확인하는 것 같다. 만약 충분히 달지 않거나 너무 시다면, 마벨은 탐침을 빼고 방향을 바꾸며 식물 속으로 더 깊이 나아간다. 결국 식물 구조의 성배인 설탕물 고속도로를 찾게 된다.

여러분도 추측할 수 있듯이, 식물은 뚫리고 싶어 하지 않는다. 특히 체관이라면 더더욱. 왜냐하면 그다음에 무슨 일이 일어날지 알고 있기 때문이다. 자신이 열심히 노력해서 만든 설탕을 왕창 빼앗기는 것. 식물은 온화하지 않다. 이들이 곤충이나 동물과 공정한 거래를 하는 데는 아무런 문제가 없다. "야! 너, 움직일 수 있는 애! 난 여기 갇혔어. 하지만 난 방금 수정을 했고 수정된 배아를 네가 여기서 멀리 떨어진 곳으로 데려가서 더 넓은 세계로 나아갈 수 있게 해줬으면 해(그 대가로 내 꽃에 있는 달콤한 꿀을 마시거나 당분이 풍부한 과일을 먹을 수 있게 해줄게). 어때, 괜찮지? 좋았어, 거래는 성립됐어."

하지만 누군가가 아무런 보답 없이 설탕을 가져가려 하면 전쟁이 시작된다. 예를 들어 애벌레가 식물 조직을 씹고, 찢고, 조각 낼 때, 식물은 이에 대응해 여러 가지 일을 한다. 전기 및 화학 신호가 식물의 나머지 부분으로 보내져 손상을 경고하고, 체관 안에 있는 포리솜이라는 길고 얇은 단백질의 폭을 2배 또는 3배로 늘려서 부분적으로 관을 막는다. 그 세포는 또한 관을 막는 데 도움을 주는 칼로스라고 불리는 당을 생산하기 시작한다.

그러나 마벨도 식물이 방어할 것이라는 사실을 안다. 그래서 자신이 뚫은 세포가 체관이라는 것을 확인하자마자 다른 종류의 침을 뱉어내서 식물의 방어 반응을 거의 멈추게 한다. 이제 마벨의 기본적인 준비가 끝났다. 마벨은 식물의 체관 방어 시스템을 억제했고, 체관의 압력이 높기 때문에 수액을 빨아들이지 않아도 된다. 단지 머릿속에 있는 밸브를 열거나 닫아서 흐름만 조절하면 된다.

하지만 마벨이 해결해야 할 식물의 방어 작용이 하나 더 있다. 설탕이다. 구체적으로는, 콜라나 제미마Aunt Jemima 시럽(미국의 유명한 시럽 브랜드—옮긴이) 정도의 당도를 가진 체관 수액이다. 이 믿을 수 없을 정도로 농축된 시럽이 마벨의 소화관을 통과하면서 세포에서 물을 빼내도록 촉진한다.* 마벨의 내장 깊은 곳에 있는 다른 세포들은 표면에 있는 동료들을 살리기 위해 계속 물을 보내줘야만 한다. 불행히도 마벨은 수액을 먹어야만 사니까 계속 꿀꺽꿀꺽 삼켜야 하고 따라서 이 엄청난 수분 손실은 계속된다. 수액이 마벨을 통과해 엉덩이 밖으로 나올수록 마벨의 몸에서는 더 많은 물이 빨려나간다. 결국 마벨이 이 식물 수액을 먹는 것을 멈추지 않는다면 수액에 너무 많은 수분을 빼앗겨 마르고 시들어서 죽게 될 것이다.

아니면 마벨은 다른 방법을 찾을 수도 있다…. 이 수분 손실 문제에 대처하는 우아한 방법이 두 가지 있다. 첫 번째는 매우 간단하다.

---

* 삼투압이라는 과정에 의해 일어나는 현상이다. 삼투 현상이 작용하는 것을 보고 싶다면 소금 한 두 티스푼을 물 컵에 녹인 다음 싱싱한 로메인 상추 잎을 넣어보라. 20분 후에는 아주 축 늘어진 잎을 볼 수 있을 것이다. 왜냐하면 그 모든 소금이 상추의 세포에 있는 물을 빨아들였기 때문이다. 마벨에게도 동일한 과정이 일어나지만 소금 대신 설탕이 주범이고, 상추 세포 대신 마벨의 세포가 오그라든다.

가끔 마벨은 설탕물 고속도로에서 탐침을 뽑아서 뿌리에서 위로 물을 운반하는 물관을 찾는다. 탈수된 조직을 복원하기 위해 거기서 맛있는 물을 마신다. 두 번째, 마벨은 자신의 내장에 설탕 분자와 결합시키는 효소를 가지고 있는데, 이것이 세포에서 물을 빨아들이는 수액의 능력을 감소시킨다. 이 모든 것은 마벨에게는 좋지만 식물에게는 끔찍하다. 기본적으로 마벨이 원하는 만큼 오래 먹을 수 있다는 것을 의미하니까.

이제 이게 얼마나 골 때리는 일인지 감상하는 시간을 가져볼까. 손톱보다 작고 10센티미터 길이의 머리카락 한 올보다 가벼운 작은 생물이 이런 일을 할 수 있다.

1. 유연한 바늘 모양의 입(사실은 얼굴)이 줄기 표면 아래로 개별 식물 세포 사이를 꿈틀거리며 수 밀리미터 내려가기.
2. 평방인치당 100에서 200파운드의 압력으로 30퍼센트 농도의 설탕 용액을 운반하는 식물 세포를 찾아서 입으로 뚫기.
3. 거의 들키지 않은 상태로, 심지어 고농축 설탕 용액 때문에 몸이 오그라들거나 죽어가는 일도 없이 식물의 수액을 원하는 기간 동안 계속 마시기.

이것에 대해서는 인간세계와 연결할 만한 비유가 없다…. 굳이

해보자면 여러분이 대략 화장실 휴지심의 폭과 사람의 왼쪽 다리 정도의 길이를 가진 피하주삿바늘을 만들고, 어떻게든 그 바늘을 입에 고정시켜서, 불 난 집에 물을 뿌리는 소방관 뒤로 몰래 다가가, 소방관의 호스를 바늘로 찌르고, 호스의 물을 모두 여러분의 내장으로 옮기는데, 이 모든 일을 소방관이 눈치 채지 못한 상태에서 해내는 것이라고나 할까?

다시 마벨에게로 돌아가자. 아직 마벨의 여정은 끝나지 않았다.

마벨은 수액을 한 모금씩 빨아 먹는 게 아니고 벌컥벌컥 들이킨다. 왜 그럴까? 놀랍도록 친숙한 이유 때문이다. 바로 필수 아미노산이다. 이 분자들이 어떻게 생겼는지 모르더라도 이름은 들어봤을 것이다. 아미노산은 단백질의 구성 요소로서, 자연에 대략 20가지의 다른 아미노산이 있다. 여러분과 마벨을 포함한 대부분의 동물의 몸이 약 절반 정도는 생산할 수 있기 때문에 식단에 포함시킬 필요가 없다. 나머지 절반은 여러분도 마벨도 반드시 섭취해야만 한다. 그러지 않으면 여러분의 몸은 꼭 필요한 단백질을 만들 수 없고 모든 종류의 나쁜 일들이 여러분에게 일어난다. 식물의 수액은 마벨이 원하는 모든 종류의 아미노산을 함유하고 있다.* 하지만 아주 미세한 양이다. 그래서 필수 아미노산을 충분히 섭취하기 위해서, 또 수액이 너무 많은 압력을 받고 있기 때문에 마벨은 선택의 여지 없이 수액을 벌컥벌컥 마셔야 한다.

그리고 이 말은 곧 마벨이 엄청 많이 배설한다는 뜻이다.

---

* 아주 기술적으로 말하자면, 식물 수액 자체는 실제로 마벨이 필요로 하는 모든 아미노산을 가지고 있지 않다. 그러나 마벨의 내장에는 식물 수액의 아미노산을 마벨이 필요로 하는 필수 아미노산으로 바꾸는 박테리아가 있다. 진딧물도 우리처럼 장내 미생물을 가지고 있다.

진딧물 똥은 여러분의 똥과 전혀 다르다. 화학적으로 식물 수액과 거의 비슷하다. 맑고 투명하고 달콤한 시럽 같은 액체다. 여러분은 이미 다른 이름으로 알고 있을지도 모른다. 바로 감로甘露다. 마벨이 작은 소녀였을 때는 **매 시간** 자기 몸무게만큼의 똥을 쌌다. 이제 성인이 된 마벨은 시간당 약 1밀리그램의 똥을 싼다. 많지 않은 것 같지만 마벨의 몸무게가 **2밀리그램**밖에 안 나간다는 사실을 잊지 마시길. 비록 여러분이 푸아그라 거위처럼 강제로 먹는 동시에 최악의 설사를 싼다고 해도, 체중의 절반에 해당하는 무게의 똥을 절대 만들 수 없을 것이다.

이건 모두 진딧물 **한 마리**에 대한 이야기였다. 진딧물 **군집**이라는 관점에서 말하기 시작하면, 배설물 양을 계산하기 어렵다. 독일의 몇몇 숲에서, 진딧물 군집들은 나무 한 그루에서 매년 약 59킬로그램 이상의 마른 감로를 생산할 수 있다.* 숲이 얼마나 울창하고 진딧물이 얼마나 많은가에 따라 달라지겠지만 연간 수백 킬로그램 범위의 감로를 생산할 수 있다는 이야기다.

하지만 감로 말고도 마벨에겐 아직 특별한 것이 남았다. 진딧물은 복잡한 생애 주기와 생식 전략을 가지고 있다. 겨울에 마벨은 수컷 진딧물의 뼈를 골라 자신과 수컷(뼈 상태)의 DNA를 혼합해 알을 만들 수 있다. 여름에는 수컷의 뼈를 고르지 **않지만** 여전히 새끼를 낳는다. 이 새끼들은 살아 있는, 완벽하게 만들어진, 유전적으로 자신과 동일한 복사본이다. 즉 클론clone(복제 진딧물)이다. 그리고 그 아기 클

---

* 궁금한 사람을 위해. '마른' 감로란 물이 증발한 후 남은 배설물을 의미한다. 다시 말해, 진딧물 군집의 항문에서 나오는 똥의 실제 무게는 나무 한 그루에 약 227킬로그램 정도였을 것이라는 의미다.

론은 태어났을 때 이미 다른 클론을 임신하고 있다. 과학자들은 이 과정에 훌륭한 이름을 붙여주었다. 텔레스코핑(망원경) 세대telescoping generations다.

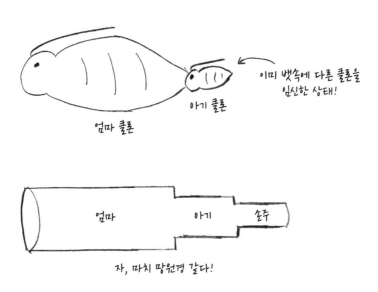

자, 마치 망원경 같다!

이 모든 내용에서 우리가 알 수 있는 점은, 무당벌레나 다른 포식자들에게 잡아먹히지 않는다고 가정했을 때 한 계절에 20세대(세대란 갓 태어난 아기가 자라서 부모의 일을 계승할 때까지 걸리는 시간이며 사람의 한 세대는 약 30년이다–옮긴이)의 진딧물이 있을 수 있다는 것이다.

다시 말해, 식물은 기본적으로 거대한 진딧물 군집이 모인 뷔페다. 만약 마벨과 친척들이 메뉴에 있는 음식을 좋아한다면 아마 이렇게 할 것이다.

1. 식물의 필수 영양소의 흐름을 도둑질하며 체관 수액을 며칠 동안 배불리 먹는다.
2. 번식이 마치 직업인 것처럼 계속한다.
3. 아이스크림 콘을 먹는 2살배기 아이처럼 자신들 아래의 모든 것을 끈적끈적한 설탕 덩어리로 덮는다.

만약 여러분이 수천 년 전에 캘리포니아에 살고 있던 튜바툴라발족의 일원이었다면 이 모든 것에 대해 그렇게 신경 쓰지 않았을 수도 있다. 아니면 오히려 여러분에게 유리하게 사용할 수 있는 방법을 발견했을지도 모른다….

진딧물의 감로(설탕똥)에 대해 대단히 중요한 관찰을 한 최초의 사람들은 아마… 사람이 아니었을 것이다. 이들은 개미였다. 그리고 수억 년이 지난 지금도 몇몇 종의 개미들은 진딧물로부터 설탕을 얻는다. 만약 여러분이 진딧물(P.Cimiformis라는 종류) 1마리를 식물 위에 놓고 개미(T.semilaeve라는 종류) 1마리를 식물의 줄기 부분에 올려두면 다음과 같은 일들이 생길 것이다.

1. 이 개미는 진딧물과 부딪혀 과학자들이 말하는 '더듬이 흔들 기'를 할 텐데, 이 과정은 마치 오순절 설교자의 말씀에 교인 들이 은혜를 입는 장면을 빨리감기하는 것처럼 보인다.
2. 이에 진딧물은 뒷다리를 쭉 뻗고, 감로 한 방울을 배설하고는 설탕똥이 잔뜩 묻은 똥구멍을 개미에게 겨눈다(과학자들은 이 것을 '항문 겨냥'이라고 부른다).
3. 그러면 개미는 경건한 마음으로 이 감로 한 방울을 받아 마시 기 시작할 것이다.
4. 그리고 나서 개미는 설탕똥의 흐름이 계속되도록 진딧물의 똥 구멍 부위를 '자극(더듬이로 간지럽히는 것)'할 것이다.

끊임없는 흐르는 감로에 대한 보답으로 개미들은 다른 포식자들 로부터 진딧물을 보호한다. 전형적인 공생관계다.

진딧물의 똥구멍에서 직접 설탕똥을 마시는 것은 개미에겐 충 분히 좋은 일이지만, 만약 여러분이 수백 년 전에 살았던 튜바툴라발 족, 오언스 밸리 파이우트족, 서프라이스 밸리 파이우트족, 야바파이 족, 토호노 오덤족 또는 다른 원주민 부족의 일원이었다면 좀 더 창의 적으로 생각해야 했을 것이다.

여러분은 아마 여름 내내 진딧물들을 주의 깊게 관찰하면서 어떤 사실을 알아차렸을 것이다. 물이 증발한 감로는 진딧물이 살았던 모 든 식물에 설탕 결정으로 코팅되어 남는다. 캘리포니아에서는 보통 툴레 나무, 갈대, 키가 큰 풀에서 잘 나타난다. 이 사실을 바탕으로, "감로 공" 또는 "진딧물 똥 덩어리"라고 부르는 이것을 처리하는 기발한 방법이 생겼다. 늦여름이나 초가을, 우기가 시작되기 전에 원주민들은 진딧물이 먹고 있던 긴 여름풀을 베어 그 줄기를 뜨거운 햇볕에 완전히 말린 다음, 곰 가죽이나 사슴 가죽 위에서 탈곡했다(막대기로 두들겨 팼다). 풀들을 힘차게 후려치면 감로 공이 동물 가죽 위로 떨어졌고, 원주민들이 그걸 모아서 작은 케이크나 공 모양으로 만들어 먹거나 뜨겁게 데워 먹었다.

그런데 미국 원주민들은 자연에서 얻은 것들을 가공하는 데 있어서 극도로 수준이 높았다(그리고 지금도 그렇다). 여러분과 내가 숲에서 만들어낼 수 없는 많은 것들이 있지만 그중 하나의 예가 진딧물 사탕이다. 여러분은 이끼로 아기 기저귀를 만들 때 첨가해야 하는 조류algae와 곰팡이의 정확한 조합을 아는가? 아니면 양 뿔로 접착제를 만들 수 있는가? 아니면 늪지 물새의 가죽으로 만든 장갑은 어떤가?* 아니, 여러분은 할 수 없다. 우리들 대부분은 국립공원에서 혼자 5일도 버티지 못하겠지만 통바족 출신의 한 원주민 여성은 워싱턴 D.C.의 3분의 1 크기의 섬에서 **18년 동안** 완전히 혼자 살아남았다.

오늘날, 음식은 그것이 얼마나 순수하고 깨끗하게 보이는지를 기준으로 평가된다. 오래되고, 유기농이고, 자연에서 얻은, 인간이 손대지 않은 음식을 최고로 친다. 반대로 현대적이고, 공업적이고,

* 심지어 늪지 물새mud hen가 뭔지도 모르지 않는가. 오리 비슷하게 생긴 생명체다.

초가공적인 음식은 최악이다. 그러나 우리의 실제 역사를 고려하면 이 두 가지 범주가 복잡하게 얽힌다. 진딧물 똥 덩어리는 이 범주의 어디에 위치할까? 갈색 종이에 싸여 홀푸드(미국의 유기농 식료품점-옮긴이)에서 팔릴 수도 있고 비닐에 수축포장되어 주유소의 간이 편의점에서 팔릴 수도 있다. 둘 다 쉽게 상상된다. 동결 건조된 감자는 어떤가? 아니면 해독된 카사바는?

리세스 자갈이 깔린 길에 거셔가 점점이 박혀 있고 치토스 가루가 뿌려져 있는 지옥으로 가는 길은 겉보기만큼 새롭지 않을 수도 있다. 어쩌면 오늘날 우리가 있는 곳은 아주 오래된 유행의 결과일지도 모른다.

첫째, 음식 해독이다. 인간은 죽느냐 사느냐의 선택지 사이에서 죽음을 피하기 위한 독창적인 노력, 즉 카사바 덩이뿌리를 갈거나 감자를 동결 건조시키는 등의 다양한 기술을 발전시켜 왔다. 둘째, 보존이다. 어떤 사람들은 필요가 발명의 어머니라고 말한다. 그게 사실일지도 모르지만, 나는 게으름도 강력한 동기 부여가 될 수 있다고 덧붙이고 싶다. 다시 사냥해야 하는 위험이 있는데 왜 사냥한 고기를 썩도록 그냥 놔두는가? 식물이든 동물이든 죽은 것을 어떻게 보존할지 알아내는 편이 훨씬 낫지 않나? 그래야 보금자리 주변에서 더 많은 게으른 시간을 보낼 수 있으니까. 그리고 물론, 음식을 보존하는 것은 겨울을 날 때 매우 도움이 된다. 마지막으로 향미 증가(음식의 맛을 끌어올리기)다. 대화를 즐기면서 음식을 먹는 데 성공한 이후, 인간들은 먹고 마시는 음식의 당분과 염분과 기름기, 즉 맛에 대해서 불평하기 시작했다. 진딧물 똥을 먹든, 사탕무를 키워서 상상할 수 있는 모든 식품에 설탕을 사용하든,* 인간들은 있던 맛을 진하게 만들거나 새로운 맛을 창조하려고 노력한다.

우리 조상들이 **하지 않았던** 단 한 가지는 이 가공식품이 자신들에게 암을 일으키지 않을까 하는 걱정이었다. 왜냐고? 그들의 시대에 위협이란⋯ 털이 나 있었다. 아니면 외골격과 다리 8개가 달렸든가. 아니면 땅에서 자라났든가. 즉 인간을 죽이려던 건 대부분 살아 있었다.** 위협은 분명히 눈에 보였고, 산업적으로 생산된 것이 아니었다. 우리가 노출된 화학물질은 대부분 자연에 의한 '선택'이었다. 오늘날 대부분의 세계에서 삶은 훨씬 더 쉽고 덜 위험하다. 아직 털이 많고 눈이 8개 달린 것들이 우리를 위협하긴 하지만, 독거미나 감염에 의해 죽을 확률은 훨씬 낮아졌고 심장병이나 암에 의해 죽을 확률이 훨씬 더 높아졌다. 그리고 앞에서 보았던 것처럼, 초가공식품은 이 두 가지 질병과 연관되어 있다.

그래서 초가공식품이 현대적이고, 산업적이고, 인공적이기 때문에 나쁘다는 논쟁은 여전히 진행 중이다. 하지만 만약 식품이나 화학물질이 천국의 것인지 지옥의 것인지에 대해 논쟁하는 대신에, "**선택은 자유다**"라는 관점에서 보는 건 어떨까. 이 생각이 어떻게 도움이 되

---

* 이런 경향은 별도의 도로가 아니라 같은 고속도로의 다른 차선과 비슷하다. 잼처럼 음식을 보존하는 것 자체가 맛을 농축하는 과정이기도 하다. 음식을 해독하는 과정이 아이마라족의 동결 건조 감자처럼 저장성을 증가시키기도 한다. 발효는 특히 경계가 흐릿하다. 어떤 음식의 맛을 바꾸지 않고 발효시키기는 어렵거나 심지어 불가능할 수도 있다. 똑같이 죽은 것이 어떤 문화에서는 별미로 여겨지고 다른 문화에서는 썩어가는 쓰레기로 여겨질 정도로 말이다(구글에 찾아보면 내 얘기를 이해할 수 있을 것이다). 그리고 물론 해독, 보존, 향미 증가 이외에도 자연에서 얻은 물질을 가공하는 이유는 다른 것도 많다. 예를 들어, 인간이 차를 발명한 이유 중 하나는 카페인을 많이 섭취하기 위해서다.
** 현대의 오스트레일리아에서처럼 말이다.

냐고? 음, 먼저 배경을 좀 살펴보자. 우리는 음식을 먹을 필요성을 발명하지 않았다. 아니면 공기를 마시거나 물을 마시거나 할 필요성도 발명하지 않았다. 하지만 많은 화학물질 노출을 만들어냈다. 예를 들어 잡초의 잎을 태워서 만든 에어로졸을 흡입하는 것, 일명 '흡연.' 또는 햇볕을 쬐기 전에 버터와 기름의 중간 정도 농도의 흰색 물질을 피부에 바르는 것, 일명 '선크림.' 이 두 가지 모두 화학물질 노출이며, 완전하게 전적으로 우리의 선택이다. 그래서 초가공식품이 여러분에게 나쁜지, 나아가 어떤 음식이 좋거나 나쁜지 알아내기 위해, 우리는 음식이 아닌 몇 가지에 대해 이야기할 것이다.

먼저, 흡연과 전자담배에 대해 이야기해보자.

그다음으로는 자외선 차단제(선크림)를 살펴볼 것이다.

마지막으로 이 두 가지 화학물질 노출로부터 배운 내용을 가지고, 그 내용이 궁극적인 화학물질 노출, 즉 '음식'에 대해 우리에게 무엇을 가르쳐줄 수 있는지 알아볼 것이다.

2부

얼마나 나빠야
건강에 해롭다는 걸까?

"그 담배 내려놓아라.
네게 해롭다."

_신

4장

연기 나는 총,
또는 담배 이야기

담배, 스페인 갈비뼈 도롱뇽,
폭발하는 배터리, 치아,
색소성 건피증에 대하여

아마 여러분도 부모님 말씀을 통해 흡연이 몸에 해롭다는 사실은 알고 있을 것이다. 하지만 **부모님**은 어떻게 알았을까? 아마도 1964년 미국의 공중보건국장이 **그분들에게** 그렇게 말했기 때문일 것이다. 하지만 루서 테리Luther Terry(1964년 당시 미국의 공중보건국장—옮긴이)는 어떻게 알았을까?

여러분의 예상과는 좀 많이 다르다.

흡연이 건강에 나쁘다는 것을 증명하는 가장 확실한 방법은 우리가 1장에서 이야기한 것처럼 무작위 통제 실험을 하는 것이다. 담배를 피우지 않은 사람들을 두 그룹으로 나누고(별도의 무인도에서), 한 집단의 흡연은 막고 다른 집단은 흡연하게 한 뒤 50년 동안 매년 건강을 확인한다.

이 연구는 한 번도 제대로 수행된 적이 없다. 왜일까? 엄청나게 비싸고 골치 아픈 일이 될 테니까. 하지만 두바이에 버즈 칼리파는 세우지 않았냐고? 사실 이런 시도가 이루어지지 않은 진짜 이유는 윤리적이지 않기 때문이다. 1950년대에도 사람들은 흡연이 건강에 해롭다고 강하게 의심했기 때문에, 흡연을 **시작**하도록 요구할 수도 있는 실험에 흡연을 안 하는 환자를 불러올 윤리적인 연구자는 없을 것이다. 게다가 대부분의 비흡연자들은 담배를 피우고 싶어 하지 않는다. 그래서 그들이 '의식적으로 하지 않기로 선택한 한 가지 일'을 해야 할지도 모르는 실험에 자원한다고는 상상하기 어렵다. 그러한 이유들로 흡연에 대한 무작위 통제 실험은 결코 수행되지 않았고, 앞으로도 수행되지 않을 것이다.

그렇다면 과학은 어떻게 흡연이 여러분에게 해롭다는 것을 알까? 방법을 찾아보자. 첫째로, 우리는 담배 연기에 각각 그 자체로 암을 유발할 수 있는 분자들이 적어도 70가지는 포함되어 있다는 사실을 알고 있다. 포름알데히드 기억나는가? 그 어떤 생물학적 분자와도 매우 잘 반응할 수 있는 문란한 작은 분자 말이다(3장 참고). 알고 보니 포름알데히드는 인간에게 암을 유발할 뿐만 아니라 담배 연기 속

• 불행하게도, (흡연과 무관한) 엄청나게 비윤리적인 실험이 이미 많이 시행되었다. 예를 들어 1940년대 후반 미국 공중보건국의 한 의사가 과테말라로 가서 의도적으로 수백 명의 사람들에게 임질과 매독을 감염시켰는데, 때로는 임질에 감염된 고름을 성매매 종사자의 자궁경부로 옮긴 다음 그들에게 돈을 주고 병사들과 성관계를 갖도록 했다. 정말로, 이런 일이, 일어났다! 몇 년 후, 그 의사는 미국 공중보건국에서 매독에 걸린 흑인 남성 수백 명의 치료를 20년 동안 고의로 보류한 악명 높은 터스키지Tuskegee(미국 앨라배마주 동부의 도시. 유명한 흑인 학교가 있다-옮긴이) 매독 연구에 참여했다. 보건국이 이 실험을 진행한 이유는 25년 동안 매독이 치료되지 않고 진행된다면 어떤 일이 일어날지 알아내기 위해서였다. 이 연구가 대중에게 알려지고, 예측했던 대로 엄청난 논란이 있은 후, 정부는 인간을 비윤리적인 연구로부터 보호하기 위한 공식적인 규정을 마련했다.

에도 있다. 벤젠도 그렇다. 그리고 중세 시대에 수백 년 동안 독으로 선택되었던 비소는 사람을 즉사시킬 정도로 치명적이지 않은 양을 섭취할 때는 발암물질이기도 하다.

여러분은 70개의 분자 각각이 암을 유발한다는 것을 어떻게 알게 되었는지 합리적인 의문을 가질 수 있다. 그들 중 몇 가지는 특정 직업(예를 들어 19세기 런던의 굴뚝 청소부)을 가진 사람들이 고농도의 화학물질(예를 들어 그을음)에 노출되면서 그 결과 그 직업에 종사하는 사람들 중 말도 안 되게 높은 비율의 사람들이 암(예를 들어 음낭암)에 걸렸기 때문에 밝혀졌다. 세계 특정 지역의 식수에는 비소와 같은 화학물질들이 자연적으로 고농도로 존재하며, 결국 그 지역에서 많은 암 발병 사례가 나타난다. 그리고 동물 실험도 있었다. 담배 연기에 들어 있는 70가지 이상의 화학물질은 지난 50년 이상 수백 명의 과학자들에 의해 수천 건의 개별 실험이 진행되는 동안 상상할 수 있는 모든 종의 실험동물들에게 독립적으로 주어졌다. 실험된 모든 화학물질이 적어도 1종 이상의 동물에게 암을 유발했다.

더 구체적으로 N-니트로사민이라고 불리는 담배 연기 속의 화학물질에 대해 이야기해보자. 이 마피아 분자는 다음과 같은 종들에게 암을 유발한다. 무지개송어, 제브라피시, 송사리, 구피, 플래티피시, 이베리아영원(스페인 갈비뼈 도롱뇽), 물갈퀴도롱뇽, 아프리카발톱개구리, 북쪽발톱개구리, 풀개구리, 오리, 닭, 잉꼬, 주머니쥐, 알제리고슴도치, 나무두더지, 유럽햄스터, 시리아황금햄스터, 중국햄스터, 철새햄스터,* 난쟁이햄스터, 저빌(애완용 게르빌루스 쥐), 흰꼬리

* 떠돌이 햄스터라고도 한다.

쥐, 일반 쥐, 생쥐, 기니피그, 밍크, 개, 토끼, 돼지, 두꺼운꼬리 갈라고원숭이, 카푸친원숭이, 잔디원숭이, 파타스원숭이, 붉은털구스원숭이, 시노몰구스원숭이.

모두 37개의 다른 종이다.

과학자들은 여러 종의 동물들에게 한 가지 화학물질을 주는 방법 외에, 한 종류 동물에 다양한 방법으로 한 가지 화학물질을 투여하기도 한다. 예컨대, NNK라고 불리는 N-니트로사민 계열의 한 화학물질을 살펴보자.

과학자들은 NNK를 쥐의 식수에 넣었다.

결과: 폐암.

쥐의 피부 밑에 주사했다.

결과: 폐암.

먹이를 주는 관을 통해 쥐의 배에 삽입했다.

결과: 폐암.

쥐의 입 안쪽에 박았다.

결과: 폐암.

카테터를 통해 **쥐의 방광에 직접** 삽입했다.

결과: **여전히 폐암!**

과학자들은 종과 투여 경로를 바꿔서 실험했을 뿐만 아니라, 복용량의 변화도 시도했다. 일종의 직관적인 방법이었다. 만약 독소의 양을 늘려서 증상이 더 나빠진다면, 독소가 그러한 증상들과 관련이 있을 수 있다는 좋은 단서가 된다. 적어도 3개의 다른 기관에서 과학자들이 행한 일련의 실험 10개를 통해 "용량–반응 곡선"이라고 불리는 것이 확립되었지만, 나는 이 곡선을 "얼마나 궁지에 몰렸나" 곡선이라고 부르고 싶다. 기본적으로, 과학자들은 다른 그룹의 쥐들에게 NNK 양을 다르게 투여했고, 그들 중 몇 퍼센트가 각 투여량에서 폐암에 걸렸는지를 기록했다. 예를 들어, 약 5퍼센트의 쥐가 20주 동안 매주 3회 체중 1킬로그램당 0.034밀리그램을 투여한 후 폐암에 걸렸지만, 투여량을 체중 1킬로그램당 1밀리그램으로 늘렸을 때는 50퍼센트의 쥐가 폐암에 걸렸다. 킬로그램당 10밀리그램으로 늘렸을 때는 약 90퍼센트가 죽었다(참고로 쥐의 약 50퍼센트를 죽이는 청산가리 복용량은 킬로그램당 약 5밀리그램이다).

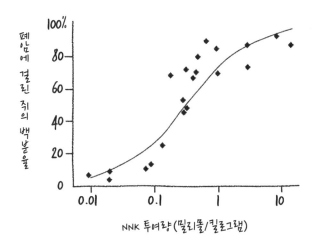

여러분이 상상할 수 있듯이, 이 실험들 때문에 많은 과학자들이

일해야 했고 많은 설치류들이 암에 걸렸다. 1978년과 1997년 사이의 대략 20년 동안 과학자들은 운 나쁜 수천 마리의 생쥐, 들쥐, 햄스터에게 NNK를 투여한(운 좋은 설치류에겐 투여하지 않은) 연구 88개를 발표했다. NNK를 투여한 동물들에게는 NNK를 투여하지 않은 동물들보다 현저하게 더 많은 암이 발병했다. 이 연구들을 비롯해 다른 많은 연구들은 NNK와 다른 N-니트로사민들이 여러 종류의 다양한 동물들에게 강력한 발암물질이라는 것을 꽤 설득력 있게 보여준다.

그런데 잠깐. 담배 연기 속에 동물과 인간에게 해로운 발암물질이 있다는 사실을 아무리 확실하게 보여준다고 해도, 그게 실제로 흡연이 여러분에게 나쁜지를 증명하지는 못한다. 여러분은 다국적 담배 회사들이 "물론 연기에 약간의 화학물질이 들어 있지만 그런 것들은 단지 숨을 내쉬기 전에 0.5초 동안 폐와 접촉할 뿐이야. 그 화학물질들 중 어떤 것도 실제로 인간의 몸 안에 머무르지 않는다고"라고 말하는 모습을 상상할 수 있을 것이다.

하지만 우리는 그 화학물질들이 적어도 세 가지 다른 방법으로 몸 안에 머무른다는 사실을 알고 있다.

첫째, 악명 높은 검은 폐다. 고등학교 때 선생님이 새까맣고 질병에 걸린 것처럼 보이는 폐를 보여주면서 흡연자의 폐라고 말했던 것이 기억나는가? 사실 이런 '전시용' 폐는 돼지에게서 나온다. 농가에서 키우는 동물들이 20년 동안 하루에 2갑씩 담배를 피우지는 않기 때문에, 이 폐들은 인공적으로 갈색이나 검은색으로 물들인 것이다.˙ 만일 여러분에게 투시력이 있어 흡연자의 가슴을 들여다볼 수

˙ 아무리 담배를 예방한다는 명목이라고 해도, 속으면 기분이 안 좋다.

있다 해도 탄광처럼 보이지는 않을 것이다. 하지만 만약 실제 흡연자의 폐와 비흡연자의 폐를 현미경으로 비교한다면, 양쪽 폐에서 "대식세포"라고 불리는 많은 세포들을 볼 수 있을 것이다. 이 세포들은 면역체계의 일부분이고, 기본적으로 연기 입자를 포함한 이물질을 먹어치워서 손상을 막으려고 한다. 그러나 흡연자의 폐에서는 그 사람이 얼마나 오랫동안 담배를 피웠는지에 따라 대식세포가 노랗거나, 갈색이거나, 심지어 검은색으로 보일 것이다. 연기 입자는 화학적으로 분해하기 어렵기 때문에 대식세포는 이를 작은 '세포 내 세포들'에 저장하기 때문이다. 부모님 집의 지하실처럼, 버릴 수 없지만 쓸모없고 위험한 쓰레기가 들어 있는 봉투들이 가득하다고 상상해보라. 같은 원리다. 이런 입자들이 충분히 축적되면 작은 노란색 또는 갈색 점처럼 보이게 된다. 담배를 더 많이 피울수록 폐가 더 얼룩질 수밖에 없다.

담배의 화학물질이 여러분 안에 들어가는지 알아내는 두 번째 방법은 방사능 추적 연구다. 과학자들이 방사성 원자를 사용해 특정 분자에 꼬리표를 붙인 다음, 화려한 가이거 계수기를 사용해 그들이 보고 있는 어떤 장기에서 방사능이 얼마나 많이 검출되는지(꼬리표가 달린 분자들이 얼마나 많이 보이는지) 알아내는 방법이다. 수년 동안 많은 방사능 추적 연구가 이루어졌지만, 특히 눈에 띄는 것은 2010년에 이루어진 연구다. 과학자들은 몇몇 사람들을 방사선 검출기에 들어가게 한 다음, 방사성 꼬리표를 붙인 니코틴이 들어 있는 담배 1개비를 피우라고 요청했다. 담배를 한 모금 빨고 약 12초 후 피실험자의 폐에서 방사능이 검출되었고, 약 22초 후 피실험자의 손목에 있는 혈액에서 검출되었다. 그리고 약 50초 후엔 놀랍게도 피실험자의 뇌에서 발견되었다. 아마도 당분간은 이 실험이 시간의 흐름에 따라 몸 전체에 퍼지는 화학물질을 가장 가깝게 본 결과일 것이다.

담배의 화학물질이 여러분의 몸속에 들어간다는 것을 아는 세 번째 방법은 소변이다. 소변에서 특정 화학물질을 측정한다는 말을 과학적으로 표현한 "소변 대사물질 지표"라고 불리는 연구들이 수십 개에서 많게는 수백 개까지 있었다. 하지만 잠깐만 앞으로 돌아가 보자. 여러분은 '물질대사(신진대사)'라는 단어를 이런 대화 속에서 들어봤을 것이다. "친구, 밖이 추워. 오늘 신진대사가 매~~~~우 느린걸." 그러나 물질대사는 단순히 여러분의 몸이 음식을 얼마나 빨리 태우는지가 아니다. 여러분의 몸속으로 들어가는 음식, 음료, 마약, 담배 연기 등등 모든 분자의 운명을 결정하는 화학 반응의 거미줄이다.

물질대사는 담배 연기 속의 분자들을 물속에서 더 잘 녹도록 변화시켜서 여러분의 몸이 그것들을 잘 배출하게 도와준다. 화학물질들이 일단 소변 속에 들어가면 과학자들이 측정할 수 있다. 까다로운 부분은, 담배 연기에 화학물질이 너무 많고 대사반응이 너무 많아 어느 것이 담배에서 나왔고 어느 것이 음식, 음료, 다른 약품 또는 주변 환경으로부터 왔는지 알아내기 힘들 수 있다는 점이다. 흡연자와 비흡연자를 비교하는 수백 개의 연구가 이 미스터리를 없애려고 시도하고 있다. 결국 과학자들은 담배 연기 속의 발암물질과 화학적으로 관련이 있을 것이라고 생각되는 화학물질 8개를 추려, 그 물질들을 겨냥한 연구를 했다. 그리고 2009년, 한 과학자 그룹이 다음과 같은 연구를 발표했다.

1. 흡연자 17명을 찾아서,
2. 혈액 속 화학물질 8개의 농도를 측정하고,
3. 그들에게 금연을 요구한 후,
4. 2달 동안 격주로 화학물질 8개의 농도를 측정했다.

금연한 지 3일 만에 화학물질 8개 중 5개의 농도가 80퍼센트 이상 떨어졌다. 다른 물질(여섯 번째)의 농도는 대략 50퍼센트 떨어졌다. 그리고 일곱 번째 화학물질은 약 12일이 걸려 80퍼센트 감축되었다. 오직 나머지 1개만이 금연 후에도 감소하지 않았다. 이 실험은 특히 설득력이 있는데, 왜냐하면 서로 다른 두 사람을 비교하는 것이 아니라 **같은 사람**을 흡연자와 비흡연자로서 비교하는 것이기 때문이다.

그래서 과학자들은 담배 연기에 발암물질이 포함되어 있고 흡연이 그런 발암물질을 여러분의 몸 안으로 가져온다는 사실을 합리적 의심의 여지 없이 규명해냈다. 이 정도면 증거가 많다고 생각할지도 모르지만(실제로도 그렇다), 담배를 피우면 폐암이 유발된다는 것을 증명하기에는 충분하지 않다. 지금까지 우리가 보여준 사실은 담배를 피우면 발암물질이 몸에 들어온다는 사실뿐이다. 그렇다면 여러분의 몸속에 이런 물질이 들어가면 어떻게 될까?

이 질문에 답하려면 담배 연기 속에 있는 70개 이상의 발암물질 각각에 어떤 일이 일어나는지 정확히 알아내야 한다. 바로 그들의 '물질대사적 운명'이다. 발암물질은 보통 초기 형태에서 발암성이 없는 것으로 나타났다. 그러나 이 물질이 우리의 물질대사 기계(특히 터미네이터 같은 이름을 가진 단백질 '사이토크롬 P450')를 통과할 때, 극히 짧은 시간 동안에 '활성화' 형태로 전환된다. 이는 곧 화학적 반응성이 프랑스의 첫 핵무기 급으로 증가한다는 뜻이다. 대부분의 경우 발암물질들은 안전하게 비활성화되고 몸 밖으로 배출되지만, 때때로 활성화된 분자가 빠져나가 세포 안에 있는 다른 어떤 것과 화학적 결합을 형성할 수 있다. 이 다른 어떤 것이 아주 가끔은 우리의 오랜 친구 DNA가 된다. 발암물질이 세포에 들어가 사이토크롬 P450에 의해 활성화되고 DNA에 결합된다는 이 일반적인 경로는 지난 70여 년 동안 담배 안과 밖에서 발견된 발암물질 수백 개에 대한 반복적인 실험에서 테스트되었다.

따라서 이제 우리는 또 다른 연결고리를 가지게 되었다. 담배 연기 속의 발암물질이 DNA와 결합한다는 것이다. 하지만 믿거나 말거나, DNA에 결합하는 화학물질이 암을 유발하는지는 **여전히 증명하지 못한다**. 이를 위해선 화학적으로 변형된 DNA가 어떻게 되는지 알아내야 한다.

여러분의 몸이 예상치 못하는 방식으로 화학물질이 DNA와 결합하면(담배 연기에 들어 있는 발암물질이 그러하듯), 여러분의 몸은 손상된 DNA를 마치 망가진 컴퓨터처럼 다루게 된다. 즉, **그 빌어먹을 것을 고치려고 한다**. 최상의 시나리오는 세포가 DNA를 성공적으로 복구하고 여러분은 아무 일도 없었던 것처럼 살아가는 것이다. 그러나 때로 손상된 곳이 고쳐지지 않거나 수리 작업이 실패하기도 한다. 그러한 경우, 세포들은 "**나 갈게!**"라고 외치며 자살한다.[*] 안 좋아 보일 수

---

[*] 사실 여기서 자살이 그다지 적절한 비유는 아니다. 세포가 실제로 하는 일은 스스로 목숨을 끊은 다음 스스로 장례식을 계획하고, 자신의 소유지를 매각하고, 다른 세포로 재활용될 수 있도록 자기 자신을 작은 조각들로 잘게 써는 것이다.

도 있지만 최악의 상황은 아니다. 더 나쁜 시나리오가 몇 개 있다. 그 세포가 손상을 고치고 나서 나쁜 행동을 하거나, 아니면 DNA를 복제하기 전에 그 손상을 발견하지 못하거나… DNA를 잘못 복제할 수도 있다. 어느 쪽이든 결과는 돌연변이다!

여러분은 DNA 돌연변이에 대해 들어봤을 것이다. 돌연변이는 세포가 자신의 삶을 살기 위해 사용하는 설계도인 유전자 코드가 변화하는 것이다. 지금까지의 논리적인 추론이 맞다면, 우리는 흡연자들이 비흡연자들보다 DNA에 더 많은 화학물질이 결합되어 있기 때문에 더 많은 돌연변이를 가진다고 예상할 것이다. 그리고 실제로 그렇다. 대규모 DNA 염기서열 분석은 최근에야 일상적으로 할 수 있을 만큼 저렴해졌기 때문에 논리적 사슬의 이 부분을 뒷받침하는 연구가 별로 없었다. 그러나 눈에 띄는 한 사례에서, 연구자들은 15년 동안 하루 25개비의 담배를 피워온 51세 흡연자에게서 비흡연자의 유전 정보(게놈)에 비해 5만 개 이상 많은 돌연변이를 발견했고 수술로 폐종양을 제거했다. 다른 연구들은 매우 극적인 차이를 보여주진 못했지만 흡연자들이 비흡연자들보다 훨씬 더 많은 돌연변이를 보인다는 사실을 일관되게 보여주었다.

아직 안 끝났다. 과학자들이 흡연자들의 DNA에 더 많은 돌연변이가 있다는 것을 꽤 설득력 있게 보여주었지만, 돌연변이가 암을 유발하는지는 어떻게 알 수 있을까?

1938년과 2017년 사이에 미국 정부는 거의 1,300억 달러를 국립암연구소에 지출했다. 오늘날 국립암연구소는 암 연구에 매년 약 50억 달러를 지출하고 있어, 암이 연구비의 1위 목적지가 되고 있다.

이 많은 돈은 암을 유발하는 원인이 무엇인지 알아내는 데 쓰이고, DNA 돌연변이가 많은 암을 유발하거나 성장시키는 데 도움을 준다는 것이 공통된 답변이다.* 이 아이디어를 뒷받침하는 두 가지 증거(다른 증거도 많다)를 살펴보자.

하나는 전혀 다른 분야 출신이다. 색소성 건피증xeroderma pigmentosum, XP이라고 불리는 희귀한 병이 있다. 이름만으로는 그렇게 심각해 보이지 않지만 실제로는 파괴적인 질병이다. XP를 앓는 사람들은 태양에 극도로 민감하다. 햇볕이 쨍쨍 내리쬐면 몇 분 안에 심하게 그을리고, 노출되는 곳마다 주근깨가 엄청 생기고, 눈이 빨개지고, 20세 미만이라면 피부암 발병률이 정상보다 약 100만 퍼센트 더 높다. 오타가 아니다. 진짜 100만 퍼센트 더 높다. 1968년에 과학자들은 여러분의 DNA를 복구하는 데 필요한 몇 가지 중요한 유전자의 유전적 돌연변이에 의해 XP가 발생한다는 것을 발견했다. 이것은 DNA 돌연변이가 암을 유발할 수 있다는 이론과 매우 잘 들어맞는다. 만약 여러분의 몸이 DNA를 잘 수리하지 못한다면 DNA 손상은 훨씬 더 자주 돌연변이가 될 것이고, XP를 앓고 있는 사람들의 암 발병률이 엄청나게 높은 사실을 설명할 것이다.

또 다른 증거는 흡연과 더 관련이 있다. 과학자들은 최근 폐종양 188개에서 유전자 수천 개를 추출했고 가장 흔하게 변이된 유전자 2개는 KRAS와 TP53이라는 사실을 발견했다. 암 연구에 1,300억 달러를 들인 덕분에 우리는 이 유전자들이 세포가 더 빨리 성장하도

* 공통된 답변이라고 해도 이에 동의하지 않는 과학자들도 있다. 하지만 그건 다른 책에서 다룰 이야기다.

록 유도하고(KRAS), 통제 불능 상태가 되었을 때 스스로 목숨을 끊지 못하도록 막는다는(TP53) 사실을 알고 있다. 이 두 가지 행동 모두 암 세포의 전형적인 표식이다. 아주 좋은 단서지만, 그 유전자의 돌연변이가 암을 유발하는지 증명하려면 실제로 돌연변이를 일으켜서 무슨 일이 일어나는지 봐야 한다. 놀랍게도, 우리는 KRAS와 TP53의 돌연변이 복제품을 인간의 난자 세포에 삽입하고 그 결과 인간이 폐암에 걸리는지 볼 수 있는 기술을 가지고 있다. 그러나 아마도 지금까지 구상된 가장 잔인한 연구들 중 하나일 것이다. 그래서 과학자들은 인간 대신 쥐 56마리를 대상으로 이 두 유전자를 모두 변이시켰다. **모든 쥐가 폐암에 걸렸다.** 쥐 19마리(34퍼센트)에서 암이 다른 곳으로 전이되었다. 이에 비해 KRAS만 변이된 생쥐의 경우 5퍼센트만이 전이암에 걸렸다.

재미있는 반전을 즐길 준비가 되었는가? 엉뚱하지만 사실인 통계치가 있다. 흡연자의 10~20퍼센트가 폐암에 걸린다. 이 통계를 보는 관점이 두 가지 있다. **"젠장, 흡연자 6명 중 1명이 담배를 피우지 않으면 얻을 수 없는 병인 폐암에 걸리는군!"** 또는 **"젠장, 발암물질 70개를 정기적으로 흡입하는데 어떻게 폐암에 걸릴 확률이 100퍼센트가 아닐 수 있지?"**

나는 후자의 관점이다. 담배가 그렇게 분명히 폐암을 일으킨다면, 모든 흡연자들이 폐암 환자가 아니라는 사실은 놀랍다. 여러분의 관점이 어떤 것이든, 이 정보가 흡연-폐암 가설에 큰 왜곡을 일으킨다고 생각할지도 모른다. 그런데 그런 왜곡이 얼마나 문제가 될까? 앞에서 했던 추론의 마지막 연결 고리를 다시 살펴보자. **특정 유전자의 DNA 돌연변이는 암을 유발할 수 있다.** 여러분의 게놈은 30억 쌍의 문자인데, 대부분의 문자들은 실제로 유전 정보를 암호화하지 않았다(그다지 유전에 영향을 미치지 않는다). 흡연이 게놈 전체에 걸쳐 무작위적인 돌연변이를 일으킨다고 가정할 때, TP53이나 KRAS와 같은 암과 연관된 유전자에서 단일 돌연변이가 일어날 가능성은 몇백 번의 기회 중에 한 번 있을까 말까. 그러니 평생 음주운전을 해도 사고를 당하지 않듯 흡연자가 평생 이 두 유전자의 돌연변이를 겪지 않을 수도 있다.

이것이 왜곡을 설명하는 방법 하나다. 이번에는 마지막에서 두 번째 연결고리를 다시 살펴보자. **제대로 고쳐지지 않으면 돌연변이로 이어질 수 있는 DNA 손상.** 만약 어떤 사람들이 다른 사람들보다 자신의 DNA를 더 잘 고친다면? 우리는 DNA 수리를 특히 **못하는**(색소성 건피증에 걸린) 사람들이 평생 자외선을 피하기 위해 극도로 조심하지 않으면 미친 듯이 높은 비율로 피부암에 걸린다는 사실을 이미 보았다. 다른 특정한 사람들이 자기 DNA를 특히 **잘** 고친다는 것도 충분히 상상 가능한 상황이다. 이 사람들에게도 흡연이 DNA 손상을 일으킬 것이라고 추측할 수 있지만, 평범한 사람들에 비해 더 **빨리** 그리고 실수 없이 수리될 것이다. 그래서 대부분의 DNA 손상은 돌연변이로 이어지지 **않을** 것이고, 이 사람들은 평생 담배를 피우면서도 폐암에 걸리지 않을 것이다.

왜곡을 설명하는 세 번째 방법도 있다. 흡연은 폐암 외에도 심혈관 질환과 뇌졸중을 포함한 다른 질병들을 유발한다. 다시 말해, 담배를 피우면 폐암에 걸리기 전에 심장마비로 죽을 수도 있다는 것이다.

또 다른 재미있는 반전을 들을 준비가 되었는가?

앞에서 살펴본 모든 실험은 1964년 미국의 공중보건국장이 보고서를 발표한 **후에** 이루어졌다. 그러나 이 보고서의 저자들은 흡연이 **어떻게** 암을 유발하는지에 대한 정확한 화학적 메커니즘은 거의 알지 못한 채로 다음과 같이 썼다. "흡연은 남성의 폐암과 **인과관계가 있다**"(강조 표시는 내가 한 것이다), "폐암 발병 위험은 흡연 기간과 하루에 피우는 담배 개비 수에 따라 증가하며, 흡연을 중단하면 감소한다."

저자들은 "관련된 것처럼 보이는"이나 "유발될 수 있는", "영향을 줄 수 있는", "잠재적으로 폐암의 발생에 기여하는 요소가 될 수 있다"고 쓰지 않았다. 바로 "흡연이 폐암의 **원인이다**"라고 말했다.

어떻게 그렇게 확신할 수 있었을까? 기억하라, 흡연으로 인한 장기적인 건강 영향에 대해서는 단 한 번의 무작위 통제 실험도 없었다.

우선 세 가지 배경 정보를 알아야 한다.

첫 번째 정보: 1960년대 초, 미국인의 약 40퍼센트가 담배를 피웠으며, 흡연자들은 한 해에 평균 4,000개비 이상의 담배를 피웠다. 대략 하루에 반 갑이다.

두 번째 정보: 1900년대 초 이전에 폐암은 믿을 수 없을 정도로 희귀한 질병이었다. 그래서 정말 드물게도 1898년에 박사학위 학

생 하나가 **세계의 모든 폐암 환자**를 검토한 논문 하나를 쓴 적이 있다. 140개의 사례였다. 20세기를 지나면서, 폐암 발병 건수가 믿을 수 없을 정도로 증가했다. 이는 지난 30년간의 담배 판매량 증가와 유사하다.

세 번째 정보: 약 60퍼센트의 미국인들이 담배를 피우지 않았기 때문에 흡연자들과 비교할 수 있는 비흡연자들이 많았다. 많은 사람들이 과학이 되기 위해 준비하고 있었다.

이 세 가지가 인류 역사상 가장 야심찬 정보수집 연구의 틀을 만들었다. 1950년대 후반과 1960년대 초반에, 100만 명이 훨씬 넘는 사람들이 흡연에 관한 연구에 이름을 올렸다. 그들의 모든 증상, 건강 상태, 질병, 사망률, 기능장애가 관찰되고 분류되고 검증되었다. 등록한 순간부터 죽는 순간까지(그렇지 않은 사람도 있었지만) 모든 것이 기록되었다. 어떤 연구들은 비교적 규모가 작고 짧았지만 다른 연구들은 50만 명을 포함했고 50년 이상이 지난 지금까지도 여전히 진행 중이다. 그들 모두는 '대규모 코호트 연구'였다.

1장에서 보았듯이, 이 연구들에서 여러분은 많은 사람들을 모집해서 의학적인 검사를 하고 그들이 흡연하는지, 한다면 얼마나 자주 피우는지 물어보고 나서 몇 년 동안 모든 사람들을 따라다니며 어떤 그룹이 더 폐암에 더 많이 걸렸는지(심장질환, 사망 또는 관심 있는 어떤 결과가 있는지)를 관찰한다. 무작위적 통제 실험과 유사한 개념이다. 단, 사람들에게 담배를 피울(또는 피우지 않을) 것을 요구하지 않는다. 단지 사람들을 찾아서 그들이 이미 담배를 피우고 있는지 아닌지 기록하기만 하면 된다.

공중보건국의 보고서를 쓴 저자들은 흡연과 폐암 사이에 연관성이 있는지를 조사하기 위해 7개의 코호트 연구 데이터에 의존했다. 영국에서 진행된 한 연구에서 모든 참가자들은 의사였다(1964년에는 많은 의사들이 담배를 피웠다). 또 다른 곳에서는 모든 참가자가 퇴역 군인이었다. 가장 큰 연구는 25개 주에 있는 미국 남성 44만 8,000명을 대상으로 한 연구였다. 일부 연구들은 단지 5년 동안만 진행되었고 몇몇은 12년이 넘도록 진행되고 있었다. 모두 합하면, 그 연구들의 대상이 된 사람들은 영국, 캐나다, 미국에서 100만 명이 넘는다.

결과는 매우 충격적이었다. 모든 연구에서 평균적으로 흡연자들은 비흡연자보다 폐암으로 사망할 확률이 **약 11배** 높았다. 약 11배 높다는 말은 1,100퍼센트라는 의미다. 비흡연자가 폐암으로 죽을 위험을 2배로, 또 2배로, 그리고 세 번째로 2배만큼(총 8배) 늘려도 **여전히** 흡연자가 폐암으로 사망할 확률보다 더 낮을 것이다.

증거 열차를 타고 다음 논리 정거장으로 가자. 만약 담배가 여러분을 죽인다면, 담배를 **더 많이** 피울수록 여러분을 **더 많이** 죽일 것이라고 예상할 수 있다.* 코호트 연구 7개 중 4개에서는 참가자들이 피운 담배 개비 수를 추적했다. 모든 연구에서, 폐암으로 사망할 위험은 담배 개비 수가 많아지면서 가파르게 증가했다. 마찬가지로 여러분은 더 깊이 흡입한 사람들이 평생 더 많은 양의 담배 연기를 마실 것이라고 예상할 수 있다. 그리고 실제로 '깊이' 흡입한 사람들은 비흡연자보다 사망할 위험이 120퍼센트 더 높았다.

저자들이 아무리 숫자를 잘라서 짜내도 모든 코호트 연구에서 나

---

* 담배에는 해당되지만 여러분을 죽이려는 다른 무수한 것에는 해당되지 않을 수 있다. 예를 들어 청산가리와 같은 급성 독성을 나타내는 독에 관한 한, 특정 임계값을 넘는 어떤 양이든 여러분을 죽일 것이다. 복용량과 효과의 관계는 복잡할 수 있다.

온 결론은 똑같았다. 담배를 피운 사람들은 담배를 피우지 않은 사람들보다 폐암으로 사망할 확률이 **훨씬** 더 높았고, 또한 담배를 피우지 않은 사람들보다 다른 질병으로 사망할 가능성이 더 높았다.

하지만 이 말이 곧 흡연이 폐암을 **유발한다**는 의미일까?

담배 업계는 수년 전부터 다음과 같은 의견을 내세우며 "꼭 그렇지는 않다"고 주장해왔다. 맞다. 담배 판매량과 폐암 사이에 유사점이 있지만 실크 스타킹 판매량과 폐암 사이에도 유사점이 있다. 또한 단순히 비가 온 후에 황소개구리를 발견한다고 해서 비가 황소개구리를 내린 것은 아니다. 이 혼합물에 나만의 비유를 덧붙이겠다. 따뜻한 파이가 여러분의 부엌 선반에 놓여 있다고 해서, 여러분의 엄마가 예고 없이 와서 파이를 구워놓고 갔다는 의미는 아니다. 이 모든 비유들의 요점은 다음과 같다. 2개가 연관되어 있다고 해서 반드시 1개가 다른 1개를 야기했다(원인이 되었다)는 의미는 아니다. 대안이 되는 설명이 있을 수 있다. 폐암이 증가하는 시기에 실크가 유행하기 시작했다. 황소개구리는 비가 온 후에 모여 벌레를 먹는다. 빨간 모자 소녀가 파이를 집에서 가져왔을 수도 있고, 이틀 전에 만든 파이를 다시 데웠을 수도 있고, 아니면 외계인이 구워서 여러분의 집 안으로 순간이동시켰을 수도 있다. 이제 여러분의 꿈에 실크로 된 옷을 입고 외계인이 구운 파이를 먹는 황소개구리들이 나올 것이다. 고맙긴, 뭘.

어쨌든, 많은 사람들은 폐암의 놀라운 증가를 설명할 수 있는 흡연 이외의 대안이 있는지 토론했다. 의사들이 단순히 진단을 더 잘하게 된 것일까? 자동차 배기가스 때문이거나 아니면 도로 포장 때문에? 둘 다 흡연과 함께 급격히 증가했다. 산업 오염은 어떨까? 아니면 아마도 환경에 존재하는 화학물질과 전혀 관련되지 않았을지도 모른다. 어쩌면 담배와 폐암, 두 가지에 대한 갈망을 유발하는 어떤 유전자가 있었을지도 모른다. 그래서 우리는 원래의 질문으로 되돌아간다. 그 공중보건국 보고서의 저자들은 흡연이 폐암을 **유발한다**고 어떻게 확신했을까?

그들은 **어떻게**를 이해한 것이 아니었다. 그렇다. 몇 번의 동물 실험이 있었는데, 그중에서 가장 주목할 만한 실험은 담배 연기를 응축해 쥐의 피부에 칠한 것이었다. 이것은 피부암을 초래했다. 그리고 과학자들은 담배 연기에서 발암 가능성이 있는 물질이거나 발암물질인 몇몇 화학물질도 발견했다. 하지만 저자들이 내린 추론의 핵심은 대부분 다음과 같은 네 가지 사실을 보여주는 대규모 코호트 연구에 기초했다.

1. 폐암은 흡연 전이 아닌 후에 발생했다.
2. 폐암의 대다수는 흡연자에게서 발생했다.
3. 이 관계는 다양한 모집단에서 발견되었다.
4. 흡연량이 많거나 흡입이 깊을수록 폐암에 걸릴 위험의 증가도가 크고 높았다.

그리고 고려해야 사실이 하나 더 있는데, 폐암에 걸린 사람의 일상적인 경험이다. 폐암은 만만한 암이 아니다. 병원에서 마취하고, 간단한 수술을 받고, 간호사들과 농담하고, 집으로 돌아가서 암이 없

• 놀랍게도, 쥐가 담배 연기를 흡입하면 폐암이 유발된다는 사실을 연구자들이 밝혀내려면 50년이 더 걸릴 것이다. 알고 보니 실험용 동물들은 담배 피우는 것을 좋아하지 않았다. 그래서 여러분은 쥐들을 방에 넣고 그 방을 담배 연기로 가득 채워야 한다…. 좀 섬뜩하다.

는 삶을 누릴 수 없다. 현대 의학이 발달한 오늘날에도 폐암 진단 후 5년이 지난 뒤까지 살아 있을 확률은 19퍼센트다. 그래서 공중보건국 위원회는 흡연이 폐암을 유발한다고 확실히 말할지 말지 고려하고 있었고, 분명히 그런 고려를 하고 있는 상황에도 폐암 사망자가 급증하고 있다는 것을 알게 되었다. 1898년에 폐암은 의학적으로 이상한 병이었다. 1964년에 이르러서는 폐암이 매년 5만 명 이상의 미국인들을 죽이고 있었다. 오늘날 그 숫자는 14만 명이 넘는다(2018년에 폐암은 세계적으로 거의 180만 명의 사망자를 냈다). 그래서 비록 오늘날 우리가 앓고 있는 폐암과 흡연을 연관 짓는 놀라울 정도로 광범위한 기계론적 증거가 없었음에도 불구하고, 관찰에 따른 증거가 많다는 점, 대안으로 삼을 만한 설명이 없다는 점, 이를 알리지 않았을 때의 사망률이 잠재적인 대재앙일 수 있다는 점 때문에 위원회와 공중보건국장이 땅에 말뚝을 박고 흡연이 폐암을 유발한다는 것을 분명히 발표했다.

두 과학자는 동일한 데이터, 실험 또는 이론을 보고 정당한 의견 차이를 보일 수 있다. 한 과학자의 '명백한 결론'은 다른 과학자에게 '비논리적인 주장'이다. 그리고 진실에 대한 문턱(어떤 생각이 사실로 받아들여지기 전에 넘어야 할 정신적 경계선)은 사람마다 다르다. 하지만 거의 모든 과학자가 흡연에 대한 전체 자료를 보면 흡연이 폐암을 유발한다는 결론을 내릴 수 있다. 인간에 대한 무작위적 통제 실험은 없지만, 사건들을 논리적으로 연결하는 사슬을 지지하는 수천 개의 실험이 있다.*

담배에는 발암물질이 들어 있다.

→ 그 발암물질들이 여러분의 몸 안으로 들어온다.

→ 일단 그곳에 가면, 발암물질들은 DNA와 화학적으로 반응한다.

→ 그러면 DNA를 복사하는 것 같은 중요한 과정이 비틀린다.

→ 그래서 여러분의 몸은 손상을 고치려고 노력한다.

→ 때때로 고치는 과정에 돌연변이가 생긴다.

→ 돌연변이는 여러분의 DNA에 축적된다.

→ 세포 성장을 조절하는 유전자의 돌연변이가 쌓인다.

→ 그러면 충분히 세포가 암으로 가는 길에 놓일 수 있다.

게다가 100만 명 이상의 사람들이 장기간 여러 관찰 연구에 등록되었고, 연구가 어디서 이루어졌든, 참여자가 누구였든 간에 흡연자들의 폐암 위험의 증가가 최고 수준으로 높았고 흡연자들이 담배를 많이 피울수록 증가했다.

이 모든 연구에 참여한 사람들, 공중보건국 위원회 위원들, 과학자들을 비롯한 모든 관련자들은 그 메커니즘을 알아내려고 애쓰고 있었다. 그리고 이 명분을 위해 죽은 모든 동물들은 믿을 수 없을 만큼 대단한 일을 했다. 안개와 그림자에 싸인 미지의 땅에서 거의 확실하게 아는 땅으로 가는 다리를 건설한 것이다. 이 다리는 실험과 연구라

---

* 그리고 DNA가 전부가 아니다. 담배 연기에는 DNA를 변형시키지 않고도 세포를 암으로 가는 길로 밀어내는 화학물질도 포함되어 있다. 하지만 그건 또 다른 책에서 다룰 이야기다.

는 밀도 높은 벽돌 수천 개로, 서로가 서로를 지탱하며, 사이에 빈 곳 없이, 무지의 만 전체에 걸쳐 지어졌다. 우리는 벽돌 하나하나에 대해 이야기하지는 않았다. 그러나 바라건대 우리가 **이야기한** 모든 벽돌과 그들을 한데 묶는 논리적인 접착제가 모여서, 과학자 집단이 무언가를 제대로 그리고 진실하게 **알고** 있을 때 어떻게 행동해야 하는지에 대해 타당한 생각을 갖게 해주기를 바란다.

불행히도, 앞에서 보았듯이, 과학자들은 사물의 이름을 짓는 데 소질이 없다. 이것도 예외는 아니다. "진리의 다리" 같은 멋진 이름 대신에, 과학자들은 이 다리에 "이론"이라는 이름을 지어주기로 결정했다. 이미 알고 있겠지만 "이론"이라는 말은 과학에서 말하는 의미와 영어에서 말하는 의미가 매우 다르다.

영어에서 이론은 보통 한두 번의 관찰에 의해 생성되는 빈약한 설명적 사고다. 예를 들어, 여러분이 빨간 셔츠를 입고 골프 토너먼트에서 우승한다. 여기서 이론은 빨간 셔츠가 골프를 더 잘하게 해준다는 것이다.

반면 과학에서 이론은 견고하고 잘 구성된 진리의 다리다. 중력, 원자, 진화 같은 모든 것이 **과학적인** 이론이다. 빨간 셔츠를 입고 패배한다고 해서 무너지지 않을 것이다.

나는 두 가지 이유로 "이론"이라는 단어를 좋아하지 않는다.

1. 이론은 과학과 영어에서 견고함과 엉성함이라는 정확히 상반되는 두 가지 의미를 가진다.
2. 영어의 정의가 이미 이겼다.

두 번째 이유를 달콤하게 듣지는 말자. 대부분의 사람들에게 이론이란 단어는 "내가 방금 엉덩이에서 꺼낸 미친 생각"이라는 뜻이다. 그래서 "과학자들은 흡연이 폐암을 일으킨다는 이론을 발전시켰다"는 문장이 그다지… 인상적이지 않게 들리는 것이다. 완고한 영어의 정의가 우리의 고집스러운 뇌를 발칵 뒤집어 놓았다.

그러나 완고한 현실 세계에서 과학자들은 흡연이 폐암을 유발한다는 것을 **알고** 있다.

흡연이 심장병을 비롯해 우리가 절대 원하지 않는 질병들의 원인이라는 완전히 압도적인 증거에도 불구하고, 담배 산업은 눈부신 발전을 하고 있다. 왜 그럴까? 기본적으로 다국적 담배 회사들은 영국과 미국에서부터 전 세계로 담배를 수출하는 데 성공했기 때문이다. 그러나 무료 이미지 사이트의 성공한 사업가 사진에서 느껴지듯, 통합의 다양화는 적혈구와 백혈구처럼 상호보완적인 도움을 줄 것이다. 즉, 한 바구니에 모든 계란을 담지 않는 것이 좋다는 뜻이다. 오랫동안 큰 담배 회사의 한 바구니는 담배였다. 그리고 비록 담배가 미국 밖에서 많은 현금을 창출하고 있지만, 집에 니코틴을 배달하는 새로운 대체 장치가 있다면 정말 좋을 것이다.

이제 전자담배를 살펴보자. 우리는 일반 담배 연기보다 "증기

• 이런 이유 때문에, 그리고 흡연을 시작하는 시기와 폐암에 걸리는 시기 사이의 긴 간격 때문에, 담배는 실제로 지난 세기보다 이번 세기에 더 많은 사람들을 죽일 것이다.

vapor"라고 부르는 전자담배 연기의 화학적 효과와 건강에 미치는 영향에 대해 아는 것이 훨씬 적다. 그러나 증거 속으로 헤치고 들어가서 무엇이 보이는지 살펴보자. 일반 담배와 전자담배의 가장 극적인 차이는 사실 연기와 무관하다. 일반 담배는 담배가 탈 때 방출되는 에너지로 작동하는 반면 전자담배는 리튬이온전지로 동력이 공급되는데, 이 말은 가끔 스스로 불이 붙거나 폭발할 수 있다는 의미다. 이런 사고는 정말로 끔찍한 부상을 입힌다.

한 사례로 18살짜리의 입안에서 전자담배가 폭발한 사건이 있었다. 폭발 때문에 앞니 하나가 잇몸에서 부러졌고 다른 앞니도 박살났으며 멀쩡했던 세 번째 치아는 뽑혀 날아가 버렸다. 또 다른 사례는 20살 성인의 전자담배가 갑자기 폭발하면서 마우스피스가 코의 오른쪽 뼈를 부러뜨리고 조각조각 낼 정도의 강한 힘으로 얼굴을 들이받았다. 거기에 더해 다른 방향으로 튀어나온 배터리에 불이 붙어 부상에 화재를 더했다. 세 번째 사례의 경우, 26세 남성이 실험 모델을 시험하고 있었는데, 결국 대재앙으로 마무리되며 남성의 가슴과 왼쪽 어깨에 파편을 뿌리고 떠났다.

미국 41대 부통령 딕 체니Dick Cheney가 우연히 사냥 파트너의 얼굴에 산탄총을 쏜 사건을 기억하는가? 그렇다. 두 가지가 거의 똑같은 형태의 부상이다(앞의 26세 남성을 치료했던 의사들도 그의 피부 손상이 '산탄총 같다'고 말했다). 결국 사람들의 주머니에서 전자담배가 폭발해 허벅지에 화상이나 다른 부상을 입는 경우가 많아졌다. 나는 민망한 부위에 2도 화상이나 다른 손상을 입은 경우를 적어도 2번 이상 읽었다. 물론 전자담배가 폭발하는 일은 매우 드물다. 하지만 손상도를 보면 그 작은 배터리에 얼마나 많은 에너지가 채워져 있는지 알 수 있다.

극적이진 않지만 분명한 일반 담배와 전자담배의 차이는 일반 담배가 전자담배의 액체(액상이라고 부르기도 한다)보다 **훨씬 더** 많은 화학물질을 함유하고 있다는 점이다. 언뜻 보기에 이것은 납득이 잘 되지 않는다. 일반 담배는 기본적으로 말린 담뱃잎을 한쪽 끝에 필터가 꽂힌 종이로 돌돌 말은 것뿐이다. 담배 피우는 동안 사용되는 재료만 세어보면 총합이… 2개다(종이+담뱃잎). 상대편인 전자담배의 경우 최근 전자담배 액체를 분석한 결과, 성분표에는 서너 개 성분만 나오더라도 그 안에 60개 이상의 다른 화학물질이 떠다닐 수 있다. 하지만 놀라 의자에서 떨어지기 전에, 기억해야 할 것이 있다. '담배'는 하나의 재료가 아니다. 각 잎은 한때 수많은 세포로 만들어진 생명체였다. 담뱃잎을 따서, 씻고, 고르고, 자르고, 종이에 돌돌 말기 전에 그 식물이 만든 DNA, 단백질, 당분을 비롯한 여러 다른 화학물질들이 잎 속에 가득했다. 따라서 단지 두 가지 성분으로 보이지만 실제로는 더 많다고 예상된다. 마침내 담배에서 약 5,700개(첨가제 미포함)의 다른 화학물질들이 확인되었고, 담배 속 화학물질에 관한 책을 쓴 과학자들은 아직 "말 그대로 수만 개"가 더 있다고 추정한다.

하지만 하나의 화학물질이 중대하게 떠오른다. 여러분도 알 것이다.

모든 화학물질을 지배할 하나, 모든 화학물질로 인도할 하나.

모든 화학물질을 불러올 하나, 그리고 흡연자의 몸속에서 모든 화학물질을 묶어버릴 하나.

니코틴이다. 니코틴은 흡연자들이 담배를 계속 피우는 주된 원인이다. 담배에 중독되는 원인이기도 하고 전자담배의 모든 것이기도 하다. 전자담배는 암의 부작용 없이 니코틴을 전달하기 위해 발명되었다. 니코틴은 중독성이 있을 뿐만 아니라, 옛날식 독이기도 하다. 즉, 니코틴을 너무 많이 섭취하면 죽는다. 만약 니코틴이 여러분의 기분을 나아지게 한다면, 그건 니코틴의 원래 목표가 아니다. 담배 식물은 자신을 먹으려고 하는 곤충을 죽이려고 니코틴을 만든다. 다시 말해서 니코틴은 천연 살충제다. 사실, 니코틴은 17세기까지 담배에서 추출되어 농약으로 사용되었다. 담배 식물의 니코틴은 꽤 강력한 독으로 진화했다. 가장 보수적인 추정치조차도 경구 투여 치사량을 체중 1킬로그램당 약 10밀리그램으로 추산하고 있다.

추정치가 의미하는 바는 30밀리리터(소주 1잔 정도)의 고농도 니코틴 전자담배 용액이면 어른 1명에 **더해** 유아 1명까지 죽일 수 있다는 것이다. 담배 83개비를 먹거나 603개비를 피워야 30밀리리터 병에 들어 있는 니코틴과 같은 양을 섭취할 수 있다. 또한 일반 담배의 맛이… 담배 같은 반면, 전자담배 액체는 생일 케이크, 과일 맛 시리얼 등등 아이들이 먹고 싶어할 만한 수천 가지 맛으로 만들 수 있다. ˙ 만약 여러분이 전자담배를 피운다면, 액상을 아이들의 손이 닿는 곳에 두지 마시라. 어떤 액상은 말 그대로 사탕 맛 독약이니까.

마침내 우리는 일반 담배와 전자담배 사이의 가장 명확하고 가장 중요한 차이에 도달했다. 연기다.

˙ 그리고 먹는 것만이 문제가 아니다. 어떤 전자담배 액상은 마치 처방받은 안약처럼 보이게 하는 병에 담겨 있다. 그러니까… 찬장에서 안약 바로 옆에 보관하지 마시라. 실제로 그런 일이 있었다. 한 여성이 우연히 액상을 눈에 넣었다는 말이다.

전자담배를 피우는 것과 일반 담배를 피우는 것의 차이를 이해하려면 첫 번째 차이점으로 돌아가야 한다. 일반 담배는 연소 반응에 의해 작용하는데, 이 말은 담배를 피우는 것이 곧 작은 모닥불의 끝을 빨고 있는 것과 같다는 의미다. 만약 고등학교 화학 수업을 들었다면, 연소는 다음과 같이 생긴다고 배웠을 것이다.

멋지고 간단한 탄화수소(메탄 같은) + 산소 → 이산화탄소 + 물

그러나 불완전연소라고 하는 것도 있었는데, 다음과 같이 나타낸다.

멋지고 간단한 탄화수소(메탄 같은) + 부족한 산소
→ 일산화탄소 + 물 + 탄소

만약 담배가 (a)간단한 탄화수소이고, (b)완전히 연소했다면, 그 반응에서 유일하게 발생하는 산물 두 가지는 이산화탄소(가스)와 물(역시 수증기 상태. 고온에서 연소되기 때문이다)일 것이다. 그러면 담배는 여러분이 흡연할 때 공기 속으로 옅게 사라질 것이다. 절대 이런 일은 일어나지 않는다. 담배는 화학적으로 믿을 수 없을 정도로 복잡한 혼합물이며, 완전히 연소되지 않는다. 그래서 우리가 할 수 있는 최선은 이것이다.

수천 개의 화학물질로 구성된 연소 물질 + 부족한 산소
→ 수천 개의 화학물질로 구성된 거대한 화학물질 무리

담배 연기는 엄청나게 복잡한 화학적 칵테일인 셈이다. 전자담배는 어떨까?

만약 일반 담배에 불을 붙이는 것이 작은 모닥불의 끝을 빨고 있는 것과 같다면, 전자담배는 헤어스프레이 캔과 전기 방향제가 만난 것과 같다. 전자담배는 연소 반응으로 작용하지 않는다. 대신 금속 코일이 액체를 약 150도에서 350도까지 가열해서(전기 방향제와 같은 종류) 안개(헤어스프레이 캔에서 나오는 것과 같은 종류)를 발생시킨다. 일반 담배는 훨씬 더 뜨겁게 탄다. 약 800도 이상으로 말이다. 전자담배에서는 온도가 훨씬 낮고, 액상이 화학적으로 담배보다 훨씬 단순하기 때문에 전자담배 내 화학물질의 수는 일반 담배 연기보다 거의 확실히 훨씬 적다. 왜 **거의** 확실하냐고? 왜냐하면 전자담배가 발명된 지는 그렇게 오래되지 않았고, 어떤 것에 무엇이 들어 있는지 알아내려고 애쓰는 데 시간이 걸릴 수 있기 때문이다. 1960년에 담배와 담배 연기에서 확인된 화학물질은 500개도 되지 않았다(이 숫자는 오늘날 10배 이상으로 꽤 꾸준히 증가했다). 내 요점은 이것이다. 아마도 전자담배가 만드는 안개에서 우리는 더 많은 내용을 발견할 수 있을 것이다. 그리고 우리는 정확히 그렇게 하기 시작했다.

'안개' 얘기가 나와서 말인데, 그 용어(그리고 증기 내뿜기vaping)를 생각해낸 사람들은 인정해줘야 한다. 왜냐하면 그 단어들은 마치 무해하고 솜털 같은 수증기 구름을 홀짝홀짝 마시는 것처럼 들리기 때문이다. 하지만 실제로는 그렇지 않다. 일반 담배처럼 연소 반응이 없는데도 기화기는 화학 작용을 할 정도로 뜨거워진다. 예를 들어, 열이 가해지면 전자담배 액상에 가장 많이 사용되는 두 가지 화학물질인 프로필렌글리콜과 글리세린(글리세롤로 부르기도 한다)이 분해되어 포름알데히드, 아세트알데히드(에탄올이 산화된, 간 독성이 있는 숙취의 원인 물질－옮긴이), 아크롤레인(최루탄 가스의 한 성분－옮긴이)을 형성할 수 있다. 여러분은 분명 포름알데히드를 양동이째로 들이마시고 싶지 않을 것이며(3장에서 한 이야기 기억나는가?) 이 삼총사 중 다른 둘도 섭취하고 싶지 않을 것이다. 삼총사 모두 여러 브랜드의 전자담배 안개에서 일정 수준 이상 검출되었으며(담배 연기보다 낮은 수준이지만), 액상에 들어 있거나 기화에 의해 생성되는 다른 화학물질 약 80개도 함께 검출되었다.

여기서 잠시 멈추고 화학 통계의 세계로 돌아가 보자.

많은 사람들이 이미 알고 있듯이, 화학물질 80개는 화학물질 5,700개보다 훨씬 적다. 그리고 만약 여러분이 전자담배 이용자라면, 광고에서 "전자담배는 담배만큼 많은 화학물질을 가지고 있지 않기 때문에 당신에게 나쁘지 않습니다" 같은 내용을 본 적이 있을 것이다. 그리고 "한 모금마다 7,000개 이상의 독성 화학물질이 들어 있습니다" 같은 내용이 담긴 금연 광고를 적어도 1개 이상 본 적 있을 것이다. 이런 문구의 시사점은 분명하다. 어떤 것이 더 많은 화학물질을 함유할수록 여러분에게 더 나쁘다.

하지만 내 생각에 이것은 매우 비논리적이다.

담배 말고 수천 개의 화학물질이 들어 있는 게 뭐 없을까? 양상추가 있다. 닭고기도 그렇다. 그리고 리마 콩도 있다! 반면에 시안화물은 자기 안에 화학물질을 딱 하나 가지고 있다. 매우 단순한 화학물질 하나지만 치명적이다. 어떤 존재를 구성하는 화학물질의 수는 그다지 쓸모 있는 정보가 아니다. 마치 인스타그램에 친구가 헬스장에서 운동하는 자기 사진을 올린 것 같다고나 할까. 한마디로 홍보 수단이다. 그 정보는 그 화학물질들이 여러분의 몸에서 무슨 작용을 할 것인지, 각 화학물질이 얼마나 들어 있는지에 대해서는 알려주지 않는다. 담배가 폐암을 일으키는 이유는 예전 화학 통계에서 알려주듯 그 속에 독성 화학물질이 72개 들어 있다는 사실 때문이 아니고, 연기 속에 **어떤** 화학물질이 **얼마나 많이** 들어 있는지에 대한 문제다. 즉, 수가 아닌 양의 문제라는 말이다.

자, 우리가 알고 있는 독성 화학물질에 집중해보자. 일반 담배와 전자담배의 차이점은 무엇일까?

지금까지 행해진 몇 안 되는 실험으로 보아, 전자담배 안개(연기)는 일반 담배 연기보다 알려진 독소의 개수가 적고, 농도도 **낮은** 수준이다. 예를 들어 전자담배 연기에 들어 있는 포름알데히드의 양은 일반 담배 연기의 약 10분의 1 수준이며, NNK(잠재적인 폐암 유발 가능 물질) 양은 약 40분의 1 수준이다.

그러니 샴페인 맛 액상을 꺼내자, 어떤가?

아직은 아니다.

여기서 우리는 담배 논쟁의 양면성을 볼 수 있다.

낙천주의자는 이렇게 말할 것이다. "전자담배는 일반 담배보다 독성이 훨씬 덜한 쓰레기야. 그래서 너한테 더 좋아!"

조심스러운 사람들은 이렇게 말할 것이다. "전자담배가 일반담배보다 낫다고 해서 네게 나쁘지 않다는 건 아니야. 여전히 알려진 독소가 잔뜩 들어 있는 에어로졸을 들이마시고 있는 거라고."

내 생각에는 조심스러운 사람들의 주장에 더 설득력이 있다. 22구경 라이플의 총알을 맞는 것이 357구경 매그넘의 총알을 맞는 것보다 확실히 낫긴 하겠지만 그렇다고 해서 22구경 라이플이 몸에 좋다는 뜻은 아니다(회초리로 맞는 것이 곤장으로 맞는 것보다 덜 아프지만 그렇다고 해서 회초리가 안 아프다는 얘기는 아닌 것처럼—옮긴이). 전자담배를 일반 담배와 비교하면 마치 좋아 보이지만, 그 이유는 대부분 일반 담배가 너무 나쁘기 때문이다. 전자담배가 일반 담배보다 훨씬 건강에 좋을 수도 있지만 동시에 폐암이나 다른 질병의 위험성을 증가시킬 수도 있다. 보다 유용한 비교는 일반 담배와 정확히 동일한 연구를 전자담배에 적용하는 것이다. 아예 안 피우는 것에 비하면 얼마나 나쁜가를 보는 것이다. 우리는 금연보다 전자담배가 여러분에게 더 나쁘다는 사실을 합리적으로 추측할 수 있지만, 얼마나 더 나쁜지에 대한 해답은 아직 모른다. 초봄에 꽃들이 눈을 헤집고 나오듯 최근 몇 가지 연구가 나오기 시작했지만, 전자담배에 대한 대규모 코호트 연구(과학자들이 일반 담배에 했던 연구 같은)는 아직도 준비 단계다.

그러나 아직 고려해야 할 것이 **하나** 더 있다. 경사로 이론이다. 설명하자면, 담배를 끊되 니코틴을 유지하고 싶다면 패치, 껌, 사탕, 흡입기 등 몇 가지 다른 방법이 있다. 그러나 이들 중 어느 것도 흡연과 관련된 모든 경험을 똑같이 하게 해주지는 않는다. 불을 붙이고, 연기를 들이마시고, 니코틴을 확 영접하고, 커피도 같이 마시고, 잠시 휴식 시간을 가지고. 다르게 말하자면 담배를 피우는 과정은 마치 의식과도 같다. 현대의 전자담배를 발명한 약사 혼 릭Hon Lik은 **두 가지 모두**를 가능하게 하는, 즉 의식을 그대로 유지하면서 오로지 니코틴만을 전달하는 새로운 것을 개발하고자 했다. 그런 발명만이 일반 담배에서 덜 해로운 것으로 넘어가는 최선의 방법이라고 생각했기 때문이다. 그리고 나는 그를 비난하지 않는다. 완벽하게 이치에 맞으니까. 흡연자들이 금연하길 원한다면 절벽에서 떨어뜨리는 것보다 경사로로 안내하는 것이 더 쉽다. 그러나 경사로의 문제점은 양쪽에서 오갈 수 있다는 것이다. 일생 동안 담배를 피우지 않던 사람들이 전자담배를 피우고, 모든 흡연 의식에 참여하고, 결국에는 일반 담배를 피우기 시작하는 시나리오를 여러분도 상상할 수 있을 것이다.

이런 유형의 이론화는 빠르게 복잡해지지만, 기본적인 요점은 전자담배가 건강에 미치는 영향은 **단지** 전자담배가 여러분에게 얼마나 나쁜지에만 달려 있는 것이 아니라, 흡연에 어떻게 영향을 미치는지에도 달려 있다. 담배를 끊게 하는지, 피우게 하는지 둘 다.

요점만 말해보자.

일반 담배: 우리 몸에 끔찍하게 안 좋다는 사실을 너무나도 잘 알고 있고, **얼마나** 끔찍한지도 알고 있다.

전자담배: 우리 몸에 얼마나 나쁜지는 정확히 모르지만, **좋지 않**다는 건 알고 있다. 만약 여러분이 일반 담배와 전자담배 중 하나를 선택해야 한다면, 우리가 얻을 수 있는 모든 증거가 전자담배를 강력하게 가리킨다. 전자담배는 담배를 끊는 데 도움이 될 수도 있고, 일반 담배를 피우는 것만큼 나쁘지는 않아 보인다.

하지만 만약 여러분이 전자담배와 **금연** 중 하나를 선택해야 한다면, 우리가 얻을 수 있는 모든 증거가 강하게 **금연**을 가리킨다. 그 이유는 세 가지다. 첫 번째 이유: 전자담배는 우리의 오랜 친구, 평범한 공기보다 거의 확실히 더 나쁘다. 두 번째 이유: 전자담배는 우리가 알고 있는 나쁜 것으로 여러분을 안내하는 경사로가 될 수 있다. 일반 담배 말이다. 세 번째 이유: 전자담배 액상은 오염될 수 있다.

이 요점조차 너무 길어서 읽고 싶지 않다면 이 그림만 기억하라.

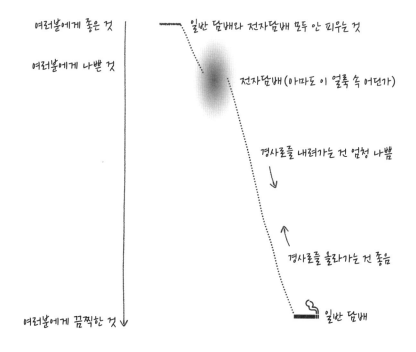

그리고 만약 전자담배를 피운다면, 쓰레기에 가까이 두지 마시라.

5장

햇볕에 탄 숯덩이,
또는 선크림 이야기

**자외선 차단제, 비타민 D, 우리의 유전 정보,
마가린, 산호초에 대하여**

2012년, 77세 영국 여성이 프랑스 남부로 휴가를 떠났다. 어느 날 그녀는 햇볕을 쬐다가 잠이 들었다. 그녀는 요통으로 처방받은 오피오이드 펜타닐(마약성 진통제의 일종—옮긴이)이 함유된 패치를 붙이고 있었다. 패치는 약물을 피부에 밀착시켜 천천히 몸속으로 흡수되고 혈류로 들어가게 한다. 간단하고 우아한 약품 배송 구조다. 불행히도, 피부가 따뜻해지면(태양 아래에 있을 때처럼) 몸속으로 퍼질 수 있는 펜타닐(또는 어떤 약이든)의 양이 증가한다. 오피오이드 계열의 약효에 대해 읽어본 적이 있다면, 펜타닐을 너무 많이 복용했을 때 어떤 일이 일어나는지 알 것이다.

　그 여성은 혼수상태에 빠졌다.

　보통 햇볕 속에서 잠들면 몸이 스스로 너무 뜨거워지는 것을 감지해서 여러분을 깨운다. 피부색이 얼마나 하얀지에 따라 다르겠지만 피부가 튀겨지는(하지만 보존을 위해서는 아니고) 불쾌한 느낌 때문에 깨어날 것이다. 심지어 그 후 며칠 동안 물집이 잡히거나 껍질이 벗겨질 수도 있다. 이게 바로 일광화상(햇볕에 타는 것)이고, 여러분의 피부색이 얼마나 밝은지나 세계의 어느 위치에 있는지에 따라 몇 분 안에 일어날 수도 있는 일이다.

그 여성은 프랑스의 뜨거운 태양 아래에서 **6시간** 동안 혼수상태에 빠졌다.

구급차가 도착했을 때, 여성의 상태는 내가 의료 기록에서 찾을 수 있는 일광화상 사례 중에서 가장 심각했다. 그녀가 햇볕에 그을린 모습은 마치 불에 탄 것 같았다. 말 그대로 피부가 익어서 까맣게 탄 선들이 그녀의 복부와 다리에 뱀 같은 모양으로 남았고, 심지어 더 끔찍하게도 어떤 부분의 **지방**은 타서 마치 흰색 가죽처럼 보였는데 이는 곧 태양이 피부 3겹(깊이 약 2mm)을 모두 태우고 그 아래 지방을 구웠다는 의미다. 화상이 너무 심해서 그녀는 일단 혼수상태에서 벗어난 후 전문 화상병원에서 치료를 받아야 했다.

태양은 어떻게 이런 일을 했을까? 관련된 에너지의 양을 고려해보자. 태양은 거대하고, 거대하고, 거대하고, 엄청나게 강력한 에너지 총이다. 만약 여러분이 일본 나가사키 상공에서 폭발한 핵폭탄으로부터 방출된 에너지의 양에 1,000배를 곱한다면 태양에서 지구로 **1초 동안** 오는 에너지의 양을 구할 수 있다. 이 여성의 사건이 이토록 놀라운 이유는 태양이 여러분을 요리할 수 있어서가 아니라, 정말 드물게 일어나기 때문이다. 이것에 대해서는 우리 몸에 감사해야 한다. 우리 몸은 햇볕을 너무 많이 쬐면 나쁘다는 사실을 본능적으로 이해하며, 우리에게 그 사실을 알려주는 극히 정교한 방법이 두 가지 있다.

1. 나는 덥다. (번역: 당장 안으로 들어가! 아니면 빌어먹을 그늘을 찾아!)
2. 나는 햇볕에 탔다. (번역: 나의 분노를 느껴라, 인간아. 태양 아래 너무 오래 머물러 있던 데 대한 벌이다!)

안타깝게도 남프랑스에서 펜타닐로 인한 혼수상태에 빠진 그 여성에게 이 정교한 방법들은 도움이 되지 못했다. 대부분 우리의 몸은 태양에서 오는 빛을 얼마나 원하는지에 대해 매우 분명한 생각이 있었고 우리가 이 한계를 벗어나면 확실히 안 좋은 일을 겪게 만들었다. 하지만 산 채로 튀겨지는 것 말고 우리 몸이 피하려는 건 무엇일까?

이 내용을 다루기 전에, 태양이 그 운 없는 영국 여성을 **어떻게** 태웠는지에서 시작하자.

태양은 광자photon라고 불리는 작은 에너지 덩어리들을 방출한다. 각각의 광자는 매우 특정한 양의 에너지를 가지고 있고, 광자의 에너지는 여러분이 광자를 볼 수 있는지 없는지를 비롯해 광자의 **모든 것**을 결정한다. 우리의 눈은 극도로 민감한 광자 검출기이며, 빛이란 사실 태양으로부터 와서 우리 주변의 모든 사물에 부딪치고 튕겨 나온 많은 광자들이 긴 여정을 마무리하며 망막에 있는 광자 검출 단백질과 충돌하는 것이다.[*] 이 충돌은 여러분의 뇌가 여러분이 보고 있는 것이 무엇인지(예를 들어 사자 2마리가 짝짓기하는 모습)를 해석하는 전기 신호를 생성한다. 우리의 눈은 0.00000000000000000028줄[**]에서 0.00000000000000000052줄 사이에 해당하는 매우 좁은 에너지 범위 내에서만 광자를 감지할 수 있다. 그러나 태양으로부터 방출되는 광자의 에너지 범위는 **훨씬 넓다**. 대략 0.0000000000000000000000000020줄에서 0.00000000000000020줄 사이다. 하지만 이 중 대부분은 O_3 분자로 이루어진 얇은 층에서 유용하게 흡수된다. 중학교에서 오존층이라고 배웠을 것이다. 즉 프랑스 남부의 그 가엾은 여성은 광자당 약 0.00000000000000000079줄 부터 약 0.00000000000000000068줄(10배)에 이르는 에너지를 가진 광자 폭격을 받았다는 것이다.

만약 이 수많은 0때문에 눈이 몰리는 것 같다면, 내가 직접 그린 다음의 그림을 보자. 프랑스 남부의 여성에게 쏟아진 광자(보이는 광자와 보이지 않는 광자 모두)를 크기와 원근법에 전혀 맞지 않게 나타낸 것이다.

---

[*] 물리학자들은 빛이 때때로 개별적인 에너지 덩어리라기보다는 연속적인 파동으로 작용한다고 지적할 것이다. 그건 사실이지만, 인생을 좀 더 단순하게 살기 위해 나는 덩어리 비유를 고수하겠다.

[**] 줄Joule은 에너지의 단위다. 영양 성분표의 칼로리 같은 것이다. 1칼로리는 4,200줄보다 조금 적다.

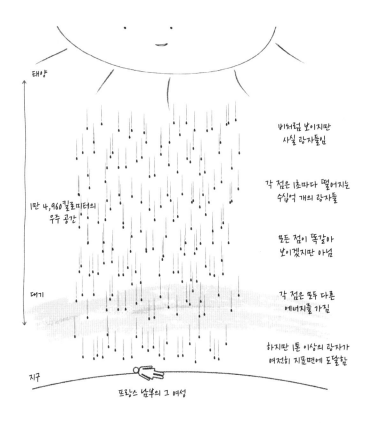

각각의 광자들은 그녀의 몸과 조금씩 다르게 상호작용을 했을 것이다. 우선 눈으로 감지할 수 있는 것보다 에너지가 약간 적은 광자들부터 살펴보자. 이 광자들은 여러분이 생각하는 것보다 더 깊이 인간의 피부 속으로 침투한다. 여러분의 피부색과 광자의 정확한 에너지에 따라* 적어도 1밀리미터 이상이다. 침투한 광자들이 많고, 많고, **수많은** 그녀의 세포들과 DNA, 단백질, 당분, 지방, 콜레스테롤, 물

---

* 빛이 피부 속으로 들어갈 수 있다는 사실이 이상해 보인다면, 어둠 속에서 강력한 손전등 앞부분을 손으로 가려보자. 그래도 빛을 볼 수 있다. 그 말은 손전등의 전구에서 나온 광자들이 손의 일부를 통과해 여러분의 눈에 도달한다는 뜻이다.

을 비롯한 세포 내 분자들과 상호작용한다는 의미다. 이 광자들이 모든 분자들의 전자에 부딪히면, 분자들은 다양한 방법으로 **움직이게** 된다. 분자 전체가 회전하기도 하고, 분자 내의 원자 쌍들이 서로 더 멀리 떨어지거나 더 가깝게 압축되거나, 구부러지거나, 흔들리거나, 잘리거나, 세 번째 원자에 대해 비틀린다.

무릎 굽히기

물에 발가락 담그기

다리 찢기

그 밖에도 많다!

말하자면 모든 것이 마치 가장 친한 친구 결혼식에서 춤추는 대학생처럼 무작위적이고 조화롭지 않으며 볼품없는 태도로 날뛴다.

분자의 춤은 여러분이 잘 아는 어떤 것으로 측정될 수 있다. 바로 온도다. 물체가 뜨거울수록, 그 물체를 구성하는 분자들은 더 힘차게 춤을 추고 있다. 예를 들어, 냄비에서 끓는 물 안에 있는 물 분자는 여러분의 손 세포에 있는 물 분자보다 훨씬 더 빨리 춤추고 있다. 만약 여러분이 냄비 속 끓는 물에 손을 넣으면,* 물 분자는 **극도로 격렬하게** 여러분의 피부 세포 분자에 부딪혀 춤출 것이고 결국 피부 세포 분자들은 이전보다 훨씬 빠르고 격렬하게 춤추게 될 것이다.

여러분의 신경 세포 끝부분은 이 격렬한 분자 춤을 감지하고 뇌에 다음과 같이 해석되는 신호를 보낼 것이다. **젠장뜨겁잖아젠장뜨거뜨거뜨거하나님맙소사손을떼버려당장손떼이런젠장미친손떼손떼라고젠장멍청아!** 뭐 이런 비슷한 거.

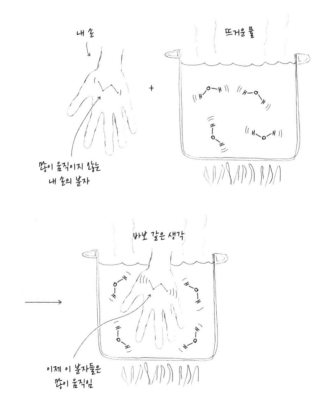

내 손

뜨거운 물

+

많이 움직이지 않는
내 손의 분자

바보 같은 생각

이제 이 분자들은
많이 움직임

---

* 절대 집에서 시도하지 마라. 집이 아니라 다른 곳에서도.

여러분의 피부 분자를 춤추게 하는 광자(앞의 뜨거운 물처럼)를 "적외선"이라고 부른다. 맞다. 태양의 열기, 열화상 카메라, 진짜 끝내주는 가스레인지 같은 단어들은 우리가 아주 특정한 양의 에너지를 가진 광자에 붙인 이름일 뿐이고, "따뜻함"이라는 단어는 이 광자들이 피부에 부딪힐 때의 느낌에 붙인 이름일 뿐이다.

분명히 태양 광자에서 흡수하는 총 에너지량(초당)은 냄비 속 끓는 물에 손을 넣었을 때 흡수하는 에너지량(초당)보다 훨씬 적기 때문에, 태양 광자는 기분 좋은 따뜻함을 느끼게 하는 반면 끓는 물에 손을 넣는 것은 끔찍하게도 타는 고통을 유발한다. 그러나 적외선 광자에 충분히 맞으면 여러 가지 나쁜 일이 발생한다. 세포는 폭발하고, 단백질은 응고해 쓸모없어진다. 결국 물이 끓어오르고 고체가 타서 가스와 탄소를 방출하는데, 여러분이 스테이크를 태웠을 때를 생각하면 쉽게 이해될 것이다.

프랑스 남부 해변에서 펜타닐이 유도한 혼수상태로 누워 있던 그 여성은 약 2,000만 줄의 에너지로 타격을 받았는데, 이는 17분 동안 가스레인지 위에서 몸을 익히면 흡수할 수 있을 정도의 양이다.

영국 여성이 적외선 광자 폭격을 받고 있을 때, 동시에 태양에서 온 다른 광자도 그녀를 폭격하고 있었다. 여러분이 볼 수 있는 광자보다 약간 높은 에너지, 약 0.000000000000000052줄에서 0.000000000000000068줄의 에너지를 가진 "자외선"이라고 불리는 광자였다. 이런 고에너지 광자들은 그녀의 피부에서 완전히 다른(좋은) 작용, 즉 광합성을 유발했다.

나도 안다. 이상하게 들릴 것이다. 광합성은 식물의 영역으로 여겨지고 있으며 대부분 그렇다. 하지만 여러분도 할 수 있다. 여러분의 피부 가장 바깥쪽 층에는 콜레스테롤의 덜 유명한 화학적 사촌들 중 하나인 7-DHC, 즉 7-디하이드로콜레스테롤이 많이 들어 있다. 7-DHC는 특정 광자(자외선)에 맞으면 비타민전구체 D_3라는 분자로 변화해 활성 형태의 비타민 D를 생성하는 일련의 사건을 일으킨다. 기본적으로 식물에서 일어나는 것과 같다. 화학 반응을 일으키기 위해 빛을 사용하는 것이다. 식물과 달리, 우리는 음식을 광합성하진 않지만 생존에 필요한 필수 화학물질을 광합성해낸다.˙

식물 광합성에 대해 이야기할 때는 이것을 얼버무렸지만, 사실 좀 이상하다. 빛은 화학 반응을 일으킬 수 있다. 다시 말해서, 빛은 한 분자를 다른 분자로 바꿀 수 있다. 그것은 물질의 본질을 바꿀 수 있다. 어떻게 그럴 수 있냐고? 방법 하나는 열을 통하는 것이다. 적외선은 살코기를 익힐 수 있다. 그것은 분명히 물질의 성질을 변화시킬 수 있다. 자외선은 지나치지 않게 분자의 전자를 자극할 수 있으며, 이는 결국 화학적 결합을 깨뜨리고 대신 다른 결합을 형성해 한 물질을 다른 물질로 변화시킬 수 있다.

비타민전구체 D_3를 비타민 D로 바꾸는 건 좋은 일이다.

하지만 나쁠 수도 있다.

˙ 요즘은 구루병이나 골연화증과 같은 비타민 D 결핍증을 피하기 위해 대부분의 우유에 비타민 D를 첨가하고 있다.

DNA는 세계에서 가장 잘 홍보된 분자다. 만약 DNA가 영화 제목이라면 이런 부제가 붙을 것이다.

당신의 유전자 암호

또는

당신 인생의 청사진

또는

자유의지 같은 건 없다

생명이 끝날 때까지 홍보되는 대부분의 물건들과 마찬가지로, DNA에 대한 광고는 넘기고 대신 DNA가 실제로 어떻게 생겼는지 알아보는 게 낫겠다.

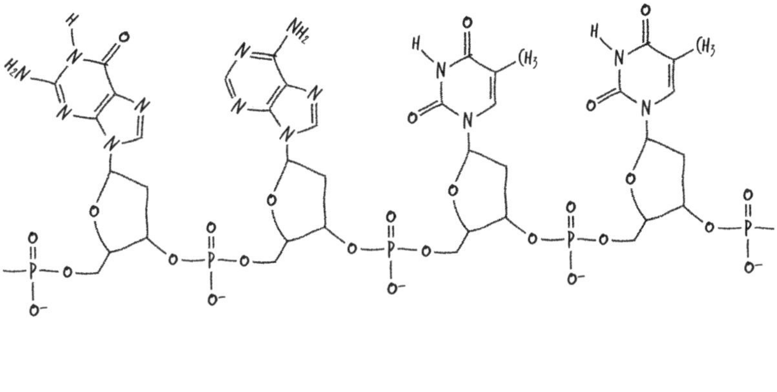

기억하자. 선은 두 원자들 사이에 공유된 전자를 나타낸다. 즉 화학적 결합이다. 여기서 봐야 하는 것은 DNA를 구성하는 모든 원자가 어떻게 이웃 원자와 결합하는가다. 이 구조는 보기에 정신없이 엉망진창이지만 우리가 단순화할 수 있다. 아래쪽에 반복되는 패턴이 보이는가? 그게 소위 "척추(중심 골격)"이다. 여기서는 당분(설탕)과 인산염 분자의 연속이다.

좋아, 훨씬 낫다. 하지만 좀 더 나아가 보자. 당분에 붙어 있는 것을 염기라고 하는데, DNA 염기는 아데닌, 티민, 구아닌, 시토신의 네 가지가 있다. 여러분은 아마 그들을 (빰빠밤!) "유전자 암호를 나타내는 글자"로 알고 있을 것이다. 그러니 A, T, G, C라는 간단한 문자로 변환하는 게 낫겠다. 설탕과 인산염도 S와 P로 변환하자.

생물학자들은 이것을 한 줄의 문자로 더욱 압축하는데, 이 예에서는 GATTACCA가 될 것이다. 사람들이 여러분의 유전 정보(유전자 암호)가 "30억 글자 길이"라고 말할 때, 이것이 의미하는 바는 다음과 같다. 여러분의 세포들에게 어떻게 그들 자신을 형성하고 그들 삶의 모든 측면을 수행하는지를 가르치는 30억 개의 A, T, G, C가 있다는 것이다.*

모든 결합이 어떻게 이루어지는지에 주목하자. 인산염은 당에만 결합된다. 문자들(A, T, G, C)은 당에만 결합되고 인접한 문자에 결합되지 않는다. 여러분의 DNA는 정교하게 복잡한 암호 체계이지만, 코드 자체는 DNA의 다른 요소들이 어떻게 서로 결합되는지(또는 결합되지 않는지)에 달려 있다. 그리고 DNA의 결합은 전자가 하기 때문에, 각자의 전자가 올바른 위치에 있지 않으면 DNA는 제 역할을 할 수 없다.

믿을 수 없을 정도로 많은 자외선 광자들이 하늘에서 내려와 프랑스 남부의 여성에게 착륙했을 때, DNA의 전자와 충돌한 자외선 광자들은 전자들 중 일부를 흥분시켰다(기억하라, 흥분한 전자들은 분자들을 비타민전구체 D_3처럼 화학적으로 반응을 더 잘하게 만들 수 있다). 고맙게도, 대부분의 경우 DNA가 광자에 의해 부딪히면 흥분한 전자는 금방 다시 흥분되지 않은 상태로 되돌아오고, 여러분의 DNA는 화학적으로 이전과 같은 상태를 유지한다. 나도 안다. 좀 실망스럽지 않은가? 하지만 이렇게 되어야 우리 건강에 정말 좋은 일이다. 만약 단지 몇 분 동안만 태양 아래 있다고 해도, 여러분은 초당 수억 개가 넘는 자외선 광자들에게 폭격을 당하고 있다는 사실을 기억하라.

---

* 정확히 하자면 이 말은 DNA의 각 가닥에 해당된다. 모든 세포는 2가닥을 가지고 있다. 그래서 여러분의 게놈은 사실 60억 개의 문자로 이루어져 있다.

만약 그중 대부분, 혹은 심지어 일부라도 여러분의 DNA에 영구적인 영향을 끼친다면 여러분은 심각한 문제에 직면하게 될 것이다.

하지만 매우 드물게, 광자가 여러분의 DNA에서 결합이 배열되는 방식을 바꾼다. 그러면 최종적으로 이렇게 될 수도 있다.

```
     G       A       T       T       A      C-----C     A
     |       |       |       |       |      |     |     |
  —S —P— S —P— S —P— S —P— S —P— S —P— S —P— S —
```

선으로 연결된 2개의 C가 보이는가? 엉망이 된 척추 뼈처럼 서로 융합되었다. 여러분은 이것이 큰 문제가 아니라고 생각할지도 모르겠다. 어쨌든 세포의 게놈에는 60억 개의 다른 글자들이 있는데, 이게 뭐 그리 큰 해가 되겠어?

여러분이 죽을 수도 있다.

대부분의 경우, 여러분의 세포는 이 융합된 C 문제를 감지하고 수리한다.* 그리고 아무 일도 없었던 것처럼 살아간다. 이전 장에서 이것이 실제로 최상의 시나리오라고 했던 사실을 기억하라. 때로는 수리 작업이 완전히 실패하는데, 이 경우 세포가 "나 갈게!"를 외치고 스스로 목숨을 끊는다. 이것은 중간 정도의 시나리오다. 최악의 시나리오는 비교적 드물지만, 수리 과정이나 심지어 세포 분열 과정 중 어느 시점에서 세포가 자신의 DNA를 잘못 복사하는 것이다. 그래서

---

* 단백질은 DNA 2가닥 사이를 풀어서 융합된 C 전후에 있는 손상된 가닥의 당-인산 척추 골격을 잘라내고, 다른 가닥을 읽어 정확한 염기서열을 파악한 후 잘라낸 가닥을 재구축한다. 이것이 바로 2가닥의 상호보완 DNA를 갖는 중요한 이유다. 만약 하나가 깨진다 해도, 여러분은 정보를 잃지 않기 때문이다.

GATTACCA였던 순서가 GATTATTA로 바뀔 수도 있다. 즉, 최악의 시나리오는 **돌연변이**가 DNA 염기서열로 기어 들어올지도 모른다는 것이다.

일단 돌연변이가 여러분의 DNA에 들어가면 고정된다. 여러분의 몸은 융합된 C를 감지하고 고칠 수 있지만, 일단 그 융합된 C가 TT로 바뀌면 더 이상 감지하거나 고칠 수 없다. 왜냐하면 그 돌연변이는 **화학적으로** 건강한 DNA이기 때문이다(**정보적으로** 병들긴 했지만). 이상해 보인다는 것 나도 안다. 하지만 다음의 사건도 고려해보자. 2012년 〈센트레일리아 모닝 센티넬〉은 지역 음악가의 밴드 동료인 에릭 라이데이Eric Lyday가 "마약에 중독되었다on drugs"는 기사를 실었다. 그러나 신문에서 실제로 내려고 한 기사는 에릭이 "드럼을 맡았다on drums"는 것이었다. 오타 1글자가 문법이나 철자 규칙을 어기지 않고도 문장의 의미를 완전히 바꾸었다. DNA 돌연변이도 같은 작용을 한다. DNA의 화학적 규칙을 어기지 않고 DNA의 의미를 바꾼다.

그렇다면 프랑스 남부의 그 여성은 6시간 동안 태양 아래 누워 있다가 돌연변이가 생긴 거냐고? 아마도. 음… 의학 문헌에서 그녀의 **새로운 초능력**에 대해 언급하지 않은 게 좀 이상하긴 하다.

안타깝게도 햇볕에 누워 있다가 얼마나 많은 유전자 돌연변이가 생기든 여러분이 갑자기 밝은 녹색으로 빛나기 시작하거나 초능력을 얻지는 않을 것이다. 사실 대부분의 돌연변이는 전혀 아무것도 하지 않는다. 여러분의 유전자 암호의 약 1퍼센트만이 실제로 단백질을 해독하기 때문에, 만약 돌연변이가 다른 곳에서 일어난다면 아마도 해롭지 않을 것이다. 혹은 만약 장 안쪽에 있는 세포에 돌연변이가 생긴다면 그것 역시 큰 문제가 아닐 것이다. 왜냐하면 여러분이 그 세포들을 금방 배설해버릴 테니까. 하지만 우리는 세포가 더 많은 돌연변이를 가질수록 암이 될 가능성이 더 높다는 사실을 알고 있다. 그래서 태양을 포함해, 여러분의 자연적 돌연변이를 증가시키는 어떤 것도 너무 많으면 좋지 않다.

여기서 잠시 멈추고 점검을 좀 해보자. 지금까지 우리가 이야기한 모든 것은 태양과 피부암을 연결하는 '진리의 다리'의 일부분이다. 흡연과 폐암을 연결하는 진리의 다리처럼, 이 다리에도 다른 종류의 벽돌들이 있다. 지금까지 이야기한 모든 벽돌은 분자인데, 자외선이 피부 속의 분자와 어떻게 상호작용을 하고 피부암으로 이어지는지를 보여준다. 하지만 흡연과 마찬가지로 분자 벽돌도 나중에 나타난다. 그 다리는 원래 분자가 아닌 벽돌로 만들어졌다. 그중 몇 개를 보자.

첫째, 일하는 장소다. 1800년대 후반에서 1900년대 초반까지 과학자들은 대부분의 삶을 밖에서 보낸 농부들이나 선원들이 도시에서 살면서 일하는 비슷한 사람들보다 훨씬 높은 암 발병률을 보인다는 것을 알아챘다. 광산촌에서 진료한 어떤 의사는 25년 동안 광부들 사이에서 피부암을 2번밖에 보지 못했다고 보고했다.[*] 오늘날 우리는 위험의 차이를 수치화할 수 있다. 외부에서 일하면 피부암에 걸릴 위험이 실내 작업자보다 약 300퍼센트 높다.

둘째, 옷이다. 광적인 노출증 환자가 아니라면 아마 옷을 입을 것이다. 옷은 자외선을 흡수하기 때문에 여러분은 보통 가려져 있는

---

[*] 불행히도 그는 태양과 연관 짓지 않았다. 광부들이 차를 많이 마셨기 때문에 피부암을 피했다고 생각했다.

신체 일부에서는 피부암이 발병할 가능성이 낮겠다고 예상할 수 있고, 그 예상이 맞을 것이다. 피부암이 두피, 귀, 코보다 발, 허벅지, 엉덩이에 생길 가능성은 훨씬 낮다.

셋째, 피부색이다. 피부암은 백인에게 훨씬 더 흔하다. 상대적 위험을 정확히 계산하기는 어렵지만, 추정치로는 흑인의 피부암 발병 위험성과 비교할 때 1,600퍼센트에서 6,300퍼센트 사이에 있다. 왜 그럴까? 멜라닌 때문이다. 멜라닌은 여러분의 몸이 생산해서 여러분의 피부 전체에 분포시키는 분자로, 자외선 광자를 **확실하게** 흡수해 그것들이 여러분의 DNA를 손상시키지 못하게 막는다. 따라서 피부에 멜라닌이 많을수록 DNA 손상과 피부암도 줄어들 것으로 예상할 수 있다(멜라닌도 가시광선을 흡수하므로 피부 속에 멜라닌이 많을수록 피부색이 어두워진다. 하지만 피부가 어둡다고 해서 피부암에 면역이 있다는 건 아니다. 오히려 피부가 어두우면 암을 발견하기 어려울 수 있다. 따라서 피부가 어둡더라도 조심해야 한다).

이제 가장 중요한 마지막 요소다! 1장에서 가공식품에 대한 무작위 통제 실험을 이야기했던 것이 기억나는가? 우리는 수천 명의 사람들을 두 집단으로 나누어 각각 무인도로 보내고, 한 집단에게는 초가공식품을 먹이고 다른 집단에게는 가공되지 않은 식품을 먹인 후 50년 동안 추적 조사할 생각이었다. 알고 보니, 영국은 태양이 피부암을 유발하는지 여부를 알아내기 위해 이것과 놀랄 만큼 유사한 실험을 했다. 단, 그들의 실험은 우연히 이루어졌다. 아마도 여러분은 이 실험에 대해 이미 알고 있을 것이다. 실험의 이름은 "오스트레일리아"다.

1788년경에서 1868년 사이에 영국은 죄수 15만 명 이상을 오스트레일리아로 보냈다. 즉 유전적으로 비슷한 사람들(영국인들)을 선택해 두 집단(죄수와 죄수가 아닌 사람들)으로 나누고 각각의 섬(브리튼섬과 오스트레일리아)에 두었다. 오스트레일리아는 영국보다 적도에 훨씬 가깝고, 오스트레일리아의 하늘은 안개와 절망으로 엮은 축축한 회색 담요 같지 않다. 그러니 오스트레일리아에 있는 사람들은 영국에 있는 사람들에 비해 자외선 광자를 훨씬 더 많이 맞는다. 그리고 오스트레일리아 사람들은 대부분 백인(기본적으로 영국인)이었기 때문에, 그 모든 광자로부터 자신을 보호할 멜라닌을 많이 갖고 있지 않았다. 그래서 여러분은 영국보다 오스트레일리아에서 피부암 발생이 훨씬 더 많을 것이라고 예상할 수 있다. 빙고! 오늘날 오스트레일리아 사람이 일생 동안 적어도 하나의 피부암에 걸릴 위험은 영국인의 약 660퍼센트에 달한다.*

이 장의 나머지 부분에서 태양과 피부암을 연결하는 '진리의 다리'의 벽돌에 대해 계속 이야기할 수도 있겠지만(예를 들어 피부암의 다양한 종류들 때문에 이야기가 매우 복잡해진다는 것에 주목하면서), 다음으로 넘어가도록 하자.

태양으로부터 나오는 광자에 대해 빠르게 복습해보자. 식물은 광자를 음식 만드는 데 사용한다. 우리는 광자를 비타민 D 만드는 데 사용한다. 하지만 너무 많은 광자는 우리를 태울 수도 있고 심지어 피부암을 일으킬 수도 있다.

지금까지 식물을 해독해 음식으로 만드는 것에서 음식을 보존하

---

* 물론 각자 자기 나라에 살고 있다고 가정하면.

는 것, 진딧물 똥을 사탕으로 만드는 것에 이르는, 자연을 가공하는 인간의 수많은 경험에 대해 살펴보았다. 이제 우리는 태양과 피부암에 대한 지식을 종합하고 인간의 건강 문제를 해결하기 위한 완벽한 소비 제품을 디자인하는 이야기를 할 준비가 되었다. 바로 바로 자외선 차단제다.

흠… 과연….

화장품 가게에서 판매되는 거의 모든 자외선 차단제가 피부암의 위험을 줄인다고 말하지만, 그것이 자외선 차단제가 발명된 이유는 아니다. 사실 자외선 차단제는 피부암에 대한 우리의 이해보다 훨씬 더 오래되었다. 사람들은 아주 오래전부터 자외선 차단제를 만들기 위해 자연에서 나온 것들을 가공하고 있었다. 예를 들어, 고대 그리스와 이집트 사람들은 햇볕에 타지 않기 위해 기름, 몰약, 쌀겨 같은 각종 재료를 발랐다.

그러나 현대적 자외선 차단제의 뿌리는 1935년 외젠 슈엘러Eugene Schueller가 만든 암브레 솔레어Ambre Solaire(요즘에는 회사명으로 주로 쓰이고 자외선 차단제는 가르니에라는 이름으로 나온다−옮긴이)라는 단일 제품이라고 생각된다. 당시만 해도 태양과 피부암의 연관성은 잘 파악되지 않았다. 사실 암브레 솔레어는 DNA가 우리의 유전 정보를 전달한다는 사실을 깨닫기 9년 전이자, DNA의 구조를 알기 18년 전, 암이 DNA 돌연변이에 의해 유발될 수 있다는 사실을 알기 40년도 더 전에 발명되었다. 왜냐하면 암브레 솔레어는 피부암이 아닌 햇볕에 타는 것을 예방하기 위해 발명되었기 때문이다. 2012년 FDA의 자외선 차단제 성분 표시 규정이 공식적으로 발효되어, 제조업체가 자외선 차단제를 사용하면 '피부암의 위험을 감소시킨다'고 주장할 수 있게 되었다. 이런 주장을 할 수 있도록 FDA가 허용하는 이유를 알아내기 위해, 미국에서 판매되는 자외선 차단제의 가장 흔한 활성 성분 두 가지인 산화아연과 옥시벤존(벤조페논-3이라고도 한다)을 살펴보자.

여러분은 산화아연이 '물리적' 자외선 차단제의 일종이고 옥시벤존은 '화학적' 자외선 차단제의 일종이며, 전자는 광자를 방패처럼 반사하고 후자는 오스카상 후보에 오른 히트작 〈보디가드〉에서 휘트니 휴스턴Whitney Houston의 보디가드가 총알을 대신 맞는 것처럼 광자를 흡수한다고 알고 있었을 것이다.

하지만 그건 오레오를 오렌지 주스에 찍어 먹는다는 것보다 더 잘못된 사실이다. 이 성분들이 실제로 하는 일은 훨씬 이상하다. 옥시벤존을 보자.

크기 가늠을 해드리자면, 일반적으로 1번 짜낸 자외선 차단제 부피의 4분의 1 정도 크기에 약 700,000,000,000,000,000,000개의 옥시벤존 분자가 있을 것이고, 1회 권장량을 적용하면 노출된 신체의 1평방인치마다 약 8,400,000,000,000,000,000,000의 옥시벤존 분자가 퍼질 것이다.

태양에서 나온 자외선 광자가 피부에 있는 옥시벤존 분자와 부딪히면 다소 복잡한 일련의 사건들이 일어난다. 첫째로, 광자가 옥시벤존 분자로 충돌하면 옥시벤존 분자는 흥분 상태에 놓이는데, 그 말은 이전보다 더 많은 에너지를 가지게 된다는 의미다. 하지만 생긴 건 똑같다.

흥분된 상태를 보여주기 위해 작은 별 표시를 덧붙였다. 그런데 광자는 어떻게 되었냐고? 없어졌다. 사라져버렸다. 뿅 하고. 옥시벤존이 광자를 흡수해서 DNA에 닿지 않게 하고 앞에서 이야기했던 융합된 C 문제를 예방했다. 지금까지는 보디가드가 실제로 하는 일과 비슷하게 들린다. 다른 누군가를 위해 총알을 대신 맞는 것이다. 하지만 기다려라. 더 말할 게 있다.

옥시벤존이 흥분 상태에 있기 때문에, 여러분은 이제 흥분 상태의 분자를 피부 위에 갖게 되었다. 이것은 고에너지 광자가 피부에 닿았을 때만큼 피부를 손상시킬 수 있다. 하지만 옥시벤존은 춤(기억하시라, 에너지가 큰 분자는 격렬한 춤을 춘다—옮긴이)의 힘을 통해 그 여분의 에너지를 없앨 수 있다!

먼저, 분자는 이렇게 한다.

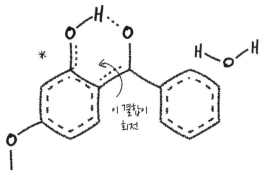

(라인 잔 돌리기)

그다음에는 이렇게 한다.

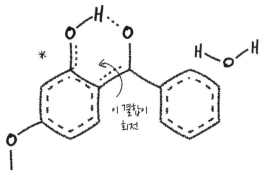

이 결합이
회전

(사일렌토Silento의 〈Watch Me(Nae Nae)〉에 나온
스탱키 레그Stanky Leg 춤을 유튜브에서 찾아보시길.)

그리고 이렇게 한다.

(슈렉의 엉덩이 뭉덩이기.) 옥시벤존 옆에 있는 분자가
이 단계에서 쾅 하고 충돌한다.

그리고 나서 이렇게 한다.

이제 처음 시작했던 곳으로 돌아왔다.

몸치인 사람이 클럽에서 춤을 출 때와 마찬가지로, 옥시벤존은 근처의 다른 분자와 충돌해 분자 움직임의 일부를 전달하며 주변의 환경을 즉시 가열시킨다. 옥시벤존이 광자에 맞기 전, 초창기 때의 모습 그대로 다시 춤을 추는 데 성공했다는 것을 주목하라. 열을 발생시키는 이 엉성한 춤의 연속은 실제로 순환이다. 자외선 광자가 들어가고 열이 나온다.*

---

* 하지만 잠깐. 만약 자외선 차단제가 빛에너지를 열에너지로 바꾼다면, 자외선 차단제를 바르고 태양 아래 있을 때 더 더워질까? 아마도. 하지만 기억하라. 여러분의 몸은 피부를 직접 가열하는 헤아릴 수 없이 많은 적외선 광자에게도 폭격을 당하고 있다. 적외선 광자에서 나오는 직접적인 열이 너무 많아서, 여러분은 자외선 광자에서 추가적으로 나오는 작은 열 정도는 못 느낄 것이다.

산화아연과 이산화티타늄(일명 물리적 자외선 차단제)도 광자를 주기적으로 흡수해 열에너지로 변환시킨다. 건강 블로그, 뉴스 기사, 심지어 피부과 의사들도 자외선을 "반사"하거나 "산란"한다고 말한다. 실제로 몇몇 문헌에서는 이 물질들이 자외선을 5퍼센트만 반사하거나 산란시키고 나머지는 흡수한다고 제안한다. 나는 아연/티타늄 선크림의 제형이 여러분의 피부에 화이트 크림치즈를 바른 것처럼 보이기 때문에 이런 혼란이 일어났다고 의심한다. 사람들은 자외선 차단제가 가시광선을 산란시키고(여러분을 마치 크림치즈 위에 올려질 재료를 기다리는 베이글처럼 보이게 하면서) 있기 때문에 분명 자외선도 산란시킬 거라고 추측했다. 그러나 가시광선을 반사하는 성질은 자외선을 반사하는 성질과 거의 무관하다. 같은 물질이라고 해도.

옥시벤존으로 돌아가자. 옥시벤존의 자외선 광자－열 전환 사이클은 **빠르게** 일어난다. 옥시벤존 분자가 원래대로 돌아가는 데 대략 10조분의 1초가 걸린다.˙ 이 말은 옥시벤존의 한 분자가 초당 약 90,000,000,000개의 자외선 광자를 흡수할 수 있다는 의미다. 만약 여러분이 FDA가 권장하는 양의 SPF30 자외선 차단제를 바르면, 여러분은 초당 700,000,000,000,000,000,000,000,000,000개 이상의 자외선 광자들이 여러분에게 충돌했을 때 받는 에너지가 무해하게 소멸하도록 피부 능력을 향상시키는 셈이다.

요약하자면, 우리 인간은 크림처럼 하얗고 끈적이는 액체를 온몸에 발라서, DNA를 손상시킬 가능성이 있는 초당 수억 개의 자외선 광자로부터 오는 에너지를 대부분 무해한 열로 변환시킨다.

혹시나 해서 말하자면, 자외선 차단제는 프랑스 남부의 그 여성에겐 도움이 되지 않았을 것이다. 그녀의 피부를 구울 정도로 가열시킨 광자는 자외선이 아닌 적외선이었으므로 자외선 차단제에 흡수되지 않았을 것이다. 설사 흡수되었다고 해도 그녀는 무려 6시간 동안 햇볕을 쬐고 있었다. 어떤 자외선 차단제라도 그녀를 때리는 광자의 숫자에 이기지 못했을 것이다.

한편으로는 현대의 자외선 차단제는 고대 이집트인들이나 그리스인들이 몸에 바른 점토, 광물, 또는 모래와 기름의 혼합물과 그리 멀지 않다. 그러나 또 다른 면에서 현대의 선크림에는 우리의 정신을 미혹하는 화학적 마법이 있다.

˙ 다음과 같은 질문을 할 수 있다. "이 모든 걸 도대체 어떻게 알아?" 답은 펌프－탐침 분광기pump-probe spectroscopy다. 이 기계는 피코초 시간 단위로 일어나는 일들을 '볼 수' 있다(1피코초는 광자가 3분의 1밀리미터를 이동하는 데 걸리는 시간으로, 약 1조분의 1초다).

우리 인류는 지금 당장 잘했다고 서로의 등을 토닥여야 한다.

하지만 우리의 작은 마법 속임수가 실제로 효과가 있을까?

이것은 단순히 철학적인 질문이 아니다. 실용적인 질문이다. 여러분의 피부과 의사가 단식투쟁을 하겠다고 협박해서 어쩔 수 없이 화장품 가게에서 선크림을 하나 산다고 가정해보자. 어떤 제품을 고를 것인가? 선크림 진열대 앞에서 몇 시간을 보낸다고 해서 여러분을 탓할 사람은 없을 것이다. 멍하고, 혼란스럽고, 압도당했을 테니.

여러분 때문이 아니다. 자외선 차단제는 여러분이 직면할 가능성이 있는 것들 중에서 가장 이해할 수 없는 성분 표시가 되어 있다. 대표적인 예는 다음의 그림과 같다.*

그렇게 보이지는 않지만 성분 표시에는 실제로 자외선 차단제가 효과 있는지에 대한 실제적이고 철학적인 질문을 알아내는 데 필요한 많은 단서들이 들어 있다.

SPF부터 시작해보자. 메리엄−웹스터와 옥스퍼드 영어사전 모두 SPF를 '자외선 차단 지수'로 정의하고 있다. 우리의 신성한 영어 저장고 2곳 모두 페퍼로니 위에 땅콩버터가 올라간 것보다 더 잘못된 정의를 가지고 있다니. 실제로는 SPF가 '일광화상 차단 지수'를 의미해야 한다(기억하자, 암브레 솔레어는 햇볕이 간절한 유럽인들이 햇볕에 **타지 않고** 피부를 그을릴 수 있도록 발명되었다).

---

* 이 자외선 차단제는 가상의 제품이며, 실제 자외선 차단제와 닮은 것은 전적으로 우연의 일치다.

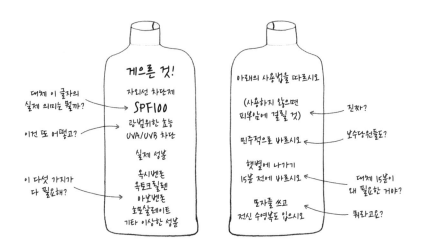

SPF는 좀 이해하기가 힘들다. 가장 먼저 알아야 할 것은 이 수치가 알고리즘으로 나오는 값이 아니라 어딘가에 있는 평범한 의료 건물에서 어떤 불행한 사람이 실제로 측정하는 값이라는 점이다. 연방법이 지시하는 절차는 대략 다음과 같이 진행된다.

1. 백인을 찾는다(피부가 살짝 미색이거나 크림색이어서는 안 된다. 출력 용지처럼 하얀 피부여야 한다).•
2. 스텐실(형판)에서 직사각형 상자 2줄 모양을 뚫어내고 등허리

• FDA에 따르면 자외선 차단제는 "항상 쉽게 타거나" "적정하게 탄다"는 사람이 햇빛에 노출되지 않고 겨울을 보낸 후, 처음으로 30분에서 45분간 햇볕에 노출되면서 시험해야 한다. "항상 잘 그을리거나", "많이 그을리거나", "색소가 깊게 박힌" 사람, 즉 갈색이나 흑색 피부를 가진 사람은 자외선 차단제 테스트를 받을 자격이 없다. 유럽도 비슷한 규제를 가지고 있다. 그렇다고 해서 피부가 어두운 사람들이 햇볕에 타지 않거나 자외선 차단제를 바르면 안 된다는 뜻은 물론 아니다. 피부색이 비슷한 사람들 사이에서도 햇볕에 타는 것에 대한 민감도는 매우 다양하다. 피부가 밝다고 해서 인생이 망했다는 의미는 아니며, 피부가 어둡다고 해서 반드시 여러분이 보호받는다는 의미도 아니다.

위에 놓는다.

3. 직사각형 2줄의 구멍 중 아래쪽 구멍을 통해 아주 정확한 양 (제곱센티미터당 2.0밀리그램)의 자외선 차단제를 등에 바르고 마를 때까지 기다린다.

4. 자외선만 방출하도록 설계된 램프를 이용해 이 백인에게 자외선을 쬐어주면서(스텐실 왼쪽에서 오른쪽으로) 자외선의 양을 점점 늘린다.

5. 하루 기다렸다가, 직사각형 윗줄(자외선 차단제 안 바름)과 아랫줄(자외선 차단제 바름)을 비교해 일광화상을 일으키는 데 얼마나 많은 자외선이 필요했는지 확인한다.

6. 그런 다음 SPF를 다음과 같이 계산한다.

$$SPF = \frac{\text{자외선 차단제를 \textbf{바른} 백인을 일광화상에 이르게 만드는 자외선의 양}}{\text{자외선 차단제를 \textbf{바르지 않은} 백인을 일광화상에 이르게 만드는 자외선의 양}}$$

7. 더 많은 백인들에게 반복 실험을 해서 구해낸 SPF의 평균을 취한다.

이제 만약 여러분이 화장품 가게에서 각각 SPF25와 SPF50짜리 자외선차단제를 손에 들고 있다면, 이 2개의 제품이 어딘가에 있는 실험실에서 **사람에게** 임상실험되었다는 사실과 SPF50이 SPF25 자외선차단제와 비교했을 때 일광화상을 유발하는 자외선을 대략 절반 정도만 통과시킨다는 사실을 알게 된 것이다. 세계 주요 시장의 모든 합법적인 자외선 차단제 제품에서 이 내용은 분명한 사실이다. 자외선 차단제는 햇볕에 타는 위험을 확실히 **줄여준다**는 점에서 정말 효과가 있다.

우리는 실제로 SPF가 무엇을 의미하는지 해석할 때 가끔 어려움을 겪는다. 다음과 같은 말을 들어본 적이 있는가? "자외선이 차단되지 않은 피부가 붉어지기 시작하는 데 20분이 걸린다면, SPF15 자외선 차단제를 사용할 때 이론적으로 피부가 붉어지는 것을 15배인 약 5시간 동안 막을 수 있다." 이것은 **엄밀히 따지면** 사실이지만 불행히도 사람들이 이런 계산을 하도록 유도한다.

내가 화상을 입을 때까지 일반적으로 걸리는 시간 × SPF
= 햇볕 아래에서 피부가 타지 않을 시간! 야호!

자외선 차단제를 바르지 않은 피부가 타는 데 20분 걸린다고 가정해보자. 만약 SPF100짜리 자외선 차단제를 두껍게 바른다면, 여러분은 태양 아래에서 **33시간** 동안 신나게 돌아다녀도 피부가 타지 않을 거라고 생각할지도 모른다. 그건 정말 말도 안 되는 소리다. 그 이유를 살펴보자. 첫째, 여러분은 '보통 내가 타는 데 시간이 얼마나 걸리는지' 모른다. 둘째, 그 숫자는 고정되어 있지 않다. 하루 중 언제인지, 1년 중 어느 계절인지, 여러분이 있는 지구상의 위치, 여러분 발밑에 있는 것(모래? 눈?), 여러분 머리 위에 있는 것(맑은 하늘? 구름?)에 따라 극적으로 변한다. 셋째, 여러분은 성분 표시에 기재된 SPF의

완전한 보호를 거의 받지 못한다. 왜? 많은 이유가 있지만 그중 가장 간단한 것은, 여러분이 공식 검사에 사용하는 만큼을 거의 바르지 않기 때문이다. 피부 제곱센티미터당 2밀리그램이다.

그건 **정말 많은** 양이다. 내가 어느 여름엔가 그렇게 많이 발라보려고 했는데 마치 마가린이 나오는 세차장을 통과한 것 같은 느낌이 들었다. 이 때문에 권장량의 절반 이하를 바르는 경우가 대부분이다. 그리고 여기서 또 다른 오해로 이어진다. 사람들이 자외선 차단제를 **너무 적게** 바른다는 것이다. 이건… 무의미하다. 아무도 빵에 버터를 얼마나 발라야 하는지 말해주지 않는다. 그냥 적당하다고 느낄 만큼 바른다. 자외선 차단제도 마찬가지다. '적당하다는 느낌'이 든다면 아마도 FDA가 요구하는 양의 절반 정도일 것이라는 사실을 명심하라. 사실 이것이 자외선 차단제 용기에 자주 덧바르라고 쓰여 있는 이유다. 여러분이 처음에 '충분한 양을' 바르지 않았다는 사실을 알고 있기 때문이다.

SPF에 대한 또 다른 매우 유명하지만 잘못된 해석이 있다. 일단 10에서 30 사이의 SPF를 넘어서면 별로 정도에 차이가 없다는 것이다. 이 신화는 〈뉴욕 타임스〉와 〈컨슈머 리포트〉, 브리태니커 백과사전 웹사이트와 동료 평가를 거친 피부과 의사들의 논문에도 실려 있다. 그리고 모든 사람의 추론이 매우 비슷하다. 이는 일광화상을 유발하는 자외선의 몇 퍼센트가 다양한 SPF의 자외선 차단제에 흡수되는지 보여주는 표를 기반으로 한다.

SPF	자외선 차단제에 흡수되는 일광화상 유발 자외선의 백분율
1	0%
15	93.3%
30	96.6%
50	98.0%
100	99.0%

긍정적인 사람들은 위의 표를 보고 다음과 같은 문장을 쓴다.

"SPF15는 자외선의 93퍼센트를 차단하고 SPF30은 97퍼센트를 차단한다. 단 4퍼센트 차이일 뿐이다. (…)"

이 문장은 해산물 파티에 나온 미트로프(곱게 다진 고기와 야채를 빵 모양으로 빚어 오븐에 구운 요리—옮긴이)보다 더 잘못되었다. 그 이유를 알아보기 위해, 내가 여러분에게 '방탄조끼'를 몇 벌 팔았다고 치자. 조끼 A는 93퍼센트의 총알을 막아내고 조끼 B는 97퍼센트의 총알을 막아낸다. 두 조끼가 총알을 막는 정도는 4퍼센트 차이밖에 나지 않는 것 같지만, 다르게 생각해보라. 만약 누군가가 여러분에게 총을 100번 쏘았는데 여러분이 조끼 B를 입고 있었다면, 여러분은 총알 3발을 맞았을 것이고 조끼 A를 입고 있었다면 7발, 즉 조끼 B의 **2배 이상**을 맞았을 것이다. 광자도 같다. 자외선 차단제에 의해 **차단된**

광자의 수는 전혀 상관이 없다.

중요한 것은 얼마나 많은 광자가 **통과하느냐**다.

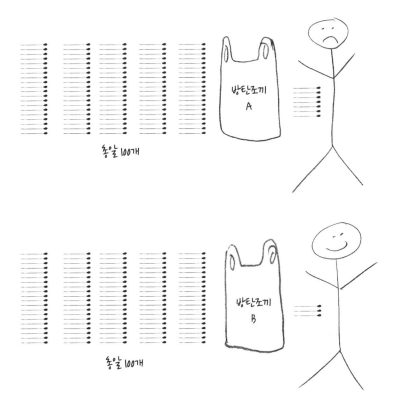

이 점을 염두에 두고 앞의 표에 열을 하나 추가해보자.

SPF	자외선 차단제에 흡수되는 일광화상 유발 자외선의 백분율	자외선 차단제를 통과하는 일광화상 유발 자외선의 백분율
1	0%	100%
15	93.3%	6.7%
30	96.6%	3.4%
50	98.0%	2.0%
100	99.0%	1.0%

자. 이제 우리는 서로 다른 2개의 SPF가 어떻게 관련되어 있는지 훨씬 더 잘 알 수 있다. SPF100은 SPF50보다 화상을 유발하는 광자를 2배 더 많이 흡수하고, SPF30은 SPF15보다 2배 더 많이 흡수한다 (물론 같은 양의 자외선 차단제를 바른다고 가정할 때).

그렇다면 여러분은 가능한 한 가장 높은 SPF를 선택해야 하는가? 2000년대 후반의 자외선 차단제 제조업체들은 확실히 그렇게 생각했다. 그들은 계속해서 더 높은 SPF를 가진 자외선 차단제를 만들어 서로를 능가하려고 노력했다. 나는 찾을 수 있는 한 가장 높은 SPF를 선호하는 경향이 있지만, 이것이 확실하게 두루 적용될 수 있는 접근법은 아니다. 여러분이 엄청나게 높은 SPF의 자외선차단제를 사용하지 않으려 할 수 있는 정당한 이유가 있다. 낮은 SPF의 자외선 차단제를 사용하면 심리적으로 자신을 속여서 덧바르도록 하는 좋은 방법이 될 수도 있으니까.

잠깐, 뭐라고?

논리는 이렇다. SPF가 1조 정도 되는 자외선 차단제를 바르면, 여러분은 "오, 이거면 하루 종일 나를 100퍼센트 보호해줄 수 있는 충분한 양이니, 한 번만 바르면 되겠다!"라고 생각할 것이다. 속상하게도 그건 사실이 아니다. SPF가 얼마든 간에 모든 자외선 차단제는 시간이 지나면 해변에서의 활동에 의해 씻기거나, 수건으로 닦이거나, 땀에 희석될 것이다. 따라서 하루 종일 햇볕을 쬐려면* 덧발라야 한다. 하지만 만약 여러분이 SPF30짜리를 사용한다면 완벽하게 보호받는다고 느끼지 않을 것이고, 따라서 하루 종일 계속해서 덧바를 것이다.

이쯤 되면 여러분도 자외선 차단제 성분 표시에 "햇볕에 노출되기 15분 전에 바르라"고 쓰여 있다는 것을 눈치 챘을 수도 있다.

왜일까?

왜냐하면 자외선 차단제는 보습제가 아니기 때문이다. 여러분도 자외선 차단제를 피부의 가장 바깥층 안쪽까지 문지르고 싶지는 않을 것이다. 여러분이 원하는 바는 자외선 차단제가 피부 위에 보호 장벽을 형성하는 것이다. 따라서 평생 배운 모든 것과 반대로, 자외선 차단제를 바르는 올바른 방법은 피부 표면 위에 아주 가볍게 펴 바른 후 건조시키는 것이다. 자외선 차단제가 건조되면서 피부 바깥층에 딱 붙는다. 이것이 바로 15분의 대기 시간이 필요한 이유다. 자외선 차단제를 바르고 곧바로 옷을 입으면 피부 바깥층에 고정될 기회가 생기기 전에 본의 아니게 닦아낼 수도 있다.

* 근데 이러면 안 된다. 여기에 대해서는 뒤에서 좀 더 살펴보겠다.

✳

그래서 자외선 차단제가 효과 있냐고?

자외선 차단제는 확실히 햇볕에 타는 위험을 **줄여준다**. 그건 명백하다. 왜냐하면 모든 상업용 자외선 차단제의 SPF는 자외선 차단제를 바른 사람이 일광화상을 입을 때까지 얼마나 오랜 시간이 더 필요한지를 관찰해서 계산되기 때문이다.

하지만 피부암에 관해서라면 상황이 좀 복잡해진다.

피부암에는 기본적인 유형이 두 가지 있다. 흑색종과 비흑색종이다. 거의 모든 피부암은 비흑색종이며, 이는 편평상피세포암(SCC)이나 기저세포암(BCC)으로 더 세분할 수 있다. 만약 여러분이 피부암에 반드시 **걸려야만 하는데** 그 유형을 선택할 수 있다면, BCC를 선택하라. 진행이 매우 느리고 거의 퍼지지 않는다. 반면에 흑색종은 훨씬 더 심각하다. 피부암 환자 중 극소수를 차지하지만 사망자의 대부분을 차지한다.

우리는 태양이 피부암을 **유발한다**는 사실을 절대적으로 알고 있다. 문제는 자외선 차단제를 사용하는 것이 피부암을 **방지하는가** 하는 것이다. 직관적으로, 우리는 자외선 차단제가 일광화상을 유발하는 자외선 광자를 흡수한다고 알고 있다. 그러나 암 연구자 존 디조반나John DiGiovanna는 "자외선 차단제는 갑옷이 아니다. 햇볕을 너무 많이 쬐면 소용이 없을 수 있다"라고 말한다. 여러분이 수영장에 가득 찰 만큼의 자외선 차단제를 모두 바르지 않는 한, 태양 광자의 일부는 여러분의 피부에 확실히 침투할 것이다. 이것이 FDA가 제조업자에게

'선블록sunblock'이라는 단어를 사용하지 못하게 하는 이유 중 하나다. 하지만 또 다른 이유도 있다.

1. 광자는 서로 다른 에너지를 가지고 있고,
2. 서로 다른 에너지 광자는 피부에 다른 일을 할 수 있으며,
3. 다른 자외선 차단제는 다른 에너지의 광자를 다르게 차단할 수 있다.

이해가 잘 안 된다. 자세히 뜯어서 살펴보자.

1932년 코펜하겐에서 제2차 국제빛회의the Second International Congress of Light가 열렸다. 이름만 들으면 무슨 일루미나티 비밀 모임인 것 같다. 여기서 많은 물리학자들이 술에 취해 자외선을 임의로 나누었다. 여러분은 이미 이 제멋대로인 분류를 본 적이 있을 것이다. UVA와 UVB라고 불린다. 아마도 여러분이 피부과에 가면 의사가 대략 이렇게 설명했을 것이다.

UVA는 주름살을 유발한다(그리고 다른 암도).
UVB는 햇볕에 타는 것을 유발한다(그리고 몇몇 암도).

정확한 사실은 아니고, 우리의 목적을 위해 완전 단순화한 것이다. 초기의 자외선 차단제는 UVB 광자를 매우 잘 흡수하고 UVA 광자를 잘 흡수하지… 못했다. 이 자외선 차단제를 '좁은 스펙트럼'이라고 부를 수도 있다. 그리고 좁은 스펙트럼은 일광화상을 일으키는

UVB 광자를 막는 데 효과적이지만, 태양의 광자 공격에 대한 더 광범위한 보호를 위해서는 UVA 광자도 흡수할 필요가 있다. 이것이 바로 자외선 차단제에 쓰여 있는 **"광범위한 효능"**이다.

FDA는 SPF15 이상의 모든 자외선 차단제가 테스트를 통과하면 "태양으로 인한 (…) 피부암의 위험을 감소시킨다"고 말할 수 있도록 허용하고 있다. 그 주장에 대한 증거가 뭐냐고?

음…

글쎄…

인정하기가 약간 민망하지만, 지금까지 자외선 차단제가 피부암의 위험을 줄일 수 있는지를 실험한 무작위 통제 실험은 사실 **단 한 번** 뿐이었다. 그리고 그 실험은 대부분 흑색종이 아닌 피부암에 초점이 맞춰져 있었다. 자외선 차단제는 편평암이나 기저세포암에 걸린 **사람의 수**를 줄이거나 늘리지는 않았지만, 1인당 편평세포암 **종양의 수**를 줄인다는 사실을 발견했다. 나는 이 실험을 변호하는 입장에서 두 가지 요인을 지적하겠지만, 아마도 여러분이 바라는 완벽한 증거는 아닐 것이다.

첫째, 이 실험은 1990년대에 시행되었는데, 그 말은 꽤 오래전의 자외선 차단 기술을 사용했다는 의미다. 현대적인 자외선 차단제로 실험을 다시 한다면 더 극적인 결과를 기대할 수 있을 것이다. 둘째, 실험의 대조군이 자외선 차단제를 사용하지 못하도록 막지 못했다. 아마 비윤리적이었을 것이다. 그들은 자외선 차단제를 사용할 수 있도록 허용되었지만, 자외선 차단제를 다량 사용한 실험군보다는 덜 사용했다. 대조군 사람들이 자외선 차단제를 사용하지 못하게 했다

면 더 극적인 결과도 기대할 수 있었을 것이다.[*]

흑색종은 어땠냐고? 다시 한 번 말하지만, 여기 있는 증거는… 그다지 이상적이지 않다. 성인의 흑색종에 대한 유일한 무작위 통제 실험은 사실 우리가 방금 말한 실험의 연속이었다. 이 실험과 몇몇 코호트 연구들 모두 자외선 차단제가 보호 효과를 가지고 있음을 시사한다.

흑색종 비율에 대한 자료는 다소 역설적이다. 전 세계의 많은 백인들이 자외선 차단제를 사용하지만 흑색종 비율은 감소하지 않았고 심지어 평탄하게 유지되지도 않았다. 사실, 지난 30년 동안 **3배로** 증가했다. 자외선 차단제가 피부암을 막아준다면 흑색종 발병률이 높아지는 이유는 무엇일까?

하나의 가설은, 사람들이 스스로 피부를 그을리고 태우는 것을 예전보다 더 즐기기 때문에 자외선 차단제를 사용하더라도 예전보다 훨씬 더 많은 햇빛에 자신을 노출시킨다는 것이다. 이 가설에서 흑색종 비율은 사람들이 자외선 차단제를 사용하지 않는다면 훨씬 더 높을 것이다.

하지만 또 다른 가설이 있다. 필리프 오티에Philippe Autier라는 프랑스 연구원이 발전시킨 가설인데, 논란에 휩싸여 있다. 오티에는 일광욕을 좋아하는 백인들이 자외선 차단제를 사용하면 실제로 전체 자외

---

[*] 이렇게 했다면, 대조군에 속한 사람들이 암에 더 많이 걸리게 되는 극적인 결과를 낳았을 것이다. 그러면 여러 면에서 좋지 않은 실험 설계였을 것이다. 첫째로 그리고 가장 명백하게, 사람들이 암의 위험을 줄일 수 있는 무언가를 사용하지 못하게 막는 것은 비윤리적이다. 둘째로, 그렇게 했다면 실험 결과가 더 좋아 보일 수는 있었겠지만 실험이 아예 이루어지지 않았을 때보다 암에 걸린 사람이 더 많아졌을지도 모른다. 마지막 셋째로, 자외선 차단제의 실제 효과를 바꾸지 못했을 것이다. 자외선 차단제가 할 수 있는 일은 대조군보다 더 나아 보이게 하는 것뿐이었다.

선 노출이 증가된다고 믿는다. 그의 생각은 이렇다. 백인들은 햇볕을 쬐면서 일부러 몸을 노출시키는 것을 좋아하지만, 타는 것은 좋아하지 않기 때문에 초고농도 SPF 자외선 차단제를 구입한다. 이 차단제는 햇볕에 타는 대부분의 광자를 효과적으로 흡수한다. 하지만 햇볕에 타지 않기 때문에, 이 백인들은 차단제를 바르지 않았을 때 자신들의 몸이 허락했을 수준보다 훨씬 더 오랫동안 햇빛에 노출되고, 오티에는 이것이 흑색종을 일으킬 수 있다고 믿는다.

기본적으로 오티에는 자외선 차단제가 여러분의 몸에서 생화학적으로 내보내는 "당장 그 햇볕에서 벗어나!" 경보를 우회하게 만들어, 햇볕 노출을 과다하게 만들 수 있다고 생각한다. 심지어 미국에서 법률에 의해 요구되는 자외선 차단제를 덧바르라는 권고는 "아마도 일종의 권력 남용"이라고까지 말한다.

꽤 거친 의견이다.

하지만 이 의견이 우리에게 남기는 것은 무엇일까?

자외선 차단제 전문가 브라이언 디페이_{Brian Diffey}가 내게 말했듯이, 자외선 차단제는 우리에게 "딜레마"를 남겨준다. 한편으로 자외선 차단제가 피부암을 예방한다는 증거는, 예를 들어, 새로운 항암제에 대한 증거만큼 강력하지 않다. 그러나 또 한편으로 우리는 태양으로부터 나오는 광자가 피부암을 유발한다는 사실을 알고 있으며 너무 많은 태양빛을 받으면 우리 몸이 제대로 대응하지 못한다는 사실도 알고 있다.

그래서 얻을 수 있는 교훈은 뭐냐고? 기본적으로는 이것이다. 가급적 자외선 광자에 맞지 않는 편이 좋다. 나는 햇볕에서든 인공적으로든 재미로 피부를 태우지 않고, 밖에 있을 때는 그늘에 머물려고 한다. 그러면 나는 뱀파이어처럼 태양을 피해야 한다는 말일까? 절대로 아니다. 우리 모두는 비타민 D(음식으로부터 충분히 섭취하지 못한다고 가정할 때)를 만들기 위해 기준 수준의 자외선이 필요하다. 게다가 어떤 때는 햇볕을 받으면 아주 기분이 좋아진다.

만약, 어떤 이유에서인지 오랫동안 햇볕을 쬐어야 한다면, 자외선 차단제를 발라야 할까?

내 의견은… 물론이다. 자외선 차단제는 피부 속 분자와 상호작용하는 자외선 광자의 수를 줄여줄 것이고, 그러면 피부암의 위험을 줄일 수 있을 것이다. 그러니 자외선 차단제를 바르자. 하지만 나는 모자를 쓰는 것도 좋은 생각이라고 본다. 그리고 옷을 입는 것도. 그리고 전신 수영복도 여러분에게 해가 되지는 않을 것이다.

마지막 질문이다. 자외선 차단제를 일상에서 항상 발라야 할까?

이건 좀 더 복잡한 문제다.

자외선 차단제에 들어 있는 화학물질이 몸에 해로울까?

여러분이 그 성분들 중 어떤 것에도 알레르기가 없는 한, 답은 '바로는 아니다'이다. 하지만, 예를 들어 30년 동안 매일 세심하게 자외선 차단제를 발라준다면 어떨까? 만약 여러분이 몇 시간만이라도 자외선 차단제의 안전성을 구글에서 찾아본다면, 엄청나게 충분한 읽을거리를 발견할 것이다. 이 문헌들에 맛보기로 발가락을 담가보

자. 먼저 자외선 차단제의 가장 일반적인 활성 성분인 옥시벤존, 옥티녹산염, 옥토크릴렌, 산화아연, 이산화티타늄에 대한 연구를 검토해보자.

벤조페논-3로도 알려진 옥시벤존은 피부를 통해 스며들어 소변, 모유, 혈류 등에 침투할 수 있으며, 일단 몸 안에 들어오면 호르몬을 흉내 낸다. 옥시벤존과 또 다른 자외선 흡수제인 옥티녹산염에 노출된 동물은 정자 수치가 낮아지고 정자 이상도도 높아지는 것으로 나타났다. 옥시벤존에 노출된 암컷 쥐들은 생리 주기가 무너졌고 일부는 자궁내막증까지 걸렸다. 최근의 연구에서는 옥시벤존 수치가 더 높은 사춘기 소년들의 테스토스테론 수치가 현저히 **낮다**는 사실을 발견했다. 또 다른 연구는 인공수정을 통해 임신을 시도하는 남성들에게서 고농도 벤조페논과 저조한 생식 성공률 사이의 연관성을 발견했다. 거기에 더해서 옥시벤존은 산호 유충의 DNA를 손상시키고 산호초를 백화시키며 결국 죽음까지 초래하는 것으로 나타났다. 하와이는 2019년 옥시벤존과 옥티녹산염을 모두 금지했으며, REI(스포츠 용품, 캠핑 장비, 여행 용품을 파는 미국 회사—옮긴이)는 2020년까지 옥시벤존이 들어간 자외선 차단제 판매를 중단하겠다고 약속했다.

그러나 옥시벤존과 옥티녹산염만 피하면 위험에서 벗어날 거라고는 절대 믿지 마라. 인터넷에 따르면 미국에서 사용이 허가된 자외선 필터 13개 중 8개가 남성의 정자세포에서 칼슘 신호에 영향을 미치는 것으로 나타났다. 또 다른 자외선 흡수제인 호모살산염은 피부

---

* 하지만 이 결과는 테스토스테론이 많은 운동선수들이 자외선 차단제는 쪼다들이나 바르는 거라고 생각하기 때문일 수도 있다! 테스토스테론 수치가 낮고 자외선 차단제를 듬뿍 바른 샌님들의 쌈짓돈이 빼앗기고 있다는 것이다.

를 통한 살충제의 혈액 흡수력을 향상시킬 수 있다. 옥틸메톡시신나
메이트는 새끼 암컷 쥐의 운동 활동을 감소시키는 것으로 나타났고,
4-메틸벤질리덴 캠퍼는 암컷 쥐의 성욕을 감소시키고 초기 근육과
뇌 발달을 저해하는 것으로 나타났다. 옥토크릴렌은 제브라피시의
뇌에서 발달과 신진대사와 관련된 유전자의 발현을 교란시킨다.

그리고 옥시벤존, 아보벤존 대신에 금속 산화물(산화아연과 이산
화티타늄) 자외선 차단제를 사용하면 여러분을 구해줄 거라고 생각하
지 말자. 산화아연과 이산화티타늄 나노입자 모두 쥐의 공간 인식에
영향을 주고, 생쥐의 학습과 기억력을 손상시키며 활성 산소를 증가
시키고, 물고기의 아세틸콜린 에스테라제 활동을 감소시키고, 꿀벌
의 뇌 무게를 감소시키고, 인간의 뇌세포에서 세포 생존력을 감소시
키고, 수컷 쥐의 해마(대뇌 측두엽)에서 산화적 손상을 증가시키며, 제
브라피시의 부화 시간을 줄이고 기형률을 증가시킨다.

또 다른 흔한 자외선 차단제 성분인 파라벤도 (인터넷에 따르면)
내분비계를 교란시켜 생식독성 위험을 높일 수 있는 것으로 나타났
다. 옥시벤존, 벤조페논-4, 아보벤존, 옥틸메톡신나메틸, 옥티살레
이트, 옥토크릴렌 등이 모두 접촉 알레르기와 연관되어 2013년 미국
접촉피부염학회로부터 '올해의 알레르겐'으로 선정되는 불명예를 안
았다. 그리고 건강 블로거 힐러리 피터슨Hillary Peterson이 지적한 바와
같이, 호르몬과 유사하게 행동하거나 호르몬을 파괴하는 프탈레이트
그리고 합성 사향 종류를 포함해서 '향료'라는 이름 뒤에 숨을 수 있는
화학물질 5,000종이 있는데, 이런 물질들은 자외선에 노출되었을 때
세포 손상이나 사망을 일으킬 수 있다.

이제 레티닐 팔미테이트와 그 화학적 사촌인 레티닐 아세테이트, 레티닐 리놀레이트, 레티놀을 생각해보자. 이들의 이름에서 '레티 retin-'라는 부분은 비타민 A를 가리키는데, 비타민 A는 우리 모두가 생존하기 위해 일정량을 먹어야 하고, 화장품 제조업자들이 수년 동안 자외선 차단제(그리고 노화 방지 크림, 로션, 파운데이션)에 넣었던 화학 물질이다(비타민 A는 꽤 괜찮은 항산화제여서 연구 결과 주름을 예방하는 것으로 나타났다). 그러나 불행히도 비타민 A를 과다하게 섭취하면 간 손상, 깨지기 쉬운 손톱, 탈모 등의 원인이 될 수 있으며, 노인의 골 다공증이나 발달 중인 태아의 선천적 골격 결함에 영향을 끼칠 수 있다. 하지만 비타민 A의 독성 중에서도 정말 문제가 되는 것은● 이것이 피부에 퍼진 상태에서 자외선 광자에 맞았을 때 쥐의 피부 종양과 병변의 수가 크게 증가했다는 사실이다. 2010년 비영리 환경 워킹 그룹이 자외선 차단제 500개를 시험했는데 그중 40퍼센트 이상이 비타민 A를 함유하고 있었다. 2019년 기준으로 볼 때 전보다 낮아지긴 했지만(약 13퍼센트) 여전히 들어 있다.

2019년 초 FDA가 이런 우려를 일부 해소했다. 그들은 현재 시판되고 있는 12개의 자외선 차단제 성분(옥시벤존과 아보벤존 포함)이 "GRASE가 아닐 수 있음"을 나타내는 규칙 변경안을 발표했다.

"GRASE가 아닐 수 있음"은 무슨 뜻일까?

GRASE는 "일반적으로 안전하고 효과적이라고 인정된다Generally

● MIT에 4년간 다니면서 가장 기억에 남는 지식은. 만약 북극곰을 죽이면 그 간을 먹지 말아야 한다는 것이다. 왜냐하면 북극곰 간을 한 번에 다 먹는다면 그 속에는 비타민 A가 말도 안 되게 많이 들어 있어서 여러분이 죽을 수도 있기 때문이다.

Regarded As Safe and Effective "는 뜻의 약어지만, 이 문장에서 더 중요한 부분은 사실 "그렇지 않을 수도 있다"는 것이다. FDA는 이 12개 성분이 안전하고 효과적인지 여부를 결정할 충분한 자료가 없다고 인정한다. 여러분은 합리적으로 다음과 같은 질문을 할 수 있다. **"뭐라고? 이미 한참 전, 자외선 차단제에 이런 성분들이 처음 들어갔을 때 FDA가 알아냈어야 하는 거 아냐?!"**

방금 한 이야기 때문에 FDA가 안 좋게 보일 수 있다. 나도 인정한다. 하지만 그들을 옹호하자면, 사람들이 자외선 차단제를 사용하는 방법은 극적으로 바뀌었다. "옛날"에는 해변에서 하루 종일 햇볕을 쬐려고 할 때에만 발랐다. 한 해에 몇 주 정도였을 것이다. 이제 회사들은 여러분이 매일 사용해야 할 제품 목록에 자외선 차단제를 포함시킨다. 그리고 어떤 피부과 의사들은 여러분에게 매일 자외선 차단제로 떡칠을 하라고 한다. 영원히. 여러분이 자외선 차단제 안에 들어 있는 모든 화학물질을 이전보다 훨씬 더 많이 받아들이고 있다는 의미다. 그러니 FDA의 반응은 이렇다. **"이런, 바보 같으니! 우린 수년 동안 이 화학물질에 매일 노출되는 것이 어떤 영향을 미치는지 모른다고."** 하지만 FDA는 두 가지 물질의 경우 화학적으로 GRASE라고 선언하기에 충분한 정보가 있다고 판단했다. 산화아연과 이산화티타늄 2명은 자랑스럽게 배지를 착용할 수 있다.

이런, 선반 위에 놓인 별다를 것 없어 보이는 용기 하나일 뿐인데 걱정할 게 왜 이리 많은지! 여러분이 화장품 가게에서 자외선 차단제를 살까 말까 고민할 때 머릿속에서 굴려봐야 할 모든 지식을 파악할 수 있도록, 유용한 걱정 다이어그램을 제공하겠다.

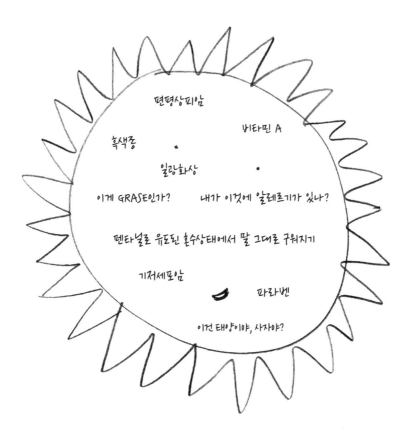

전부 작은 제품 하나에 대한 걱정이다.

자외선 차단제를 사용할지 말지는 입에 무엇을 넣을지, 폐에 무엇을 들이마실지, 몸에 무엇을 바를지 등등 우리가 매일 하는 1,572개 선택 중 하나일 뿐이다.

자, 충분히 오랫동안 음식 이야기에서 떨어져 있었다. 여러분이 게으른 일요일을 시작할 때와 같은 길을 밟으며, 다시 음식으로 돌아가자. 뜨겁고 김이 나는 커피 한 잔과 함께.

3부

그래서 치토스를 먹으라는 거야, 말라는 거야?

"먹으렴."

_어떤 과학 연구 결과

"안 돼."

_다른 과학 연구 결과

6장

커피는 불로장생의 영약인가, 악마의 피인가?

커피, 요리책,
타피오카 푸딩, 감자튀김,
쿠키 부스러기에 대하여

만약 여러분이 1980년대 중반에 살면서 뉴스를 들었다면, 커피는 정말로 해롭다고 생각했을 것이다.

"커피를 마시는 것과 여성의 심장병이 관계가 있다"
"커피가 폐암의 원인일 가능성이 있다"
"커피 5잔이면 위험이 3배"
"연구: 커피 마시는 사람은 암 발병 위험이 높아진다"
"연구 결과 커피는 심장병의 위험을 2배로 높일 수 있다"

하지만 〈연합통신〉에서 다음과 같은 기사를 1986년 초에 발표했다.

"연구 결과 커피는 심장병의 위험을 높이지 않는다."

휴우. 하지만 몇 년 후인 1989년, 또 다른 기사가 나왔다.

"디카페인 커피도 위험하다."*

1990년에도 무서운 헤드라인은 계속되었다.

"커피 2잔만 마셔도 사망 위험이 높아진다"
"커피는 심장을 위험에 빠뜨린다"

위의 기사가 발표된 건 1990년 9월 14일이었다. 그리고 **딱 28일 이 지나고 나서** 이런 기사들이 나왔다.

"커피는 심장에 위험하지 않다"
"심장병에 커피가 연관되었다는 의혹은 해소되었다"
"연구 결과 커피는 심장에 어떤 위협도 일으키지 않는다"

하지만 6개월 뒤에는 다시 이런 기사가 발표되었다.

"커피는 심장병의 위험을 높이는 데 관련이 있다"

---

* 디카페인, 너마저?

1년 후, 이 난리가 마침내 정리된 것처럼 보였다.

"커피는 심장병 위험을 높이지 않는다"
"연구 결과 하루에 커피 3잔은 태아에게 위험하지 않다"
"커피는 방광암의 위험을 높이지 않는다."
"커피가 전혀 위험하지 않다고 연구로 증명되다"

이제는 이 지겨운 게임이 끝났다고 생각했겠지만, 아니다. 마지막 헤드라인이 발표된 지 정확히 22일 후에, 커피는 다시 여러분을 죽이기 시작했다.

"연구: 커피를 많이 마시는 사람은 심장마비에 걸릴 위험이 커진다"

하지만 그 후 25년에 걸쳐 "아, 진짜! 커피 마시지 말라고!"와 "뭐, 아마 별일 없을걸" 사이에서 갈팡질팡하던 논쟁 끝에, 커피는 우리에게 완전히 새로운 충격을 안기기로 했다.

"연구자들: 커피를 마시는 사람은 심장마비의 위험이 낮아진다"

잠깐, 뭐라고? 커피가 사실은 건강에 좋았다고? 그 이후 몇 년 동안의 헤드라인도 커피에 대한 우리의 마음을 결정하는 데 도움이 되지 못했다.

〈젠장!〉"고관절 골절 위험을 줄이고 싶다면? 커피를 덜 마시고 더 걸어라"

〈오예!〉"연구: 커피는 암 발병 위험을 줄인다"

〈젠장!〉"커피를 많이 마시는 여성은 급성심근경색의 위험이 높아진다"

〈오예!〉"커피는 미국 여성들의 관상동맥 심장병에 중요한 위험 요인이 아니다"

〈오예!〉"커피를 마시면 자살 위험이 줄어든다는 연구 결과가 있다"

〈젠장!〉"커피를 많이 마시는 사람은 고혈압으로 진행될 위험이 커진다"

〈젠장!〉"콜레스테롤 수치가 높아지는 것도 커피 양에 비례한다"

〈오예!〉"커피는 대장암 위험을 낮출 수 있다"

〈오예!〉"커피는 담석증 위험을 낮춘다"

〈젠장!〉"영국에서 커피와 차는 심장병과 연관이 있다"

〈오예!〉"차는 아니고, 커피가 관상동맥성 심장병의 위험을 낮추는 데 연관이 있다"

이 모든 헤드라인은 2000년이 되기 전에 나왔는데, 밀레니엄 이후에는 기사 발표 속도가 빨라졌다. 대략적인 수치를 알아보기 위해서 렉시스Lexis Nexis(문서 검색 상업 데이터베이스)에 2000년부터 2019년까지 신문과 온라인 뉴스의 건강 섹션에서 "커피"와 "위험"이 들어가고 "증가" 또는 "감소"가 들어가는 글을 검색한 결과, "증가"에 대한 기사 2,475개와 "감소"에 관한 기사 615개를 찾았다. 기사들 중 절반 정도는 관련이 없다고 보고 나머지 절반은 같은 결과를 인용했다고 가정해도, 여전히 600개가 넘는 기사는 커피가 여러분의 건강을 위협한다고 하고 150개 이상의 기사는 그 반대라고 주장한다.

이 결과를 본 나의 첫 반응은 이랬다.

나랑

지금

장난

하냐

이건

정말

국가적

수치다.

제발, 과학! 이건 진짜 간단한 질문이라고. 커피가 좋다는 거야, 나쁘다는 거야? 나 커피 마셔도 돼? 나도 연구가 힘들다는 건 알지만, 20년 이상이면 대답을 찾는 데 충분한 시간 아냐?

커피만 이렇게 상충하는 헤드라인을 만들어내는 건 아니다. 2016년 스탠퍼드 의과대학의 두 과학자가 《보스턴 요리학교의 요리책The Boston Cooking-School Cook Book》에서 무작위로 요리 재료 50개를 뽑아서 각 요리 재료와 암의 관계를 연구한 문헌을 샅샅이 조사했다(이 재료들은 보름달 뜨는 날에 수유하는 염소의 젖통에서 흐르는 땀처럼 이상야릇한 재료들이 아니라 달걀, 빵, 버터, 레몬, 당근, 우유, 베이컨, 럼주처럼 지구상에서 흔하게 얻을 수 있는 것들이다). 그중에서 연구가 10개 미만인 재료들을 제외하니 20개의 재료들이 남았고 20개 중에서 오직 **4개만이** 서로 일치하는 연구결과를 나타냈다. 결국 20개 중 80퍼센트의 재료는 하나 이상의 모순되는 연구 결과가 발표된 적이 있고 그중 와인, 감자, 우유, 달걀, 옥수수, 치즈, 버터 그리고 우리의 커피는 **여러 개의** 모순되는 연구 결과를 나타냈다. 통계학자이자 언론인인 레지나 누조Regina Nuzzo는 이 결과를 "당근과 채찍 뉴스"라고 불렀다.

정치인들이 마음을 한 번만 바꿔도 열 받는데 과학이 음식 하나에 대한 판단을 열두 번도 넘게 바꾼다는 게 말이나 되는 일이냐고!

자자, 신사 숙녀 여러분. 이 시점에서 학문 하나를 공식적으로 소개할까 합니다. (천사들의 합창 효과음 넣고) 바로 바로 영양역학입니다! 영양역학은 어떤 음식이 여러분을 때 이른 죽음으로 몰고 갈지를 연구하는 학문이며, 음식과 건강에 대한 뉴스 헤드라인 대부분의 근거가 된다.

영양역학은 대부분 오랜 기간에 걸쳐 계획적으로 진행된 코호트 연구들에 기반을 둔 학문이다. 예를 들어 앞에서 언급했던 1950년대의 흡연과 폐암에 대한 연구에서처럼 많은 사람들을 명단에 올리고 그들이 살아가는 모습을 오랫동안 계속적으로 관찰하면서 어떤 질병에 걸리는지를 기록하는 것이다. 이런 연구에서 뽑아내려고 하는 건 **연관성**association인데(상관관계correlation라고도 불리지만 이 책에서 나는 계속 연관성이라는 단어를 사용할 것이다) 흡연에 대한 연구에서 다량의 흡연은 폐암의 위험을 1,000퍼센트 증가시킨다는 연관성을 발견했다. 전형적인 영양역학 연구에서는, 예를 들어 커피를 하루 2잔 마시면 넘어졌을 때 고관절이 골절될 위험이 30퍼센트 증가한다는 결과가 나올 수 있다. 이 결과는 이런 헤드라인으로 발표될 것이다. "커피를 적게 마시고 많이 걸으면 고관절 골절의 위험이 감소된다."

세월이 지나면서 수없이 많은 영양역학 연구들이 진행되었고 연관성이 쌓여갔다. 연관성들이 서로 일치하는 경우도 있지만 커피처럼 전혀 일치하지 않는 경우도 많다. 영양역학 연구에서 나온 연관성들이 선과 악 사이에서 오락가락할 때, 건강 분야 기자들은 오락과 가락을 그대로 따라갔고 그 결과 지금까지 우리가 살펴본 커피에 대한 기사처럼 수많은 "당근과 채찍 뉴스"가 발표되었다.

하지만 항상 그랬던 건 아니었다. 지금부터 과거로 가보자…

시간의 안개를 지나…

무려…

2011년으로.

2011년 버지니아 대학병원, 의사 4명이 어떤 환자를 맡게 되었다. 그 환자는 오른쪽 무릎에 통증이 있었는데, 조금이라도 무게를 실으면 고통이 심해졌다. 만성 피로, 복통, 구토, 설사 그리고 잦은 고열에 시달렸다. 오른쪽 허벅지에는 멍이 있었다. 피검사 결과 요산 수치가 높게 나왔고, 환자의 하반신 MRI를 본 의사들은 최악의 경우인 백혈병을 의심했다. 백혈병 진단을 확인하기 위해서는 환자의 뼈(주로 골반뼈)에 직접 주삿바늘을 꽂아서 골수를 채취하는 골수 생검을 해야 한다. 매우 드물게도, 의사들이 정확히 얼마나 아플지 알려주는 검사이기도 하다. 이 환자의 경우는 골반뼈와 정강이뼈 2군데의 골수를 뽑아야만 했다. 하지만 골수 생검 결과, 암이 아니라 더 이상한 것이 발견되었다. 환자의 골수가 젤리 상태로 변하고 있었던 것이다.

자, 환자에 대해 더 놀라운 사실을 밝힐 차례다. 그 환자는 5살 어린이였다.

어리다는 것 자체가 의학적으로 건강 상태에 문제가 되지는 않지만, 그것은 곧 삶에 대한 기본적인 지식과 나이에서 오는 지혜가 부족하다는 뜻이기도 하다. 의사들이 이 불쌍한 꼬마의 식단을 확인해보자, 아이가 지금까지 다음의 일곱 가지 음식만 먹었다는 사실을 알게 되었다.

· 팬케이크
· 치킨 너겟
· 타피오카 푸딩
· 감자튀김
· 동물 모양 과자
· 바닐라 푸딩
· 프레첼

장장,
3년,
동안을.

이 아이는 3년 동안 과일, 채소, 초록색 잎, 콩류를 비롯해 갈색이 나지 않는 것은 단 하나도 먹지 않았다. 백혈병이 문제가 아니다. 아이가 5살까지 살아 있었다는 것도 놀랍다.

이 5살 환자의 병명이 무엇일지 추측해보자.

힌트를 주자면, 여러분은 이미 이 병명을 들어본 적이 있다.

잘 생각해보고 다음 쪽으로 넘어가자.

괴혈병이다. 소년에게는 괴혈병 진단이 내려졌다. 여러분이 무슨 생각을 하는지 안다. "괴혈병? 선원들이나 걸리는 병 아냐?" 맞다. 약 350년 동안 괴혈병은 바다의 골칫거리였다. 괴혈병 증상은 피로, 관절통, 근육통으로 서서히 나타나지만 점점 심각해진다. 피부 아래에 피로 가득 찬 반점이 생기고, 잇몸에서 자주 피가 나며, 체모가 뱀처럼 꼬이다가 결국에는 죽게 된다. 몇몇 역사학자들은 1500년에서 1850년 사이에 대략 200만 명 이상의 선원들이 괴혈병으로 죽었다고 추정한다.

선원들(뿐만 아니라 이 문제에 관해서는 모든 인간들), 과일박쥐들, 기니피그들만이 매우 예외적이고 불운한 화학 집단에 속해 있다. 이 세 종류의 생물만이 비타민 C를 만들지 못한다. 비타민 C는 철 원자에 여분의 전자를 주어서 소화기관 흡수를 돕고 DNA를 보호한다. 하지만 비타민 C의 가장 중요한 역할은 콜라겐을 합성하는 일련의 화학 반응에 참여하는 것이다. 콜라겐은 우리 몸을 구성하는 단백질의 약 4분의 1에서 3분의 1을 차지하는 단단한 3가닥 나선형 구조 단백질이다. 비타민 C가 있으면 콜라겐은 덜 익은 바나나처럼 단단하지만, 비타민 C가 없으면 익은 바나나, 음… 정확하게는 스무디를 만들려다가 결국 아이스크림을 먹겠다고 마음을 계속 바꾸는 바람에 녹였다가 얼리기를 26번 정도 반복한 바나나 같다. 이것이 전형적인 괴혈병 증상을 만드는 원인이다.

인류 역사의 대부분에 해당하는 기간 동안 우리는 괴혈병에 대해 아무것도 몰랐다. 유럽 의사들이 대략 350년 동안 괴혈병의 원인을 밝히기 위해 노력했지만 실패했다.* 만약 여러분이 괴혈병이나 의학의 역사에 대한 책을 읽어봤다면, 또는 의학 교육을 5분이라도 받은 적이 있다면 이 유럽 의사들에 속하는 스코틀랜드의 외과의사 제임스 린드James Lind에 대해서 들어봤을 것이다. 린드는 1747년 영국 군함에 승선해 선원 12명을 데리고 실험한 결과로 인해 어렴풋이나마 의학을 넘어서게 되었다. 그는 거의 '공짜'로 실험했지만 만약 같은 실험을 현대의 어떤 대학, 정부 또는 세계에서 가장 큰 제약회사가 했다면 수십억 달러의 비용이 들었을 것이다.

린드는 제대로 통제된 실험을 시행했다.

솔즈베리 군함을 타고 항해하는 동안 그는 괴혈병에 걸린 선원 12명을 2명씩 6개 그룹으로 나누었다. 각 그룹에게는 발효 사과술 1쿼트(약 1.14리터), 황산 75방울, 식초 2숟갈, 바닷물 0.5파인트(약 0.3리터), 넛맥** 다량, 오렌지 2개와 레몬 1개씩이 주어졌다. 린드가 여러 가지 처치법을 비교했다는 사실(확실하게 **하나**의 치료법만을 믿고 사용하는 방법과 대조적으로)도 충분히 놀랍지만, 효과적으로 비교된 이 방법들 모두 바로 실제로 적용 가능했다는 점이 더욱 인상적이다. 실험 결과를 확실히 하기 위해 그는 가능한 한 증상이 유사한 선원 12명을 선정했고 모두 같은 공간에서 지내게 했으며 결정적으로 똑같은

---

* 내가 가장 좋아하는 옛날 옛적 이론에 의하면, 괴혈병은 사람이 음식을 완전하게 소화시켜 땀으로 음식물 입자를 배출해야 하는데 바다가 너무 습해서 모공을 막기 때문에 입자 배출이 안 되어 생긴다고 했다. 그래서 땀으로 배출되지 못한 음식물 입자들이 몸에 비정상적으로 쌓이게 되고 사람을 안에서부터 썩어나가게 만든다고. 이 얼마나 중세스러운 이야기인가! 그런데 이런 중세 스러운 생각들 중 어떤 것은 현대에 다시 돌아온다. 예를 들어… 거머리처럼.

** 넛맥은 마녀가 만든 이상한 혼합물처럼, 마늘과 겨자씨, 무 뿌리, 페루의 발삼 나무, 몰약을 섞은 향신료다.

식사를 제공했다. 그다음 무슨 일이 일어났는지 추측해보시라. 오렌지와 레몬을 처방받은 선원들은 6일 만에 완전히 회복했고 발효 사과술을 처방받은 선원들은 약간의 차도를 보였지만 나머지 선원들은 그대로였다. 1747년 6월 17일 군함이 플리머스 항에 도착하면서 린드의 위대한 실험도 끝났다.

오랜 시간 동안 영양학은 다음과 같은 종류의 질병을 연구해왔다.

식사에서 단순한   →   확실하고 (주로)   →   제거했던 화학물질   →   기적적인
화학물질 제거   끔찍한 질병   다시 먹기   회복!

괴혈병은 전형적인 예다. 비타민 C는 단지 원자 20개로 만들어졌고 하루 10밀리그램(이 정도면 병은 피할 수 있지만 국립과학원 의학연구소는 성인에게 하루 75~90밀리그램 섭취를 권장한다)만 섭취해도 느리고 고통스러운 죽음을 피할 수 있다. 원자 72개로 만들어진 비타민 D가 심각하게 부족할 경우 어린이에게 구루병, 통증을 동반한 골연화증을 불러와 바깥으로 휜 다리와 발육 저하 등을 일으킨다. 원자 35개로 이루어진 비타민 B_1이 심하게 결핍되면 심장과 뇌에 모든 문제를 일으키는 각기병에 걸리게 된다. 홍반병(비타민 B_3), 빈혈(철), 갑상선종(요오드=아이오딘), 악성 빈혈(비타민 B_{12}), 안구건조증(비타민 A) 등등 여러 다른 질병들이 이런 단순한 화학물질 결핍으로 생긴다.

이 모든 경우는 (지나고 보니) 믿을 수 없을 만큼 간단한 방법, 즉 음식을 통해 몇 종류의 화학물질을 먹는 것으로 예방할 수 있다.

홍반병을 예방하고 싶은가? 간을 먹으라(비타민 B_3, 나이아신이라

고 한다).

갑상선종을 예방하고 싶은가? 대구를 먹으라(아이오딘).

괴혈병을 예방하고 싶은가? 그럼 오렌지(비타민 C)를 충분히 먹으라.*

다시 말해서 어떤 음식들(그리고 특히 그 음식들에 들어 있는 비타민과 미네랄)은 **문자 그대로** 특정 질병들에 대한 기적의 예방약일 뿐 아니라 치료제가 되기도 한다(이런 이유로 제조업자들이 우유에 칼슘과 비타민 D를 첨가하고 빵에 비타민 B_3를 넣어서 예방 가능한 끔찍한 죽음들을 아주 쉽게 막아낸다). 이런 기적적인 영양학적 치료와 예방법은 의학적으로 가장 효과 있는 치료법들, 말하자면 당뇨병의 인슐린이나 외과 수술의 마취약 같은 최고의 히트작과 같은 지위에 올랐다. 오늘날 우리는 이런 것들을 당연하게 여기지만, 영양학이 인류에 얼마나 큰 영향을 끼쳤는지 알면 놀랄 것이다. 근본적으로, 영양학은 미국의 모든 전쟁 사망자를 합친 것보다 많은 사람들을 죽인 병을 끝냈다. 의사들이 큰일을 보고 나서는 꼭 손을 씻어야 한다는 걸 알아내기 50년 **전에** 말이다. 발전된 세계에서 영양 결핍이 원인인 병으로 수백만의 사람들이 죽는 일은 의학적으로 흔치 않게 되었다.

나는 이것을 침대가 삐걱댈 정도로 짜릿한 1차 과학적 오르가즘(과르가즘)이라 부르겠다.

이 영양학적 '과르가즘'은 우리에게 다음과 같은 단순한 관계를

* 분명히 하자. 웹엠디WebMD(미국의 건강 정보 웹사이트)를 찾아서(우리나라로 치면 네이버 지식인에 검색해서—옮긴이) 자신을 진단하고 치료하지 마라. 만약 자신에게 영양 결핍으로 인한 문제가 있는 것 같다면 의사를 찾아가라. 현대의 영양 결핍은 여러 종류가 복합적으로 나타날 수도 있고 심각한 기저 질환 때문일 수도 있다. 그러니 제발, 스스로 진찰하지 말자.

가르쳐준다.

$$\text{비타민과 미네랄의 심각한 결핍} = \text{끔찍하고 빨리 진행되며 치명적일 수 있는 질병}$$

이 관계는 사실이고 앞으로도 계속 사실일 것이다. 하지만 영양 결핍으로 인한 질병은 미국, 유럽 그리고 나머지 발전된 세계에서는 점점 드물게 일어나므로 이 관계는 대부분의 사람들에게 큰 의미가 없다. 오늘날 우리의 건강에 대한 대부분의 관심사는 괴혈병이나 홍반병 같은 질병이 아니라 심장병, 암, 당뇨병, 알츠하이머(치매) 등등의 만성적인 질환이다. 이런 '요즘' 질병들은 괴혈병과 같은 '옛날' 질병들과는 매우 다르다.

영양 결핍으로 인한 옛날 질병	영양 결핍과 상관없는 요즘 질병
괴혈병, 홍반병, 각기병	심장병, 암
빠른 진행 (몇 달에서 몇 년)	매우매우매우 느린 진행 (수십 년)
비타민이나 미네랄이 부족한 사람은 누구나 걸릴 수 있음	특정한 사람들만 걸림
인생의 어느 시기에나 발병 가능	주로 인생의 후반기에서 발병
끔찍하고 분명한 증상들	초기 증상은 명확하지 않음
즉각적이고 극적인 치료	치료할 수 있지만 결국에는 죽음의 원인이 될 수 있음

내가 애정하는 가설에 의하면(물론 아무런 증거는 없지만), 우리는 영양학적 결핍으로 인한 '옛날' 질병을 넘어선 다음 세대지만 우리의 세계관은 아직 '요즘' 질병을 따라잡지 못하고 있다. 우리는 여전히 영양학적 결핍에 적용하던 인식의 프레임을 사용한다.

$$\text{비타민과 미네랄의 심각한 결핍} = \text{끔찍하고 빨리 진행되며 가끔 치명적인 질병}$$

그리고 여기에서 단어 몇 개를 바꿨다.

$$\text{양파의 심각한 결핍} = \text{암}$$

아니면 이렇게 된다.

$$\text{커피 과음} = \text{심장마비}$$

심지어는 이럴 수도 있다.

$$\text{햄프(대마 씨) 단백질의 심각한 결핍} = \text{권태}$$

특정 음식이 끔찍한 영양학적 결핍에 의한 질병에 기적적인 치료제가 된다는 사실을 알기 때문에, 우리들은 심장병이나 암에도 특정 음식이 기적적인 치료제가 될 거라는 생각을 받아들일 준비가 되어 있다. 불행하게도 '요즘' 질병에 이런 생각을 적용하기에는 큰 걸림돌이 두 가지 있다. 첫 번째로, 대부분의 '요즘' 질병에 대해서 제임스 린드처럼 실험할 수가 없다. 어떤 음식이 암을 예방하는지에 대해 확실한 결과가 나올 만큼 통제된 실험을 오랫동안 지속하기에는 너무 비용이 많이 들 뿐만 아니라 실험 자체가 참가자들에게 고문이 될 것이다(평생 버터를 못 먹고 산다고 생각해보라…). 천천히 진행되어서 어떤 병에 걸렸는지 알아차리기도 어렵고 치료를 시작하기도 전에 환자를 죽게 할 수도 있는 병을 알아내는 것보다, 증상 발현도 빠르고 치료도 빨리 되는 병을 알아내는 것이 훨씬 쉽다. 자외선 차단제를 기억하는가? 똑같은 맥락이다. 빨리 발생하고 즉각 알 수 있는 일광화상을 막는 게 피부암을 예방하는 것보다 훨씬 쉽다.

두 번째 걸림돌은 상대적인 문제인데 다음과 같이 요약될 수 있다. 현대 사회에서 우리가 신경 쓰는 대부분의 건강 문제들은 결정론적인 것이 아니고 확률론적인 것이다.

무슨 소리냐고?

이제부터 알아내보자.

확신하는데, 여러분들이 처음으로 본 화학 반응은 이런 실험이었을 것이다.* 여러분들의 부모님이나 초등학교 선생님이 작은 원통 주위에 흙더미를 쌓고 원통을 빼서 생긴 구멍에 흰색 가루를 넣고 그

* 옮긴이: 미국 학교에서 가장 흔하게 하는 실험. 우리나라와는 조금 다를 수도 있는데 이 책을 보는 독자들도 집에서 해보면 아마 자녀들의 과학에 대한 관심을 엄청 끌어 올릴 수 있을 것이므로 강력 추천한다.

안에 투명한 액체를 붓는 화산 모형 실험. 액체를 붓자마자 흰색 거품이 부글거리면서 부풀어 올라 화산 모형을 흠뻑 적시고 여러분은 화학의 즐거움에 빠져 괴성을 질렀을 것이다. 흰색 거품은 이런 반응을 통해 생성되었다.

$$베이킹 소다 + 식초 = 거품$$

지구상에 10살 아이들이 몇 명이나 있는지 고려한다면 아마 이 화학 반응은 수백만 번 이상 실험되었을 것이다.

자, 질문이다. 이 반응이 일어나지 않는 상황을 본 적이 있는가? 두 성분을 섞고 관찰했을 때… 아무 일도 일어나지 않는다? 절대 그런 일은 없다.[*] 베이킹 소다와 식초 사이의 화학 반응은 간단하고 해가 뜨는 것만큼이나 당연하다. 이게 바로 물리학자들이 말하는 "결정론적"인 상황이다. 다시 말해 내가 만일 여러분에게 현재 일어나고 있는 일(베이킹 소다와 식초가 섞이고 있다)을 말하면, 여러분은 나에게 앞으로 일어날 일(거품이 발생된다)을 얘기할 수 있다.

익숙한 이야기인가? 만약 여러분이 충분한 비타민 C를 섭취하지 않는다면, 괴혈병에 **걸릴** 것이다. 영양학적 결핍에서 비롯된 '옛날' 질병들은 결정론에 더 가깝다.

하지만 이 반응은 어떨까?

---

[*] 만약 이런 상황을 봤다면 아마도 베이킹 소다가 50여 개 주를 거쳐 오다가 변질되었거나 어떤 장난꾸러기가 식초를 물로 바꾸었기 때문일 것이다.

인간 + 치토스 → ?

만약 여러분이 치토스나 다른 초가공식품들을 먹는다면 어떤 일이 생길까? 암에 걸리거나 심장병이 생길까? 치토스에 중독될까?

이 반응은 간단해 보이지만, 단지 우리가 복잡한 상황에 단순한 이름을 붙이기 때문이다. 여러분의 신체에서는, 적어도 우리가 이해하고 있는 바에 의하면, 수십억 개의 분자를 사용하고 생산하는 수천 개의 화학 반응이 일어난다. 초가공식품류를 비롯한 모든 음식은 우리가 예측할 수 없는 방법들로 신체와 상호작용할 수 있을 만큼 화학적으로 복잡하다. 물론 음식에는 마치 인간의 유전자처럼 사람을 병에 걸리게 또는 안 걸리게 하는 데 영향을 줄 수 있는 수많은 성분들이 들어 있다.

이것이 바로 물리학자들이 말하는 "확률론적"인 상황이다. 만약 내가 여러분에게 현재 일어나고 있는 일(사람이 치토스를 먹는다)을 얘기해도 여러분은 내게 미래에 일어날 일에 대해 확신 있게 말할 수 없다. 여러분이 할 수 있는 최선은 나에게 어떤 일이 발생할지에 대해 확률을 근거로(예를 들어, 사람이 평생 살아가면서 암에 걸릴 확률은 38퍼센트라는) 이야기하는 것이다.

여러분이 길에서 마주치는 아무에게나 가서 "하늘은 파란색인가요?" 같은 간단한 질문을 한다고 가정해보자. 여러분이 들을 수 있는 대답은 "네", "가끔은요", "꺼져", "파랗네요", "보라색인걸요", 아니면 "고양이다!"처럼 그 순간의 실제 하늘 색깔, 대답하는 사람의 기분, 상대방이 얼마나 질문에 대해 깊게 생각하는지, 정신이 온전한지 아닌지 등등 여러분이 질문을 하기 전에는 예측이나 상상을 하지 못했던 여러 가지 변수들로 인해 다양하다. 만성적인 '요즘' 질병도 이와 비슷하다. 겉으로 드러나거나 혹은 전혀 드러나지 않는 여러 요인들에 의해 발생한다. 확률론적인 질병들은 대부분 위험하다. 만약 여러분이 담배를 피운다면, 폐암에 걸릴 위험이 급격하게 증가하지만 반드시 걸린다고 보장할 수 있는 건 아니다.

아마도 어느 날 인류는 모든 사람들의 신체와 모든 음식들에 대한 자세한 화학적 지도를 갖게 되어 특정한 사람의 신체에 어떤 병이 발생할지, 마치 베이킹 소다와 식초를 섞었을 때처럼 확실하게 예측할 수 있게 될 것이다. 하지만 그 '어느 날'은 우리가 죽고 나서 아주 오랜 시간이 흐른 뒤에나 올 것이다. 현재 가능한 것에만 집중을 해보자면 유감스러운 진실이 드러난다. 화학물질들과 인간의 몸이 연관된 거의 모든 중요한 질문들(초가공식품이 암을 일으킬까? 커피는 우리를 오래 살게 해줄까? 자외선 차단제는 피부암을 예방할까?)에 대한 대답은 "그럴 수도"와 "아닐 수도" 사이의 어딘가에 위치한다. 흡연처럼 연구 결과가 드물게 우리의 얼굴을 강타하는 경우도 있지만, 자외선 차단제처럼 대부분의 연구 결과들은 대단하지도 않고 확실하지도 않다.

여기서 궁금증이 생긴다. **어떻게 과학자들은 대단하지도 확실하지도 않은 결과를 평가하는 걸까?** 더 중요한 부분은 이것이다. 여러분은 이런 결과를 믿고, 식단을 바꿀 마음이 있는가?

1장으로 돌아가 보자. 우리는 1장에서 신문 헤드라인이 될 만한 초가공식품들과 질병 사이의 몇몇 연관성을 보았다. 초가공식품은 과민성 대장증후군, 비만, 암 그리고 죽음까지 이르게 할 위험과 높은 연관이 있다. 흡연과 폐암 사이의 관계에 비하면 초가공식품들이 얽힌 관계들은 그다지 극적이지 않지만, 그렇다고 담배가 1960년대에 받았던 철저한 조사를 초가공식품들은 받을 만하지 않다는 의미는 아니다.

그러므로 우리는 그때 과학자들이 했던 것과 똑같은 질문을 해야 하는데, 여기서는 가장 중요한 핵심 사항으로 요약하려 한다. 앞으로 여러분들이 어떤 두 가지 사이의 관계에 대해 읽을 때 다음의 질문이 여러분의 머리에 떠올라야만 한다.

"이 연관성이 합리적인가?"

만약 두 가지가 합리적으로 연관된다면 그다음에 나올 논리적인 질문은 이것이다.

"둘 중 하나가 다른 것의 **원인**이 되는가?" 다르게 말하면, "이 관계가 우연한 것인가?"

예를 들면 이렇다. 초가공식품과 암과의 연관성은 **합리적**인가?

만약 그렇다면, 초가공식품을 많이 먹으면 암에 걸리는가?

이 두 가지 질문에 대한 대답을 찾기 위해 우리는 많은 세부요소들을 철저히 조사해야만 한다. 또한 그러기 위해, 영양학적인 결핍에 의한 '옛날' 질병들이 있던 편안한 시절을 떠나 진짜 세상으로 돌아가야만 한다.

여러분도 나와 같은 방식으로 과학을 배웠을 것이다. 과학의 성공에 대해서만 배운 것이다. 지금부터 실제를 배워보자. 인류가 지난 몇 세기 동안 만들어낸 물질들은 거의 모두 과학 덕분이다. 만약 우리가 인간들로부터 지구를 구해야 할 때에도 대부분의 방법을 과학에서 찾아야 할 것이다. '내가 어떤 음식을 먹어야 할까?' 또는 '어떤 건강 정보를 신뢰할 수 있을까?' 등의 질문에 대한 대답을 찾기 위해서도 과학을 이해해야 하지만, 역설적이게도 우리가 과학을 배운 방법은 정말로 **비과학적**이다. 고등학교 화학 수업 시간을 기억하는가? 아마도 건성으로 주기율표를 외우고, 만약 운이 좋은 편이었다면 '실험' 시간이 있었겠지만 그마저도 몇몇 화학물질을 섞거나 가열하는 게 전부였을 것이다. 화학을 이렇게 배우는 것은 요리할 때 무턱대고 레시피를 따르는 것과 같다. 이 방법도 나쁘지는 않지만(중요한 손기술을 터득할 수 있고 결국 음식이 나오긴 하니까) 이렇게 해서 셰프가 될 수는 없다. 이 레시피가 어떻게 만들어졌는지에 더 많은 관심을 가져야 한다. 어떤 시도를 했나? 무엇 때문에 이런 맛이 나지? 무엇이 실패일까? 왜 실패했지? 그 실패로부터 사람들이 배운 건 뭘까?

불행하게도 우리들 대부분이 과학에서 가장 중요하다고 배운 것은 노벨상 수상자들, 고전 실험들, 세상을 바꾼 이론들이다. 마치 요리를 배우는데 "제이미 올리버의 레시피를 따르시오"라고 가르치는 것과 같다. 다르게 말하면 여러분은 생각을 할 필요가 없었다. 다시 한 번 말하지만, 이 방법 자체가 나쁘지는 않다. 진짜 나쁜 건 거기에서 멈추는 것이다. 영양학이나 다른 과학적인 주제를 정말로 이해하기 위해서는 그 장점과 단점을 정확하게 인식하는 방법을 배워야 한다. 실수를 찾아내는 방법과 논리적으로 대상을 분리하는 방법을 배워야 한다. 대안이 될 수 있는 설명을 찾아내야만 하고 상대의 약점을 알아채야 한다. 요약하면, 여러분은 사람들에게서 최고의 장점을 이

끌어낼 줄 알아야 하면서 동시에 약간 재수 없는 놈이 될 줄도 알아야 한다.

걱정하지 마시라, 이 과정도 진짜 재미있으니까.

합리적 연관성을
찾아 떠나는 수학 동화

거인족, 전용 비행기,
움푹 파인 웅덩이, 올리브유,
전갈자리, 산타클로스에 대하여

빌어먹을 과학 여행의 첫 번째 목적지는 다음의 질문에 깊게 빠져보는 것이다. "이 두 가지는 합리적으로 연관되어 있는가?" 솔직하게 말하자면, 나는 최근까지 이 질문에 대해 단 0초도 생각해본 적이 없다. 그냥 아이비리그의 멋진 직함을 가진 과학자들이 한 연구라면 당연히 합리적일 것이라고 생각했으니까.

알고 보니 순진한 생각이었다. 최고의 아이비리그 과학자들이 한 연구도 자세히 살펴보면 합리적이지 않을 때가 있다. 합리적이지 않다는 게 대체 정확하게 어떤 뜻이냐고? 애석하게도 그 단어의 명확한 정의는 없다. 좀 쉽게 비유하자면 합리적인 관계를 설정하는 건 잦은 지진으로 웅덩이가 많이 파인 길을 흙탕물 안 튀게 조심히 운전해서 지나가는 것과 비슷하다. 왜 이 과정이 어려운지 이해가 가는가? 실제로 그런 길을 지나가려면, 길보다 웅덩이를 설명하는 게 훨씬 쉽다. 그러므로 이제 돋보기를 들고 셜록 홈스처럼 웅덩이를 조사해보자.

첫 번째 웅덩이: 가짜. 돋보기 필요 없음. 과학자들은 문자 그대로 쓰레기를 만들어내고 논문으로 발표할 수 있다. 다행히도 이런 경우는 극히 드물다.

두 번째 웅덩이: 기초적인 수학적 실수. 믿거나 말거나, 심사 중이거나 발표된 학술 논문들 중에도 기초적인 산수가 틀린 게 있다.

예를 들어 여러분이 "만성 심부전 환자 191명을 대상으로 한 줄기세포 이식 수술의 장단기적 효과: (첫 글자를 따서) STAR-심장 연구"라는 논문을 살펴본다면 표 2에서 다음과 같은 계산을 볼 수 있다.

$$1{,}539 - 1{,}546 = -29{,}3$$

중학교 수학을 떠올려보면, 정수 2개로 빼기를 했는데 소수가 나오는 경우는 절대 없다. 말 14마리에서 8마리를 뺐는데 반 마리의 말이 남을 수는 없는 것처럼. 마찬가지로 1,539에서 1,546을 뺐는데 답에 0.3이 있다는 건 불가능하다. 이 두 숫자를 빼보면 진짜 답은 -7이다.

다른 실수는 좀 더 알아차리기 어렵지만 역시 확실하게 틀렸다. 같은 논문 표 1에 실린 예를 보자. 만약 200명의 환자를 대상으로 한 연구라면, 특정한 상황에 놓인 환자의 백분율이 18.1퍼센트가 나오는 건 수학적으로 불가능하다. 왜냐고? 200명의 18.1퍼센트는 36.2명인

데… 이건 곧 36명과 5분의 1명이라는 뜻이니까.

간단한 계산 실수는 찾아내기가 쉽기 때문에 가장 괜찮은 축에 속하는 실수다. 수학적인 계산이 복잡해질수록 실수를 찾기도 어려워진다.

2014년에 과학자 3명이 〈국제침술저널World Journal of Acupuncture-Moxibustion〉에 놀라운 결과의 논문을 발표했다. 비만이거나 과체중인 환자들을 대상으로 체중 감량을 위한 무작위 대조실험을 하면서 실험군은 경락 마사지를 하고 대조군은 안 했더니* 2달 후 경락 마사지를 안 한 대조군은 약 3.7킬로그램을 감량했으나 경락 마사지를 한 실험군은 약 7킬로그램, 즉 최초 체중의 9퍼센트 이상을 뺐다. 2달 만에 몸무게의 10퍼센트를 뺀다는 건 기적이다. 비만 연구학자이자 수학자인 다이애나 토머스Diana Thomas는 이 결과가 말 그대로 "믿을 수 없다"고 했다. 그녀와 동료들은 〈국제침술저널〉의 편집자에게 보낸 편지에서 "우리는 몇몇 이상한 점을 발견했다"라고 썼는데 이 표현은 과학 분야에서 "저자가 이 논문을 쓸 때 제정신이 아니었던 게 틀림없다"라는 뜻이다.

이 논문을 발표한 저자들은 원 자료raw data(분석, 가공하기 전의 자료)를 논문에 싣지 않았다. 하지만 논문에 실린 자료만으로도 다음의 단계를 거쳐 토머스가 사실 확인을 하기에 충분했다. 토머스는 체중 감량 실험 전과 후, 두 그룹의 평균 신장 변화를 계산했다(몸무게와 BMI를 알면 키를 계산할 수 있다). 이 실험에 참여한 사람들은 모두

---

* 경락 마사지는 신체의 경락혈, 즉 침술에서 사용하는 생체 에너지가 흐르는 길을 자극하는 전통적인 시술이다.

성인이므로 2달의 기간 동안 그들의 평균 키에 변화는 거의 없을 거라고 예상할 수 있다. 토머스와 동료들이 분석한 결과 실험 기간 동안 두 그룹 모두 키가 **자랐는데**, 마사지를 받지 않은 그룹은 키가 약 2.5센티미터, 마사지를 받은 그룹은 **약 5.7센티미터** 자랐다. 그렇다면 경락 마사지를 받은 그룹은 2달 동안 몸무게의 약 10퍼센트가 빠지고 키가 5.7센티미터 가량 자랐다는 결과가 나온다. 이 결과를 어떻게 설명해야 할까?

1. 논문 저자들이 다 지어냈다.
2. 몇몇 환자들이 중간계로 여행 가서 엔트족(반지의 제왕에 나오는 거인족)을 만나 엔트족이 주는 키 크는 음료를 마시고 다시 우리 세계로 돌아왔다.
3. 키 작은 환자 몇 명이 실험 중간에 빠졌는데 연구자들이 그 사실을 반영하지 않았다.
4. 전반적으로 논문에 수학적 실수가 많다.

원 자료를 보지 않고는 이 중에서 실제로 일어난 일이 뭔지 아무도 모르지만, 확실한 건 뭔가 실수가 있긴 했다는 것이다. 마치 여러분이 뉴욕시를 걷고 있는데 타조가 나타나서 메이시스 백화점의 크리스마스 요정을 훔쳐가는 걸 목격했을 때와 비슷하다. 뭐가 잘못됐는지는 모르겠는데 확실히 뭔가가 잘못되었다. 이 책을 쓰는 동안에도 논문 저자들은 토머스에게 답을 하지 않았고 〈국제침술저널〉도 이 논문을 취소하지 않았다(어쨌든 나 개인적으로는 3번에 돈을 걸겠다).

세 번째 웅덩이: 절차상의 오류. 이 웅덩이는 마치 여러분이 잘못된 레시피를 따르거나 실수로 설탕 대신 소금을 넣어서 끔찍한 케이크를 만들게 되는 것처럼, 연구 계획을 잘못 하거나 실행하는 과정에서 문제가 생길 때 발생한다. 이 오류의 문제는 간단한 실수가 엄청난 파괴력을 갖는다는 것이다. 예를 들어, 개인의 성격 특성과 정치적 성향의 연관성을 알아보는 최근의 연구에서 연구자들이 실수로 '보수적'과 '진보적', 두 변수의 위치를 바꿔버렸다. 그 결과, 음… 그들의 연구에서 도출된 모든 결과가 실제와 정확하게 100퍼센트 정반대로 나왔다. 전형적인 연구에서는 아이젱크Eysenck 성격 검사의 P값이 높은, 즉 의지가 강하고 권위주의적인 경향이 있는 사람들이 군대에 대해 정치적으로 보수적인 시각을 가졌다고 알려져 있는 상황에서 반대의 결과가 나왔다면 다시 한 번 확인해야 했지만, 연구자들은 "우리의 예상과는 다르게, 높은 P값은 군대에 대해 좀 더 진보적인 태도를 나타낸다"라고 논문에 썼다. 이건… 진짜 아니다.[*]

절차상 오류 때문에 상황이 더 복잡해질 수 있다. PREDIMED 실험에 대해 알아보자. PREDIMED는 '지중해식 식단을 이용한 예방 실험'이라는 뜻으로, 지중해식 식단이 심장병 위험을 낮추는지에 대해 명확한 답을 기대한 연구였다(여러분 중에 기억 못 하는 사람들도 있겠지만 요즘 핫한 키토제닉 식단 전에는 지중해식 식단이 엄청 유행했다. 이 식단은 기본적으로 올리브유를 뿌린 야채 위주의 식단으로 구성되고 가끔 생선과 레드와인 1잔을 곁들인다). PREDIMED는 거의 8,000명에

---

[*] 하지만 나는 이 연구가 보수주의자와 진보주의자들 사이에 다르게 나타나는 성격 특성들을 나열하려는 의도는 아니었다는 걸 명확히 하고 싶다. 실제로 이 연구는 개인의 성격 특성이 정치적인 태도를 결정하는지(혹은 개인의 정치적인 태도가 성격 특성을 결정하는지)를 알아내려는 연구였다.

이르는 참가자들이 5년이라는 오랜 기간 동안 참여했던 대규모 무작위 대조 실험으로, 걸프스트림 G650(흔히 'G6'로 알려진 최고 수준의 비즈니스 제트기)보다 비용이 더 들었다. 결과로 보면 그 비용은 아깝지 않았다. 2013년에 처음 발표된 이 논문의 헤드라인은 "올리브유나 견과류를 곁들인 지중해식 식사가 중대한 심혈관계 질환의 위험을 약 30퍼센트 낮춘다"였다.

하지만 안타깝게도 연구 센터 중 한 군데에서 심각한 실수를 저질렀다. 한 마을 안에서 **사람을** 무작위로 선택해야 했는데 **마을을** 무작위로 선택해버린 것이다. 무슨 말이냐고? 한 마을 안에서 사람들을 일반 식사를 하는 그룹과 지중해식 식사를 하는 그룹 2개로 나누었어야 하는데, 한 마을의 사람 모두를 통째로 하나의 그룹으로 묶었다.

왜 이게 큰 문제일까? 문제가 된 마을 사람들 모두가 원자력으로 움직이는 우주선 위에 앉아 있다고 가정해보자. 설상가상으로 우주선의 원자로에서 방사성 폐기물이 흘러나오고 있다면, 이 마을 사람들에게 심장 이상이 생길 위험은 어마어마하게 클 것이다. 이 불쌍한 마을 사람들 모두가 극도의 공포로 심장마비에 걸리지 않을까?

자, 이제 순진한 연구자들이 이 심장마비에 걸리기 직전의 마을 사람들을 지중해식 식사 그룹에 배정했다고 가정해보라. 어떤 결과가 나올까? 이 그룹의 심장마비 위험도는 엄청 높게 나올 것이고 우주선의 존재를 모르는 우리들은 지중해식 식사가 심장마비의 **원인**이라고 결론 낼 것이다. 만일 연구자들이 이 마을 사람들을 일반 식사 그룹으로 배정한다면 지중해식 식사를 하는 그룹에 비해서 심장마비의 위험이 어마무시하게 **높다**고 나올 것이고, 그 후로 지중해식 식사는 기적적인 치료제로 각광받을 것이다.

물론 우주선 위에 타고 있는 마을이 있을 리가 없지만, 여기에서 요점은 가까운 곳에 사는 사람들은 서로의 건강에 도움이 되거나 해가 될 것들에 공통적으로 노출된다는 사실이다. 만약 우리가 이런 사람들을 무작위적으로 나누지 않는다면 약, 식단, 그 외에 우리가 테스트해보려고 하는 모든 것들을 인위적으로 부풀리거나 축소시키는 게 가능해진다.*

PREDIMED의 실수는 이 연구의 논문이 발표되고 5년 후에 밝혀졌다. 〈뉴잉글랜드 의학저널New England Journal of Medicine〉은 논문을 취소했지만, 문제가 된 마을의 자료를 제외한 다른 자료를 재분석해 수정한 논문을 다시 발표하는 걸 저자들에게 허락했다. 아마 놀랍지 않겠지만 저자들은 이전과 거의 같은 결론에 도달했다. 이 연구의 원자료가 공개되지 않았기에, 내가 연락했던 영양역학자들 중 몇몇은 아직도 이 연구 결과에 회의적이다. 여러분들이 최종 결론을 믿거나 말거나 아무도(심지어 이 논문의 저자들까지도) 한 마을을 통째로 무작위 선택한 부분이 잘못이라는 것에 이의를 제기하지 않았다.

과학 분야의 학술 문헌에 수학적인 실수와 절차상의 오류가 전혀 없을 거라는 기대는 이상적이다 못해 순진해 빠진 생각일지도 모른다. 다시 한 번 강조하지만 과학자들도 사람이니까 실수할 수도 있다. 하지만 중요한 문제는 학술 문헌에 실수가 **존재하느냐**가 아니고 실수가 얼마나 **많고 큰가** 하는 점이다.

---

* 당황스럽지만 마을 안에서 사람들을 무작위적으로 나누는 것 자체도 문제가 있긴 하다. 예를 들어, 실험군(지중해식 식단)에 있는 사람들이 대조군(일반 식단)에 있는 사람들과 식사를 같이 한다면 지중해식 식사의 효과가 낮게 측정될 수도 있다.

하지만 이런 실수를 지적하기는 쉽지 않다. 기본적으로 논문에 있는 오류를 찾아내는 유일한 방법은 다른 과학자들이 그 오류를 공개적으로 밝히는 것이다. 그리고 이런 과정은 연관된 모든 사람들에게 기분 좋은 경험이 아니다. 과학 저널에 있는 실수를 공개적으로 밝히는 건 미슐랭 2성 레스토랑에 가서 셰프에게 크림 소스를 곁들인 바닷가재 요리를 모든 사람들 앞에서 다시 만들어서 이 요리에 확실히 글루텐이 없다는 사실을 밝히라고 요구하는 행동과 같다. 이건 여러분에게도 난처하겠지만 셰프에게는 매우 굴욕적인 상황일 것이며 결국 한쪽, 또는 양쪽 모두에게 나쁜 결말이 될 것이다.

반면 어떤 과학자들은 이런 일을 하는 데 전혀 거리낌이 없다. 나는 자료 조사를 하다가 다른 논문의 잘못을 지적한 논문들에 공통적으로 등장하는 저자 중 하나를 발견했다. 오랜 기간 비만을 연구해온 학자 데이비드 앨리슨David Allison이다. 그에게 전화로 학술 문헌에서 발견되는 오류가 얼마나 많은 양인지 물어봤더니 다음과 같은 비유로 대답해주었다.

> 만약 당신이 '대부분의 도시에서, 보도블록에 깨진 부분이 많은 가요?'라고 묻는다면 나는 이렇게 대답할 겁니다. '음, 공식적으로 분석해본 적은 없지만 길에 나가서 10분 이상 산책하면 깨진 부분을 적어도 1개는 볼 수 있어요. 따라서 보도에 깨진 부분은 어마어마하게 많다고 생각할 수 있죠.' 학술 문헌에 대해 제가 할 수 있는 말도 이와 비슷합니다. 학술 문헌 속을 산책할 때마다 명확하게 틀린 부분이 있는 논문을 몇 개씩 찾게 되거든요.

여러분도 이해했을 것이다.

자, 좋다. 웅덩이를 3개 지났다. 이제 네 번째로 가보자.

합리적 연관성으로 가는 길에 있는 네 번째 웅덩이는 우연(멋진 말로, 무작위 가능성)이다. 이걸 설명하기 위해서 누굴 좀 괴롭혀보겠다. 바로 캐나다인들이다. 먼저 놀라운 사실 하나는 캐나다의 온타리오 지역에 사는 사람들 대부분은 "등록된 인물 데이터베이스Registered Persons DataBase, RPDB"라는 참으로 현실적인 이름의 거대한 데이터베이스에 속해 있다. RPDB는 10만 명이 넘는 온타리오 사람들의 기본 정보(이름, 생년월일 등등)를 포함하는데, 진짜 대단한 점은 모든 사람들에게 특정한 ID번호가 부여된다는 것이다. 그리고 온타리오 사람들이 병원에 갈 때마다 받는 치료와 진단이, 다른 데이터베이스에도 같은 ID번호로 저장된다.

이 자료는 공개되어 있지 않지만 연구자들이 "사람들이 나이 들수록 공공의료시설을 더 자주 이용하는가?"와 같은 중요한 질문의 답을 찾기 위해서 이 자료의 익명 버전을 이용할 수 있다. 아니면 "쌍둥이자리 사람들은 알코올 중독자가 되기 쉬운가?", "처녀자리 사람들은 임신 기간 중 입덧이 더 심한가?"처럼 훨씬 덜 중요한 질문에 대한 답을 찾기 위해서도 이용할 수 있다. 이런 질문들을 자세히 살펴보면 우리의 오랜 친구인 '연관성'이 변장하고 있다는 사실을 알 수 있다. "쌍둥이자리 사람들은 알코올 중독자가 되기 쉬운가?"라는 질문은 "쌍둥이자리 사람이라는 사실이 알코올 중독이 될 가능성이 높은 사실과 연관되어 있는가?"라는 질문과 같다.

해답을 못 찾은 질문을 남겨두는 건 과학에 대한 범죄나 마찬가지다. 그래서 2000년대 중반, 이런 질문에 대한 해답을 찾으러 나선 이들이 있었다. 피터 오스틴Peter Austin이 이끌던 한 그룹의 과학자들은 이 데이터베이스에 접근 권한을 얻어 다음과 같은 비교표를 만들어냈다.

	쌍둥이자리	다른 별자리
2000년 생일을 기준으로 그다음 1년 안에 알코올 의존증으로 병원에 입원할 확률(퍼센트)	0.61퍼센트	0.47퍼센트

이 표를 해석하면 이렇다. 만약 여러분이 2000년도에 온타리오에 살던 쌍둥이자리 사람이라면 알코올 중독으로 병원에 입원할 확률이 0.61퍼센트다. 만약 쌍둥이자리가 아니라면 그 확률은 0.47퍼센트가 된다. 그러므로 쌍둥이자리 사람이 알코올 중독에 걸릴 확률은 다른 별자리 사람들의 평균보다 약 30퍼센트(0.61/0.47=130퍼센트) 높다.˙ 연관성을 나타내는 용어로 서술한다면 이렇다. 오스틴은 쌍둥

˙ 아쉽게도, 논문 원본에는 각 별자리의 실제 퍼센트가 포함되어 있지 않아서 미국의 알코올 의존증 통계를 이용해 어느 정도 신뢰할 수 있는 수치를 제시했다. 두 숫자 사이의 비율(130퍼센트)은 논문 원본과 정확하게 일치한다.

이자리라는 사실과 알코올 중독으로 병원에 입원할 확률이 30퍼센트 높다는 사실과의 연관성을 발견했다. 근데 이 연관성이 과연 **합리적**인가?

우리의 웅덩이 탐지기를 이용해볼까?

먼저 오스틴과 동료들은 사기꾼이 아니고, 기초적인 수학적 실수도 없다고 가정하자.

웅덩이 1번과 2번 피했음: √

그리고 이 연구에 절차상의 오류가 없었다고 가정하자. 예를 들면, 쌍둥이자리와 처녀자리의 위치를 바꾸거나 의사들이 다른 별자리 사람들에게보다 쌍둥이자리 사람들에게 오진을 많이 내렸다는 등의 일은 없었다.

웅덩이 3번 피했음 : √

좋다. 만약 사기꾼, 계산 실수나 절차상 오류 때문에 병원에 입원한 횟수를 틀리지 않았다면 쌍둥이자리와 알코올 중독 사이의 연관성은 합리적일 것이다. 맞겠지?

아마 그럴지도.

쌍둥이자리와 알코올 중독 사이의 연관성을 만들어내는 또 다른 뭔가가 있다. 바로 우연(무작위 가능성)이다.

나는 이 단어에 불만이 많다. 왜냐하면 '우연'이란 분명하거나 확실히 정의되는 원인이 아니니까. 음… 여러분이 잘 부스러지는 과자를 들고 있다고 상상해보자. 이제 손에 들고 있던 과자를 부숴서 바닥에 떨어뜨리자. 그러고 나서 다른 곳으로 가서 똑같은 행동을 반복하

자. 여러분이 이 실험을 100만 번 이상 반복해도 바닥에 떨어진 과자 부스러기가 같은 모양을 만들지는 않는다. 여러분의 손과 과자 부스러기가 중력의 지배를 받고는 있지만 절대 같은 모양이 2번 나오지는 않는다. 우연이란 이런 것이다. 과자 부스러기가 만드는 모양.

심리학자 브라이언 노섹Brian Nosek은 "우연은 실제처럼 보이는 것들을 만든다"고 했다. 즉, 어쩌다 보면 과자 부스러기가 예수님 비슷한 모양으로 떨어질 수도 있다. 이 연구에서는 별자리와 알코올 중독이 연관성 있어 보이게 떨어진 거고.

여기서 질문은 이것이다. 만약 연관성이 우연 때문에 생겼다면 그걸 어떻게 알 수 있을까? 이걸 **밝힐 수가** 있을까?

갈수록 태산이다. 여기서 등장하는 것이 수학의 한 분야인 추론적 통계다(타락한 천사 루시퍼가 천국에서 떨어질 때 만든 것이 분명하다). 추론적 통계에서 사용할 수 있는 많은 도구 중에 가장 유명한 것이 바로 "p값p-value"이라고 알려진 숫자를 계산하는 방법이다. p값은 0부터 1사이의 숫자인데, 그 의미가 무엇인지 우리의 친구 쌍둥이자리를 예로 들어보자. 오스틴과 동료들이 쌍둥이자리와 다른 별자리 사이의 차이를 나타내는 p값을 계산한 결과 0.015가 나왔다.

이게 무슨 의미냐고? 여기 정확한 정의를 소개한다.

p값이란 만일 무작위로 선택된 두 그룹인 쌍둥이자리 사람들과 다른 별자리 사람들의 알코올 중독 비율을 비교할 때 그 차이가 적어도 오스틴이 찾아낸 0.14퍼센트보다 높을 확률이다. 아, 물론 다음 세 가지 조건이 사실이라는 전제하에.

1. 지구상에 있는 모든 사람들을 대상으로 보면 쌍둥이자리와 다른 별자리의 알코올 중독 비율이 같고
2. 오스틴이 적용한 통계 수학의 모델이 유효하고
3. 오스틴이 한 연구의 모든 단계가 사기꾼, 수학적 실수, 절차상의 오류 그리고 우리가 아직 다루지 않은 교묘한 속임수, 멍청한 짓, 시시한 실수, 허튼 소리 등등에 의해 영향을 받지 않았다.

이 정의는 끔찍하게 복잡한 쓰레기다. 따라서 대부분의 과학자들, 언론인들, 정책 입안자들, 즉 통계 전문가들을 제외한 거의 모든 사람들은 이 정의를 가볍게 무시하고 다음의 내용을 p값의 정의로 생각한다.

p값이란 쌍둥이자리와 알코올 중독 사이의 연관성이 우연에 의해 발생했을 확률이다.

이 새로운 정의를 이용하면, 여러분은 p값이 0.015라는 사실을 보고 다음의 결론을 내릴 수 있다.

1. 쌍둥이자리와 알코올 중독과의 연관성이 우연에 의해서 생겼을 확률은 단지 1.5퍼센트다.
2. 그러므로 우연이 연관성의 원인이 아닐 확률이 100 − 1.5 = 98.5퍼센트다.
3. 따라서 연관성이 합리적일 확률은 98.5퍼센트다.

아주 오랫동안 과학자들은 p값이 0.05(5퍼센트) 미만이면 그 연관성은 "통계학적으로 의미 있다"고 인정받을 수 있고 그러므로 합리적이라고 생각해왔다. 만약 p값이 0.05를 넘는다면(맙소사!) 그 결과는 "통계적 유의성이 없다"고 여겨지고 연관성이 합리적이지 못하다고 결론지었다. 이런 결론은 단지 학문적인 차이만을 의미하지 않는다. 만약 여러분이 전문 과학자라면 0.05 미만의 p값은 통계적 유의성이 있는 논문을 쓸 수 있다는 뜻이고 그건 바로 여러분에게 정교수 자리가 보장될 수 있다는 뜻이다. 하지만 반대의 경우라면 빵집을 차릴 수밖에 없다.

하지만 p값을 이용해 합리적이라고 판단하는 것은 동유럽식 보르시에 브리 치즈를 올리는 것보다 더 안 어울린다.

p값에 대한 **정확한** 정의로 돌아가 보면, 두 번째나 세 번째 가정은 다양한 이유로 성립하지 않게 된다. 오스틴의 0.015라는 p값은 데이터베이스가 캐나다를 싫어하는 해커에 의해 악의적으로 교란됐거나 의사들이 쌍둥이자리 사람들에게 알코올 중독 진단을 더 많이 내렸다거나 등등 수백 가지 원인으로 인해 나온 결과일 수도 있다.

p값을 이해할 수 있는 가장 간단한 방법은 통계학자이자 과학 전도사인 레지나 누조가 말한 "놀라움의 척도"를 기억하는 것이다. 상상해보자. 크리스마스 날 새벽 2시다. 거실에서 나는 이상한 소리 때문에 잠에서 깼다. **대박! 산타가 왔나 봐!**

진짜 그럴까?

물론 **산타일 수도** 있다. 산타의 존재를 부정하는 물리학 법칙은 없으니까. 하지만 여러분의 아이들이 산타를 훔쳐보기 위해 살금살금 아래층 거실로 가는 소리일 수도 있고 36살 된 여러분의 남동생이 산타의 쿠키를 훔쳐 먹는 소리일 수도 있다. 아니면 그냥 책장의 책이 떨어지는 소리거나 도둑이 들어오는 소리일 수도 있다. 낮은 p값은 이처럼 밤에 들리는 낯선 소리다. **뭔가** 예상하지 못한 일이 벌어지고 있다는 건 알 수 있지만 그게 **뭔지**를 정확하게 알려주지는 않는다. 소리가 크게 났다는 건 99퍼센트의 확률로 아래층에 무슨 일이 생겼다는 것이지 99퍼센트의 확률로 산타가 굴뚝을 통해서 떨어졌다는 건 아니다.

정리해보면, 우연(합리적 연관성으로 가는 길에 있는 네 번째 웅덩이)은 가장 복잡한 문제다. 앞서 만난 웅덩이 3개와는 다르게, 우연은 절대 우리의 잘못이 아니다. 이건 그냥 우주가 작동하는 방식이다. 어쩌다 과자 부스러기가 연관성을 나타내는 모양으로 떨어질 때도 있지만 그건 단지 요행일 뿐이다. 목록에 있는 다른 웅덩이들과는 다르게, 우연은 정해질 수 없다. 그냥 우리가 이해하려고 노력해야 하는 것이다. 안타깝게도 우리는 수십 년 동안 p값을 완전히 잘못 이해하고 있었다. p값 자체가 웅덩이가 아니고 가장 큰 웅덩이를 만드는 요소일 뿐이다. 다시 알코올 중독 쌍둥이자리로 돌아가 보자.

사실 지금까지 여러분에게 숨겨온 게 있다. 피터 오스틴과 동료들이 발견한 것은 단지 쌍둥이자리 사람들이 알코올 중독으로 병원에 입원할 가능성이 높다는 사실뿐만이 아니다. 그들은 태어난 별자리와 질병과의 수많은 연관성을 찾아냈다. 기본적으로 과학적 별자리 운세를 제시한 것이다.

		여러분의 과학적 별자리 운세
양자리	♈	다른 장기에 의한 장 감염증으로 병원 신세를 질 확률이 다른 별자리보다 41퍼센트 높음
황소자리	♉	장 게실염으로 병원 신세를 질 확률이 다른 별자리보다 27퍼센트 높음
쌍둥이자리	♊	알코올 의존증으로 병원 신세를 질 확률이 다른 별자리보다 30퍼센트 높음
게자리	♋	탈장을 동반하지 않은 장 폐색증으로 병원 신세를 질 확률이 다른 별자리보다 12퍼센트 높음
사자자리	♌	(다양한 이유의) 수술 때문에 병원 신세를 질 확률이 다른 별자리보다 17퍼센트 높음
처녀자리	♍	임신 기간의 심한 입덧으로 병원 신세를 질 확률이 다른 별자리보다 40퍼센트 높음
천칭자리	♎	고관절 골절로 병원 신세를 질 확률이 다른 별자리보다 37퍼센트 높음
전갈자리	♏	항문이나 직장 부위의 종기 때문에 병원 신세를 질 확률이 다른 별자리보다 57퍼센트 높음

사수자리	♐	위쪽 팔뼈 골절로 병원 신세를 질 확률이 28퍼센트 높음
염소자리	♑	원인 불명의 질병으로 병원 신세를 질 확률이 다른 별자리보다 29퍼센트 높음
물병자리	♒	가슴 통증으로 병원 신세를 질 확률이 다른 별자리보다 23퍼센트 높음
물고기자리	♓	심장 이상으로 병원 신세를 질 확률이 다른 별자리보다 13퍼센트 높음

　　그들은 통틀어서 이 표에 나온 것 같은 질병 72개에 대해, 특정 별자리에 태어난 사람들이 각 질병에 걸려서 입원할 확률이 다른 별자리들을 합친 것보다 높다는 연관성을 찾아냈다. 72개의 각 연관성에 대해 계산한 p값은 모두 0.05보다 작은, 즉 "통계적 유의성이 있는" 숫자였다. 따라서 오스틴과 동료들은 자신들이 찾아낸 연관성 72개가 모두 합리적이라고 결론 내렸다. 나와 같은 전갈자리 여러분들이여! 점성술은 진짜였다. 즐거운 종기 생활 되시길!

　　에이,

　　농담이다.

　　마치 진짜 과학적인 내용인 것처럼 써보았다. 겉만 보면 그렇다. 오스틴과 동료들은 진짜 열심히 했다. 어마무시한 양의 자료들을 분석하고 숫자들을 찾아내고 마침내 위에 나온 연관성들을 찾았다(사실은 더 많이 찾았지만). 이렇게 보면 결과는 사실 같다. 하지만 피터 오스틴은 점성술사도, 주술사도, 그렇다고 의사도 아니다. 그는 통계학자다. 그리고 그의 연구는 p값에 대한 잘못된 인식을 답습하는 것이 얼마나 많은 산타를… 만들어내는지 확실하게 보여준다. 결론적으로 이 실험은 다섯 번째 웅덩이인 p-해킹(원하는 결과를 '찾을' 때까지 자료들을 계속 조작해 분석하는 방법)의 위험성에 대한 통계학적 충돌 실험 인형이나 마찬가지다.

이 충돌을 느리게 다시 보자. 여기에는 심각한 잘못이 2개 있다.

첫째, 오스틴은 p값이 0.05 미만이면 연관성이 합리적이라는 관습을 따랐다. 이건 완전히 틀렸다. 어디에도 연관성이 합리적이라고 보장하는 p값은 없다. 물론 p값이 매우 중요한 척도이긴 하지만, 근본적인 진실을 밝히는 위대한 발견자라기보다는 단지 하나의 단서일 뿐이다. p값은 한밤중에 들리는 소리일 뿐이지 산타가 존재한다는 명확한 증거는 아니다.

둘째, 오스틴과 동료들은 실험 그물을 너무 넓게 던졌다. 즉, 별자리나 질병 하나에 대한 개별 가설을 만들고 검증하는 대신 한꺼번에 1만 4,718개의 가설을 실험했다! 거대한 데이터베이스에 이런 방법을 사용하면 약간의 변형만으로도 수천 개의 연관성을 계속 찾을 수 있다.

모든 가설에는 각각 하나씩의 실험을 해야만 한다. 하지만 오스틴은 하나의 실험이 아니라 1만 4,000개 이상의 실험을 한 번에 한 것이다.•

• 그런데 왜 통계적 유의성이 있는 결과가 달랑 72개만 나왔는지 궁금할 것이다. 오스틴이 약 1만 4,000개의 실험을 한꺼번에 했고 p값의 한계점이 0.05라면 대충 14,000 × 0.05 = 700개 정도가 통계학적 유의성이 있을 거라고 예상할 수 있다. 의심할 여지 없이 자료 속에 더 많은 관계가 숨어 있겠지만, 아쉽게도 그들은 목록 전체를 만들지는 않았다. 그래도 여전히 별자리와 연관된 의학적 '진단'이 72개나 된다니, 이걸로 충분하지 않은가! 짝짝짝, 감사!

처녀자리는	♍	폐결핵 때문에 병원 신세를 질 확률이 훨씬 높은가?
		그러면 매독 때문에 입원할 확률은?
		그러면 통풍은?
		그러면 맹장염은?
		그러면… (기타 등등, 기타 등등, 기타 등등)

천칭자리는	♎	폐결핵 때문에 병원 신세를 질 확률이 훨씬 높은가?
		그러면 매독 때문에 입원할 확률은?
		그러면 통풍은?
		그러면 맹장염은?
		그러면… (기타 등등, 기타 등등, 기타 등등)

이렇게 하면 뭐가 나쁘다는 걸까? 오스틴과 동료들이 쓴 방법(실험 그물을 너무 넓게 던지고 그중에서 의미 있어 보이는 결과만 쏙 빼낸 것)은 마치 아이를 5명 낳아서 30년 기다렸다가 성공한 아이($p < 0.05$)만 보여주고 다른 아이들($p > 0.05$)과는 의절한 후 자신이 역사상 최고의 부모라고 세상에 선언(오직 $p < 0.05$인 결과만 논문으로 발표)한 것과 같다. 오스틴은 거대한 데이터베이스를 이용해 1만 4,000개 이상의 실험을 하고 쌍둥이자리 사람들이 다른 별자리보다 알코올 중독으로 입원할 확률이 30퍼센트 이상 높다는 결과를 '발견'해서 **오직 그 결과만** 논문으로 발표한 것이다.

아이가 많으면 많을수록, 여러분이 진짜 좋은 부모든 아니든 간에 그중 1명이 성공할 가능성이 높아진다. 동일하게, 더 많은 가설을 실험할수록 그중 하나가 우연에 의해 '통계적 유의성이 있을' 가능성도 높아진다.

p-해킹을 가장 직설적으로 표현하면 이렇다. 수천만 종류의 가설을 실험해서 p ⟨ 0.05인 가설만 논문으로 발표하는 것이다. 이렇게 p-해킹을 이용한 경우는 전문가인 과학자들조차 알아차리기 쉽지 않다. 머릿속으로 간단한 실험을 해보자. 오스틴이 1만 4,000개의 실험을 한꺼번에 돌리는 대신 한 번에 하나의 가설만을 실험한다. 즉 그는 전갈자리 사람들이 알코올 중독이 되기 쉽다는 가설을 가지고 있고, 모든 자료에 대해 이 연관성만을 찾는다고 가정해보자. 그리고 드디어 전갈자리 사람들이 알코올 중독이 될 확률이 30퍼센트 높다는 결과를 얻었다! 이런, p값이 0.76이라서 논문으로 발표할 수 없다. 그렇다면 이 가설은 포기하고 다른 가설을 찾아볼까?

절대 아니지.

그는 과학자다. 레몬으로 레모네이드를 만드는 데 인생을 바쳤고, 성공했으며, 실패 따위에 흔들리지 않는다. 그런 그가 포기를 한다고? 설마.

대신, 그는 스스로에게 말할 것이다. '너도 알잖아. 이 자료는 오직 2000년을 기준으로 한 거야. 만약 1999년 자료와 연결해서 다시 한 번 해보면 뭔가 제대로 된 결과가 나올지도 몰라.'

그렇게 했더니 결과는? p값이 0.43이네.

좋았어, 그럼 이제 1999년 자료로만 해볼까?

p = 0.12

와우, 아슬아슬하게 근접해!

그리고 나니 어떤 생각이 스친다. '애들이 알코올 중독이 될 리는 없잖아(누군가는 그걸 바랄지도 모르겠지만).' 그러니까 18살이 넘는 사람들만을 대상으로 다시 해보자.

p = 0.071

거의 다 왔어!

음… 18살이 잘못된 기준일지도 몰라. 수성이 당기는 힘은 30대에 가장 크지 않을까? 이번에는 30살과 40살 사이로 한번 해보자.

p = 0.98

빌어먹을!

문득 다른 생각이 떠오른다. '대학생이 알코올 중독에 걸리는 경우는 드물잖아.' 그래서 이번에는 22살 이상의 사람들을 대상으로 다시 해본다.

p = 0.043

터졌다! 논문 쓰자!

지금 (우리의 사고 실험에서) 오스틴이 한 실험이 p-해킹 중에서 찾아내기 어려운 형태다. 수천 개의 실험을 하는 대신 하나의 실험만을 하고, 원하는 결과가 나올 때까지 결과를 쥐어짜는 것이다. 이 예에서 그가 한 일은 단지 몇 개의 변수를 조작한 것뿐이다. 사람들의 나이와 병원에 입원한 연도, 거기에 더해 다른 도시의 사람들을 더 넣기도 하고 성별로 나눠보기도 하는 등 연관성을 찾아내기 위해 그가 사용하는 알고리즘의 특정 변수들을 살짝살짝 변형하거나 문자 그대로 수백 가지의 데이터 조작을 했다.

p-해킹이 은밀하게 퍼지는 이유는 진짜 제대로… 실험한 것처럼 생각되기 때문이다. 마치 짜증 나는 데이터들을 이용해서 인내를

갖고 **진실**을 찾을 때까지 꾸준하게 실험한 것처럼. 최근에 심리학자 3명이 발표한 리뷰 논문에 따르면 p-해킹은 "악의에 찬 과학자들이 미친 듯이 웃으면서 하는 나쁜 행동이 아니라 선한 과학자들이 자신들의 불완전한 실험 결과를 이해하려고 노력하는 행동"이다.

물론 단지 결과를 이해하려는 행동 그 이상일 수도 있다. 내가 만나본 많은 과학자들이 "통계학적으로 의미 있는" 결과를 논문으로 써야만 하는 강력한 압박을 받고 있었다. 레지나 누조가 이런 상황을 가장 잘 표현했다.

> 우리는 통계적 유의성을 찾아내야만 보상을 받는 환경에 놓여 있어요. 마치 오르가즘에 도달하는 것처럼. 그렇지 않나요? 절정에 오를 때까지 계속 해야 하잖아요!

그러고 나서 누조는 이렇게 덧붙였다. "하지만 이건 섹스에서나 과학에서나 옳은 길이 아니에요. 과정이 중요한 거죠."

자, 합리적 연관성으로 가는 길에 있는 웅덩이들을 다시 한 번 빠르게 정리해보자.

1번 웅덩이: 사기꾼
2번 웅덩이: 기초적인 계산 실수

3번 웅덩이: 절차상의 오류

4번 웅덩이: 우연(무작위 가능성)

5번 웅덩이: p-해킹을 포함한 통계적인 속임수

이제 1장에서 봤던 끔찍한 숫자들을 다시 살펴보자.

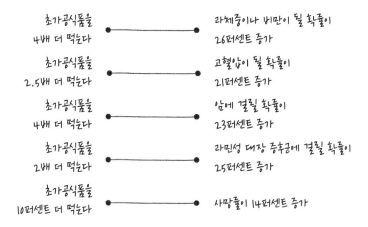

이 모든 숫자들은 대규모 코호트 연구 2개에서 나온 결과다. 하나는 스페인의 나바라 세기멘토 대학에서 했던 'SUN' 연구이고 다른 하나는 프랑스에서 했던 'NNS 연구NutriNet-Sante'다.

좋다, 지금부터 웅덩이들을 살펴보자.

〈1번 웅덩이: 사기꾼〉

두 연구에는 어떤 사기꾼도 없다고 가정하자.

〈2번 웅덩이: 기초적인 계산 실수〉

두 연구 모두에 멍청한 계산 실수는 없다고 가정하자. 너무 관대해 보이지만 우리가 원 자료를 확인할 수 없으니 이렇게 가정할 수밖에. 따라서 논문에 "위험 21퍼센트 증가"라고 쓰여 있다면 그냥 액면 그대로 받아들이고 저자들이 "위험 12퍼센트 증가"를 잘못 입력한 게 아니라고 생각하자.

〈3번 웅덩이: 절차상 오류〉

다음으로 자료가 정확하게 어떤 내용인지 살펴보자. 대규모 코호트 연구인 두 연구 모두 필수적으로 다량의 설문조사가 시행되었다. 설문조사 자료는 우편이나 인터넷을 이용해 모았으며 먹은 음식, 임신 여부, 키, 몸무게, 콜레스테롤 수치 등등 수백 가지 모든 문항들에 대한 사람들의 정확한 기억(그리고 솔직하게 답했을 거라는 믿음)에 바탕을 둔다. SUN 연구는 참가자들이 연구에 처음으로 참여할 때 554개의 질문에 답하게 했고 그 후 2년마다 수백 개의 질문을 했다. 즉, SUN 연구에서는 참가자 스스로 보고한 내용에 대해서만 측정이 이루어졌고 연구 내내 참가자들이 간호사, 의사 또는 과학자들을 한 번도 만난 적 없이 혼자서 피를 뽑고 측정하고 몸무게를 재야 했다. 반면에 NNS 연구에서는 참가자들 중 일부만 스스로 실제 값을 측정했고 대부분이 설문조사 문항을 채우기만 했다.

참가자들이 거짓말을 하지 않고 100퍼센트 정확한 기억만을 가졌더라도 이 연구들에서 음식에 대한 설문은 조사 기간을 통틀어 단지 특정 순간만을 대상으로 한다. 프랑스 연구에서 초가공식품 소비량과 사망률에 대한 연관성을 알아보기 위한 데이터는 참가자들이 2년의 기간 동안 24시간 주기로 소비한 식품군 6개에 대한 평균값에서 도출되었다. 만약 조사 대상이 방금 돌잔치에 다녀온 사람들이라면 초가공식품 섭취량이 과대측정될 것이고, 반대로 디톡스 다이어트를 하고 있는 사람들이 대상이라면 섭취량은 아주 적게 나타날 것이다. 이런 오류는 우리를 과대측정과 과소측정이라는 갈림길 사이에서 헤매게 한다. 다른 표현으로는 잘못 울리는 경고등이거나 울려야 할 때 안 울리는 경고등이라고 할까.

이런 종류의 식품 설문조사는 과학에서 발견할 수 있는 가장 뜨거운 논쟁을 불러일으키지만 이 문제에 대해서는 나중에 얘기하기로 하자.

〈4번 웅덩이: 우연(무작위 가능성)〉

문제가 될 수도 있다. 하지만 우리가 살펴본 대로 p값만 가지고는 우연이 원인인지 알 수 없다. 그럼 우리가 할 수 있는 게 뭘까? 긴장을 푸는 것이다. 그냥 기다리란 말이다. 왜냐고? 기다리면 다른 과학자들이 이 연구 결과를 따라 하거나 반박할 테니까. 내가 이 책을 쓰는 동안에도 초가공식품 섭취와 나쁜 결과(그중 하나는 사망이었다) 사이의 관계를 도출한 연구가 2개나 더 나왔다. 하지만 결론은 아직 시기상조다.

〈5번 웅덩이: p-해킹을 포함한 통계학적 속임수〉

영양학을 대상으로 하는 유망한 대규모 코호트 연구들은 일반적으로 수백 가지 변수들(키, 몸무게, 혈액형, 교육 수준, 하루에 먹는 생선의 양, 하루에 먹는 치토스 봉지 수 등등 끝도 없는)을 측정한다. 그러므로 연구자들이 자료를 분석하기 위해서는 수백 가지의 선택들(누구를 포함시키고 누구를 제외할 것인지, 조사 기간은 어느 정도로 해야 하는지, 어떤 수학적 모델을 사용할 것인지 등등)을 해야 한다. 다르게 말하면 과학자들은 자신들의 연구 결과를 도출하는 데 수천 가지의 선택권이 있다는 얘기고 **이는 곧** 의도했든 아니든 p-해킹이 더 쉬워진다는 말이다. 따라서 교수가 직접 블로그에 장문의 글을 써서 대학원생이 연구 결과를 p-해킹한 사실을 몰랐다고 밝히지 않는 다음에야(그렇다. 실제로 있었던 일이다. 구글에서 "브라이언 원싱크Brian Wansink"를 찾아보라), 논문을 읽는 것만으로는 p-해킹을 한 건지 아닌지 알 수 없다.

그건 그렇고….

이렇게 큰 규모의 코호트 연구에서 도출된 결과를 읽을 때는 이런 시나리오를 상상해보라. 여러분은 이웃집에서 하는 바비큐 파티에 왔다. 햄버거도 있고, 핫도그도 있고, 함께 한 모든 가족들이 10대 청소년 자녀들을 데리고 왔다. 주인 부부가 여러분에게 자기 딸을 소개했는데 전부 A학점인 데다가 현재는 제일 잘나가는 회사에서 여름 인턴십을 하고 있다면, 여러분은 이렇게 생각할 것이다. **'와우, 이 사람들 진짜 대단한 부모잖아!'** 하지만 여기에 문제가 있다. 그들이 **모든** 자녀를 소개했다는 보장이 없다는 것이다. 아마도 집안에는 파티에 참여하기 싫어서 자기 방에 틀어박혀 본드를 마시면서 선생님들에게 변태 같은 사진이나 보내는 남동생이 있을 수도 있다. 말하자면 여러분이 보는 결과는 단지 변수들을 공들여 선택하고 분석해서 '성공적인' 연관성을 나타내는 **극히 일부**일 뿐이다.

내가 이 '본드 마시는 청소년' 비유를 앞에서 나온 심리학자 브라이언 노섹에게 보여주었더니 진짜 기겁했다. 그는 전화를 끊는 대신, 같은 내용을 덜 괴상한 비유로 설명해주었다. "당신이 내게 미리 '이게 바로 내가 하려는 일이야. 내가 예측한 내용은 이것이야. 앞으로 이러이러한 일이 일어날 거라고 생각해'라고 말한 이후에 진짜로 그 일이 일어난다면 내게 깊은 인상을 남길 겁니다. 근데 그 일이 일어나고 난 다음에 얘기하는 건 아무 의미가 없어요."

구체적인 예를 살펴보자.

NNS 연구는 초가공식품과 여섯 종류의 암(전립선암, 직장암, 유방암, 폐경 전 유방암, 폐경 후 유방암, 다른 모든 암) 사이의 연관성만을 테스트했다.

그런데… 정말 그랬을까?

암에는 적어도 수백 가지 이상의 종류가 있다.

초가공식품과 위암 사이에는 연관성이 있었을까? 저자들이 이 가설을 실험했다고 가정했을 때 결과를 보자.

$p = 0.35$

식도암은 어떨까?

$p = 0.78$

뇌암은?

$p = 0.09$

폐경 후 유방암은?

$p = 0.02$

빙고!

여기서 내가 말하려는 게 무엇인지 알겠는가? 게다가 '암의 종류'는 단지 하나의 변수일 뿐이다. 이 자료 속에는 드러나든 드러나지 않든 수백 가지 이상의 변수들이 있을 것이고 연구자들은 이 변수들을 가지고 놀 수 있다. 물론, 백 종류 이상의 암을 여섯 종류로 줄이는 것이나 다른 변수들 가운데서 몇 가지만 선택하는 것이 본질적으로 틀렸다는 말은 아니다. 여러분이 과학자라면 반드시 무엇을 시험할지 선택을 해야 한다. 자료를 분석하기 이전에 어떤 변수를 선택할지를 결정해야 하고, 그게 아니라면 연구에 대한 권리를 포기해야 한다.

과학자들은 이런 내용이 보장되는 환상적인 제도를 갖고 있다. 바로 사전등록preregistration 제도다.

사전등록이란 여러분이 연구에 참여하기 전에 정확하게 어떤 변수들을 테스트할 예정이며 자료를 어떻게 분석할 것인지를 만방에 알리는 작업이다. 만약 여러분이 SUN 연구와 NNS 연구를 미국 국립보건원의 사전등록 데이터베이스에서 찾아보면 둘 다 발견할 것이다.

그러면… 문제가 없는 걸까?

아니다.

두 연구 모두 실제로 시작된 지 몇 년이 지난 후에야 '사전등록' 되었다. 이건 사전등록이라고 할 수 없다. 두 연구가 시작된 당시에는 사전등록이 그렇게 중요하지 않았지만, 구체적으로 초가공식품을 다룬 논문이 나오기 전에는 이미 상당히 중요해진 상황이었다. 물론 이상적으로는 저자들이 데이터 분석 계획을 사전등록해서 "우리는 초가공식품이 과체중과 비만에 어떤 영향을 미치는지(SUN 연구의 경우) 그리고 이 여섯 종류의 암과 어떤 관계가 있는지(NNS연구의 경우)를 밝혀내기 위해 우리가 모은 자료들을 분석할 예정이며 여기에 우리가 정확하게 어떤 방법으로 숫자들을 쪼갤지에 대한 내용을 써놓았다"라고 알려야 한다. 내가 말할 수 있는 건 두 연구에 참여한 누구도 이렇게 하지 않았다는 것이다. 사실 초가공식품에 대한 두 연구 모두 사전등록에 대한 문헌이 없다.

그러면… 이 모든 내용이 우리에게 시사하는 건 무엇일까?

합리적 연관성으로 가는 길에 놓인 웅덩이 중에서 기초적인 계산 실수와 절차상의 오류가 가장 재미있었다. 이 두 가지는 의심의 여지 없이, 확실하게, 절대적으로 틀린 거니까. 이게 바로 PREDIMED(지중해식 식사가 심장병 위험을 낮춘다는) 연구가 전 세계 뉴스의 헤드라인을 엉망으로 만들도록 내버려둔 주범이다. 하지만 계속 내 머릿속을 맴돌면서 가장 신경 쓰이게 하는 건, 1장에서 나를 놀라게 했던 그 끔찍한 숫자들이 p-해킹을 통해 만들어진 건 아닌가 하는 의문이다. 왜냐하면 우리가 논문을 읽는 것만으로는 이 결과가 합리적 연관성인지 아니면 조작된 p-해킹인지 알 수가 없으므로.

피곤하지만 계속 해보자. 본 게임은 지금부터 시작이니까. 아직 발견하지 못한 웅덩이들이 남았다.

수영장 냄새에 숨겨진 비밀

커피(한 번 더), 염소, 수영장,
빨간 속옷, 케사디야에 대하여

지금까지 살펴본 웅덩이는 **합리적인** 연관성으로 가는 길에 있는 웅덩이였다. 하지만 여러분이 100퍼센트 절대적으로, 긍정적으로, 확고하게, 논리적으로 합리적이라고 확신하는 연관성을 가졌다고 가정해보자. 어떻게 그렇게 확신할 수 있을까? 왜냐하면 불타는 덤불이 말해줬으니까(성경의 출애굽기 3장 2절 '불꽃 속에서도 타지 않는 가시덤불'에서 나온 표현−옮긴이). 불타는 덤불이 여러분에게 "산탄총 소유자라는 사실은 여성 성관계 파트너 수가 많다는 사실과 밀접한 관련이 있다"고 말했다. 제대로 된 논의를 위해서, 신이 p−해킹 또는 멍청한 계산 실수를 하지 않는다고 가정하자. 그럼 연관성이 합리적일까? 6장에서 우리가 스스로에게 물어봐야 했던 다음 질문을 기억하자.

"연관성이 인과관계인가?"

다른 말로 하면, 여성들이 산탄총 **때문에** 산탄총 주인과 함께 자는 것을 선호하는가?

그리고 **이 질문을** 하는 이유는 명백히 그다음에 따라올 질문에 답하기 위해서다.

"만약 내가 산탄총을 산다면, 여성들이 갑자기 나와 함께 침대에 뛰어들기 시작할까?"

아니다.

산탄총을 소유하는 것과 더 많은 여성 성관계 파트너를 갖는 것, 둘 다의 원인이 되는 무언가를 아직 여러분에게 말하지 않았다.

뭔지 추측해본 다음 쪽으로 넘기자.

설문조사를 할 때 "남성" 체크박스에 표시한다.

생각해보면 그리 놀라운 일이 아니다. 남성으로 확인되면 통계적으로 산탄총을 구입할 가능성이 더 높고, 통계적으로 여성과 성관계를 맺을 가능성도 더 높다. 연관성을 통해 표현하자면, 산탄총을 갖는 것과 더 많은 여성 성관계 파트너를 갖는 것 사이의 연관성은 **합리적**이지만 **인과관계**는 아니다. 그래서 더 많은 여자와 자는 것을 목적으로 산탄총을 산다면…. 미안하지만 당신의 정체성이 무엇이든 아마 효과가 없을 것이다.

일부 다른 숨겨진 요인에 의해 야기되는 합리적이지만 인과관계가 아닌 연관성을 "교란된 연관성"이라고 부른다. 불행히도, 이것은 앞에서 본 다소 조작된(그러나 사실인) 예보다 발견하기가 훨씬 더 어렵다.

실제 세상에서 볼 수 있는 진짜 교란된 연관성을 살펴보자.

지난 몇 년간의 여러 연구에서 커피와 폐암의 위험 증가 사이의 연관성을 발견했다. 한 분석에서는 커피를 마시는 사람들이 커피를 마시지 않는 사람들보다 폐암에 걸릴 확률이 28퍼센트 더 높다는 사실이 발견되었다. 이는 폐암 1만 1,000여 건을 보고한 연구 결과 8개에 따른 것으로 분석되었고 p값은 0.004였다.

그런데 좀 이상하다. 폐에 전혀 닿지 않는 커피가 어떻게 폐암을 일으킬 수 있을까? 쥐에게 폐암을 일으키는 담배의 강력한 발암물질인 NNK를 기억하는가? 아마도 커피가 NNK를 함유하고 있을지도….

알고 보니 그건 아니었지만, 커피는 아크릴아미드acrylamide라는 화학물질을 함유하고 있는데, 이 화학물질은 담배와 튀긴 탄수화물 식품에도 있다. 국제암연구소, 미국 국립독성연구소, 미국 환경보호국은 모두 아크릴아미드가 쥐와 생쥐에게 갑상선암을 유발하는 능력이 있고 따라서 인간에게도 발암물질일 가능성이 높다고 말한다.

커피 속 아크릴아미드는 폐암을 일으킨다. 사건 종결?

아니다.

우선 실험용 동물에서 암을 유발한 아크릴아미드의 복용량은 사람이 커피에서 섭취하는 양보다 1,000배에서 1만 배 높았다. 또 다른 예로, 커피는 암을 **유발하는** 것으로 의심되는 화학물질을 적어도 한 가지 이상 함유하고 있지만 동시에 암을 **예방하는** 것으로 예상되는 화학물질을 함유하고 있다. 그 두 가지보다 훨씬 중요한 세 번째 잠복 요인이 있다. 흡연이다.

4장에서 이미 보았듯이 흡연은 폐암의 위험성을 극적으로 증가시킨다. 그리고 흡연은 커피를 마시는 것과 밀접한 관련이 있다.

그 상황에 대한 우리의 원래 그림은 다음과 같았다.

커피 ●————————————● 폐암

하지만 이제 좀 더 복잡한 그림을 보게 되었다.

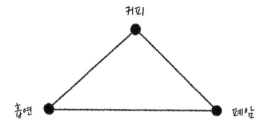

그래서… 폐암 가속기를 밟는 게 커피일까, 아니면 담배일까? 이 질문에 대답하는 데는 쉬운 방법, 중간 방법, 어려운 방법 세 가지가 있다. 쉬운 방법은 커피가 폐암과 연관되어 있는 가장 가능성이 높은 이유가 흡연과 폐암과의 믿을 수 없을 정도로 강력하고 인과적인 연관성 때문이라고 추측하는 것이다. 미친 생각은 아니지만, 그 자체로는 설득력이 없다. 이 질문에 대답하는 어려운 방법은, 아마 여러분도 짐작했겠지만, 무작위 통제 실험을 하는 것이다. 무작위로 수천 명을 데리고 가서 무작위로 두 그룹으로 나누어 한 그룹은 커피를 마시게 하고 다른 한 그룹은 못 마시게 한 다음 누가 폐암에 걸리는지 본다. 이 방법은 골칫거리일 뿐만 아니라 윤리적으로 의심스럽고 비용이 많이 들며, 우리의 질문에 답하려면 적어도 10년은 걸릴 것이다.

중간 난이도가 사실 가장 기발하다. 무엇인지 추측해볼 수 있겠는가? 곰곰이 생각해보고 나서 계속 읽으시길.

4장에서, 지구상의 사람들 대부분이 담배를 피우지 않는다고 이야기한 걸 기억하는가? 만약 **오직** 살면서 담배를 피운 적이 없는 사람들로만 커피-폐암 연관성 실험을 다시 할 수 있다면 어떨까?

할 수 있다.

과학자들이 했다.

그리고 그들은 다음과 같은 사실을 발견했다. 담배를 피운 적이 없는 사람들만 볼 때, 커피를 마시는 것은 폐암에 걸릴 위험이 약간 더 낮은 것과 관련이 있었다. 사실 이 결과가 통계적으로 유의미하다고 볼 수는 없지만, 이것이 암시하는 바는 폐암 가속기를 밟는 얼간이가 바로 담배이고 커피는 그저 지나가던 죄 없는 나그네였다는 것이다.

자, 이것이 6번 웅덩이, 교란된 연관성이다.

영양역학 연구에도 교란된 연관성이 있을까?

NNS 연구를 비판하면서 알아보자. 초가공식품과 암 사이의 연관성을 발견한 연구였다.

연구의 마지막에, 저자들은 참가자들을 물리적으로가 아닌 산술적으로, 초가공식품을 얼마나 많이 먹었는지에 따라 대략 같은 크기의 네 그룹으로 나누었다. 그룹 1에 속한 사람들은 가장 적은 양의 초가공식품을 먹었다. 식단의 약 8.5퍼센트였다. 우리는 그들을 퀴노아 마니아라고 부를 것이다. 그룹 4에 속한 사람들은 식단의 32.3퍼센트를 초가공식품으로 채웠으며, 이는 퀴노아 마니아들보다 하루에 거의 4배나 많은 사탕, 케이크, 탄산음료, 오레오 등등의 초가공식품을 섭취했다. 우리는 그들을 화학물질 마니아라고 부를 것이다.

여기에는 아주 중대한 문제가 있다. 이 실험에서 연구자들은 하나의 변수(이 경우 초가공식품)를 기준으로 사람들을 나누었는데, 이렇게 사람들을 나눌 수 있는 **다른** 변수들이 너무나 많다는 것이다. 이 문제를 성공적으로 극복할 수 있는 방법은 전혀 없다. 그냥 '사실'일 뿐이다. 이 실험의 화학물질 마니아들은 퀴노아 마니아들과는 여러모로 달랐다. 구체적으로 말하자면, 화학물질 마니아들에게는 다음과 같은 경향이 있었다.

- 젊다.
- 담배를 피운다.
- 키가 크다. [•]
- 신체 활동량이 많다.
- 더 많이 먹는다.
- 술을 덜 마신다.
- 피임을 한다.
- 자녀 수가 적다.

그러니까 화학물질 마니아와 퀴노아 마니아를 비교한다고 하면, **단순히** 초가공식품을 더 많이 먹은 사람과 초가공식품을 덜 먹은 사람을 비교하는 것이 아니다. 다음을 비교하는 것이다.

1. 더 젊고, 키가 크고, 신체적으로 활동적이고, 피임을 하고, 흡연자이고, 술을 덜 마시면서 초가공식품을 많이 먹는 사람

[•] 재미있는 사실: 키가 큰 사람은 암에 걸릴 확률이 (아주 약간) 더 높다.

2. 더 나이 들고, 키가 작고, 활동량이 적고, 피임을 하지 않고, 비흡연자이고, 술을 더 마시면서 초가공식품을 훨씬 덜 먹는 사람

만약 이게 교란된 연관성으로 가득 찬 천국처럼 들린다면, 여러분의 직감은 정확하다.

구체적인 예를 하나 들어보자. 이 연구의 핵심은 초가공식품을 더 많이 먹은 사람들이 암에 더 많이 걸리는지 보는 것이었다는 사실을 기억하라. 그리고 이 연구 결과의 헤드라인은 화학물질 마니아들이 퀴노아 마니아들보다 암에 걸릴 위험이 23퍼센트 더 높다는 것이었다. 하지만 여러분이 두 집단의 실제 암 환자 수를 알면 깜짝 놀랄 것이다. 화학물질 마니아 중에는 368명의 암 환자가 있었고 퀴노아 마니아 중에는… 712명의 암 환자가 있었다. 그럼 초가공식품을 4배나 더 먹은 사람들이 암에 걸린 경우가 그렇지 않은 사람들에 비해 **절반**밖에 안 된다고? 무슨 소리야? 초가공식품이 암을 **예방하는 거**야?!?!

아니다.

나중에 알고 보니, 여기서 가장 큰 교란 변수는 **연령**이었다. 퀴노아 마니아들은 평균적으로 화학물질 마니아보다 10살 더 많았다. 다시 말하지만, 이런 차이점을 물리적으로 해결할 방법은 없다. 하나의 변수에 기초해 많은 사람들을 나누면, 다른 변수들도 달라질 수밖에 없다. 그리고 이런 변수들 중 일부(여기서는 나이)는 여러분이 관심 있어 하는 결과(여기서는 암)에 엄청난 영향을 미칠 수 있다.

자, 처음에 우리가 맞닥뜨렸던 질문(영양역학 연구에도 교란된 연

관성이 있을까)에 대한 대답은 "예"다. 코호트 연구를 할 때 수학적으로 사람들을 한 변수를 이용해 나누면, 나눈 사람들이 아주 많은 다른 변수들로 또다시 나뉘어 적어도 하나 이상의 교란된 연관성을 만들어 낼 것이 거의 확실하다.

이론적으로는 여러분이 잠재적으로 교란 가능성이 있는 모든 변수를 '조정'할 수 있는데, 이는 기본적으로 '여러 가지 계산을 통해 우리가 관심 있는 변수의 효과를 분리'한다는 의미다. 이 경우에는 관심 있는 변수가 초가공식품이다. 이것이 바로 이 연구의 저자들이 원자료(화학식품 마니아들은 퀴노아 마니아들보다 암 환자 수가 48퍼센트 적다)에서 최종 결과(화학식품 마니아들은 퀴노아 마니아들보다 암 환자 수가 23퍼센트 많다)를 도출한 방법이다. 안타깝게도 여기엔 두 가지 문제가 있다. 첫째, 변수를 조정하기 위해서는 변수들을 측정해야 하는데, 중요한 변수 하나하나가 제대로 측정되었는지 확인하기란 거의 불가능하다. 둘째이자 더 중요한 것은, 변수를 조정하는 과정이 매우 까다로우며 여러분이 적절하게 변수를 조정했는지 결코 확신할 수 없다. 어느 방향에서든 실수가 생길 수 있다. 진짜 위험을 과대평가할 수도, 과소평가할 수도 있다는 의미다.

그러므로 6번 웅덩이, 교란된 연관성은 **합리적인** 연관성과 **인과관계** 사이의 걸림돌이다. 특히 이 경우에, 초가공식품과 암 사이의 연관성은 **합리적일** 수 있지만, 반드시 **인과관계**는 아닐 수도 있다. 연구자가 측정하지 않은 교란 변수(예를 들어 종교 봉사 출석 또는 성격 특성)에 의해 발생하거나, 연구자가 측정한 변수의 불완전한 조정(예를 들어 나이 또는 흡연)에 의해 발생할 수 있다.

우리가 다룰 마지막 7번 웅덩이는 아마도 가장 미묘할 것이다. 웅덩이가 미묘할 수나 있다면 말이다. 어쨌든, 커피로 돌아가 보자. 초가공식품에 대한 연구보다 커피에 대한 연구가 더 많았으니까.

2017년, 연구원들이 커피에 관한 매머드급 연구에 대한 결과를 발표했다. 사실 이건 연구에 대한 연구였다. 즉 과학자들은 이전에 커피에 대한 연구 결과에 대한 연구를 또 다시 연구했다. 커피 연구에서의 〈인셉션〉이라고나 할까.

이야기가 길지만 짧게 줄여보면, 저자들은 수백만의 사람들이 포함된 수백 개의 커피 연구 결과를 수학적으로 결합했다.

엄청난 양의 자료다.

내 짧은 생각으로, 가장 중요한 데이터는 바로 이것이다. 하루에 커피 3잔을 마시는 것은 커피를 마시지 않은 사람들에 비해 어떤 이유로든 사망할 위험이 약 17퍼센트 낮다는 것과 관련이 있다. 비록 카페인 중독이라서 하루에 7잔을 마실 수 있었던 사람들도 커피를 마시지 않은 사람들보다 어떤 이유로든 사망할 위험이 10퍼센트 낮았지만, 3잔이 가장 좋은 지점이었다. 두 경우 모두 이런 비교는 통계적 오르가즘, 즉 유의성을 획득했으며 p값은 매우 낮았다.

그러므로 이 연관성이 불타는 덤불에서 왔다고 생각해보자. 우리는 커피를 마시는 것이 합리적으로 전체적인 사망 위험 감소와 관련이 있다고 가정할 것이다. 그러나 물론 커피를 마시는 것과 사망 위험이 낮아지는 것이 연관되어 있다고 해서 반드시 커피가 사망 위험 감소를 야기한다는 의미는 아니다.

이 두 가지가 왜 다른지 그리고 얼마나 다른지 알기 위해서 냄새에 대한 기억을 떠올려보라. 특히 수영장 냄새를. 만약 여러분이 실내 수영장에서 시간을 보낸 적이 있다면 내 말뜻을 알 것이다. 톡 쏘는 듯하고, 자극적이고, 희미한 소독제 냄새가 섞여, 마치 셰프가 병원의 시체 안치소에서 레몬 수플레를 구워낸 것 같은 냄새다.

이 냄새의 성분은 무엇일까?

생각해보자. 수영장 냄새는 꽤 **특이하다**. 샤워할 때나, 물을 끓일 때나, 비가 올 때나, 호수에서 수영을 할 때는 그 냄새가 나지 않는다. 수영장 주변에서만 그 냄새가 난다. 그리고 그 냄새는 야외 수영장에서보다 실내 수영장에서 훨씬 더 강하다. 여러분은 또한 수영장이 염소로 소독된다는 사실을 알고 있다. 마지막으로, 여러분은 아마 호수, 강, 비가 염소로 소독되지 **않는다**는 사실을 알고 있을 것이다. 염소와 수영장 냄새에 대해 우리가 알고 있는 것을 정리해보자.

	염소로 살균?	수영장 냄새?
호수	아니오	아니오
강	아니오	아니오
비	아니오	아니오
수돗물	예	아니오
실외 수영장	예	예, 하지만 그렇게 심하지는 않음
실내 수영장	예	예, 매우 심함

이 내용은 본질적으로 관찰 연구다. 연구자들이 사람들을 모아서 커피와 사망 위험 감소가 연관되어 있음을 관찰한 것과 정확히 같은 방법으로, 여러분은 물 표본을 (콧속으로) 수집해서 염소가 존재하는 거의 모든 경우에 수영장 냄새도 함께 난다는 사실을 알아냈다. 정리하면 커피가 사망 위험 감소와 연관되어 있듯 염소와 수영장 냄새도 연관되어 있다. 하지만 이 연관성이 완벽하지 않다는 것에 주목하라. 수돗물은 거의 확실히 염소로 소독되지만, 수영장 냄새는 나지 않는다. 하지만 꽤 근접한 관계이긴 하다. 여러분은 염소와 수영장 냄새가 **강하게** 연관되어 있다고 할 수도 있다.

어떤 것이 다른 것과 연관되어 있다는 내용을 읽을 때마다, 여러분의 생각은 직관적으로 도약한다. 그리고 여러분만 그러는 게 아니다. 대부분의 사람들도 그렇게 생각하지만 너무 자주, 너무나 자연스럽게 하기 때문에 알아차리지 못하는 것뿐이다. 위의 표에 있는 자료를 읽는 순간, 여러분의 생각은 하나가 틀림없이 다른 것을 야기하고 있다는 결론으로 매끄럽게 도달한다. 어쨌든, 냄새는 보통 어떤 것의 원인이 아니라 결과니까. 그래서 여러분의 생각은 스스로 알아차리지도 못한 사이에 수영장 냄새가 염소에 의해 발생한다는 결론에 부드럽게 도착하는 것이다. 이것이 바로 직관에 의한 이해다. 사실, 여러분은 수영장 냄새를 염소 냄새로 알고 있을 것이다.

하지만 그 결론이 사실일까?

알아내기 위해 간단한 실험을 했다.[*]

[*] 나보다 먼저 이 실험을 해본 사람이 많다. 과학의 정신으로, 나는 결과를 복제하고 제어장치를 한두 가지 추가하려고 시도하고 있다. 이전 실험의 좋은 예는 유튜브에서 'HOW MUCH PEE IN YOUR POOL'을 검색해보시길.

100밀리리터의 증류수를 빈 비커 2개(각각)에 넣고 냄새를 모두 맡았다. 아무 냄새도 나지 않았다. 좋아, 물에서는 무슨 냄새든 나면 안 되지. 그러고 나서 비커 중 하나에 수영장 소독제인 차아염소산 칼슘을 0.025그램 첨가했다. 모두 제대로 용해되었는지 확인하기 위해 몇 분 동안 저은 뒤 냄새를 맡았다. 염소가 수영장 냄새를 유발했다면, 이 비커는 수영장 냄새를 강하게 풍겨야만 했다.

그런데 아니었다.

흠, 반응하는 데 시간이 좀 걸릴지도 모른다. 그래서 비커 2개를 덮어서 밤새도록 상온에 놔두었다.

다음 날에도 냄새가 나지 않았다.

이상하네. 수영장에 물 말고 또 뭐가 들어 있을까?

오.

아냐.

아닐 거야.

…오줌?

맙소사, 오줌이야?

오줌인가 봐….

알아낼 방법은 하나뿐이다.

실험을 다시 했다. 이번에는 비커 4개로 실험했다. 첫 번째는 물, 두 번째는 물과 소독제, 세 번째는 물과 소독제와 한 방울 정도의 금방 눈 오줌, 마지막은 달랑 물과 오줌으로만. 비커들을 덮고 하룻밤을 두었다.

다음 날 아침이 되었다. 쿵쿵.

오, 안 돼.

아니, 아니야.

아니, 아니, 아니, 아니, 아니, 아니, 아니.

안 돼애애애애애애애애애애애애애애애애애애애애!

알고 보니, 염소 또는 오줌이 아니고 둘 다였다.

그 말은 모든 수영장들이 지금까지 오줌으로 가득 차 있었다는

거야?

어깨 위의 천사: 잠깐만. 속단하지 마.

어깨 위의 악마: **속단**이라니? 말 그대로 방금 실험했잖아!

천사: 응, 하지만 오줌 말고도 몸에서 나오는 것들이 많아. 예를

들면… 자외선 차단제!

악마: 흠, 네 말이 맞는 것 같아. 입에서 침도 나오지.

천사: 그래! 그러면 덜 역겹겠다.

악마: 그리고 코도 풀어.

천사: 으윽, 정말?

악마: 그리고 똥도 싸고.

천사: 너 진짜 역겨워.

천사와 악마는 네 가지 흥미로운 가능성을 제기했다. 자외선 차

단제, 침, 콧물, 똥. 나는 이 중에서 2개를 테스트했다. 콧물로 실험했을 때는 수영장 냄새 비스무리한 것이 났다. 침으로 실험했을 때는(내가 맡기에는) 수영장 냄새의 정석이라고 부를 만한 것이 났다. 체육관 수영장에 들어갔을 때 맡는 냄새와 정확히 똑같았다.

그래서 이제 우리는 "염소는 수영장 냄새와 연관되어 있다"라는 원래 문장을 약간 수정해볼 수 있다. 다음의 문장이 적절할지도 모른다. "염소는 인간의 오줌, 침, 콧물과 섞이면 수영장 냄새와 거의 비슷한 냄새를 만들어낸다." 과학에서 흔히 그렇듯이, 실험을 하면 대답보다 질문을 더 많이 얻게 될 수 있다. 수영장 냄새 중 어느 정도가 오줌으로 인한 것이고 어느 정도가 침이나 콧물로 인한 것인가? 내 소규모 실험에서 나는 냄새는 수영장에서 나는 냄새와 화학적으로 동일한가? 사람들이 **정말로** 모든 수영장에서 그 냄새가 날 만큼 그렇게 자주 수영장에서 오줌을 싸는 걸까? (내 생각에는 우리 모두 답을 알고 있다.) 여러분은 단지 수영장의 화학을 연구하는 데만 모든 경력을 쓸 수도 있다.*

수영장과 오줌은 7번 웅덩이의 핵심, 연구 설계다. 즉, 여러분이 하는 연구의 유형은 여러분이 어떤 것이 인과적인지에 대해 결론을 내릴 수 있는 범위를 제한할 수 있다. 수영장 냄새를 맡으며 돌아다니는 것은 관찰적인 연구다. 염소와 수영장 냄새 사이에 연관성이 있다는 사실은 알 수 있지만, 염소가 수영장 냄새를 **유발한다**고는 말할 수 없다. 한 양동이에 오줌을 누고 다른 양동이에 오줌을 누지 않는 것은 통제된 실험이다. 그 실험으로는 오줌과 염소가 수영장 냄새를 유발

---

* 그리고 물론, 그렇게 하고 있는 사람들이 있다.

한다는 사실을 알아낼 수 있다. 그러나 나름대로의 한계가 있다(몇 쪽 뒤에서 이 내용을 자세히 다룰 것이다). 그리고 흡연이 폐암을 어떻게 유발하는지를 알아내는 것이 진리의 다리를 구성하는 하나의 벽돌인 것과 마찬가지로, 염소와 오줌(또는 다른 체액)이 어떻게 반응해 '수영장 냄새'를 형성하는지에 대한 화학을 설득력 있게 알아내는 것은 증거 케이크의 또 다른 층이다.

그러니 만약 다음에 "블루베리는 사망 위험 감소와 연관되어 있다"와 같은 헤드라인을 보게 되면, 합리적이고 인과적인 연관성으로 가는 길에 있는 모든 웅덩이를 기억하시라.

1번 웅덩이: 사기꾼

2번 웅덩이: 기본적인 계산 실수

3번 웅덩이: 우연(무작위 가능성)

4번 웅덩이: 절차상 오류

5번 웅덩이: p-해킹을 포함한 통계적 속임수

6번 웅덩이: 교란된 연관성

7번 웅덩이: 연구 설계(관찰 실험 vs. 무작위 통제 실험)

다른 웅덩이도 있지만, 이 웅덩이 7개가 기억해야 할 중요한…
잠깐만.

왜 이 모든 걸 기억하는 게 **여러분이** 할 일이지? 이건… 말 그대로 다른 사람의 일이어야 하지 않을까? 모든 웅덩이들을 찾아내고 그것들이 최종 결과에 영향을 미치는지 여부를 결정하는, 즉 연구를 분석하는 일은 정말 힘들다. 치토스 먹는 것을 중단해야 할지 말지를 결정하는 데 도움을 주고 연구를 평가하는 체계적인 방법을 개발한 과학자 그룹이 있다면 정말 좋지 않을까?

다행히도, 있긴 하다.

아주 최근에, 한 과학자 그룹이 다수의 증거를 보고 그것이 얼마나 좋은지(또는 나쁜지) 결정할 수 있는 체계적인 방법을 개발했다. GRADE 시스템의 탄생이다. GRADE 시스템(학교에서 받는 성적 등급이라고 생각하면 된다)의 단계는 다음과 같다.

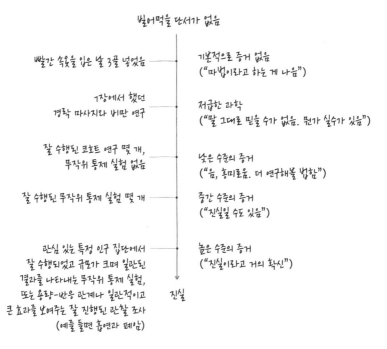

쓰고 보니, 초가공식품에 대한 부정적인 증거는 관찰 연구이고 위험도 크지 않아 낮은 수준에 해당한다. 낮은 수준의 증거란 여러분이 이를 보고 "허허, 흥미롭군. 어쩌면 이 연관성이 합리적이고 인과적인지 시험하기 위해 무작위 통제 실험을 해야 할지도 몰라"라고 하게 되는 증거다. 즉, "우리는 이 연관성이 합리적이고 인과적임을 100퍼센트 확신한다고 결론 내렸다. 언론에 알려라!"라고 하는 증거가 **아니라는** 말이다. 확실히 하자면, 내가 여기서 하고 싶은 말은 초가공식품에 대한 증거에 우리가 신중해야 한다는 것이다. 가공식품을 먹는 게 여러분의 건강에 **좋다는** 얘기가 **절대 아니다.**

초가공식품은 비만과 당뇨병의 중요한 원인이 될 수 있지만, 주요 추진 동력이 아니라 그냥 사망 가속기를 살짝 두드리는 정도의 변수라고 판명될 수도 있다. 우리는 아직 모른다. 앞으로도 초가공식품 연구를 위한 연구비가 사용될 예정이므로 결국 더 확실한 증거를 찾게 될 것이다. 누가 알겠는가? 언젠가 미래에 치토스 봉지를 감옥에 보내기에 충분한 증거가 나올지. 하지만 결과가 나오기까지 오래 걸릴 것이다.

바로 위 문장을 키보드에 입력하고 나서 약 42초 후, 나는 케빈 홀Kevin Hall에게서 이메일을 받았다. 그는 〈도전! FAT 제로The Biggest Loser〉(미국 NBC에서 2004년부터 2016년까지 방송한 다이어트 리얼리티 쇼-옮긴이)의 참가자들과 함께 연구했던 국립보건원의 물질대사 연구원이다. 몇 주 전에 가공식품, 비만, 체내 물질대사에 관한 일반적인 질문들을 하기 위해 그에게 연락했던 참이었다. 이메일에서 케빈은 이렇게 대답했다. "가공식품에 대한 논문은 현재 심사 중이라서 아직 그 연구 결과에 대해 논의할 수 없습니다."

뭐라고?

나는 전혀 몰랐지만, 알고 보니 그의 연구팀은 우리가 1장에서 이야기한 노바 식품분류 시스템을 사용한 첫 번째 무작위 통제 실험에 대해 논문을 발표하려고 준비하고 있었다.

이 언론인의 촉이라니! 여러분에게 필요한 것은 약간의 우연뿐이다.

홀의 연구는 초가공식품이 가공되지 않은 음식보다 더 많은 칼로리를 섭취하게 하고 더 많은 체중을 증가시키는지를 시험하기 위한 최초의 무작위 통제 실험이었다. 이런 연구는 어렵고 비용이 많이 든다고 말할 수 있다. 왜냐고? 음, 책의 맨 처음 부분에서 우리가 사람들을 두 그룹으로 나눠 서로 다른 무인도에 가둬놓고, 다른 식단을 먹이고, 수십 년에 걸쳐 무슨 일이 일어나는지 보는 실험에 대해 이야기했던 것을 기억하는가? 홀과 그의 팀이 정확히 그렇게 했다. 단, 기간이 1년 대신 28일이었고 장소가 무인도 대신 메릴랜드 베데스다의 NIH 병원이었다. 그러한 차이에도 불구하고, 이 연구는 여전히 큰 골칫거리였다.

홀은 기꺼이 다음과 같은 일을 해줄 사람들을 찾아야만 했다.

· 1달 동안 병원에서 한 번도 떠나지 않는다.

- 주어진 음식만 60분 이내에 먹고, 누군가 여러분이 남긴 음식을 가져가서 무게를 재게 한다.
- 매일 아침 6시에 체중계에 올라가 간호사에게 몸무게를 기록하게 한다.
- 매주 엑스레이를 찍는다.
- 2주에 1번씩 MRI 검사를 받는다.
- 매일 컵에 소변을 본다.
- 매주 24시간씩 밀폐된 방에 갇혀 일일 에너지 소모량을 측정한다.
- 4주에 3번 피를 뽑는다.
- 신체 활동을 측정하기 위해 가속도계를 하루에 24시간 착용한다.
- 매일 20분 동안 실내 자전거를 3번 탄다.

이 연구에 참여할 건강한 인간 자원봉사자 20명을 찾은 홀의 연구는 기적이었다. 과학을 위해 희생한 그들의 업적에 경의를 표한다!

그렇다면 이 연구는 실제로 어떻게 이루어졌을까? 아주 간단하다. 자원봉사자 20명은 무작위로 10명씩 두 그룹으로 나뉘어 초가공식품 식단 또는 자연(저가공) 식단을 시작했다. 두 식사 모두 칼로리, 단백질, 탄수화물, 지방 섭취량이 거의 같았다. 주요 차이점은 칼로리가 초가공식품에서 나오느냐, 가공되지 않은 식품에서 나오느냐였다(다른 차이도 있었지만, 그건 나중에 이야기하겠다). 2주 후, 모든 자원봉사자들이 식단을 바꾸었다. 초가공식 식단에 있는 모든 사람들은 가공되지 않은 식단으로 전환했고, 그 반대의 경우도 마찬가지였다. 두 식사 모두 피실험자들에게 몸무게를 유지하는 데 필요한 칼로리의 2배가 주어졌다. 왜 2배냐고? 왜냐하면 홀과 그의 팀은 사람들이 초가공식품이라면 더 많은 음식을 먹을 수 있을지를 알아내려고 애쓰고 있었고, 그렇게 하는 유일한 방법은 음식을 무한정으로 주고 원하는 만큼 많이 먹게 하는 것이었기 때문이다.

인정하지만, 나는 〈해리포터와 마법사의 돌〉, 〈변강쇠와 불타는 돌〉에서보다 두 가지 다른 식단의 메뉴에서 더 큰 충격을 받았다. 예를 들어 5일째 되는 날, 저가공 식단의 저녁 식사는 연한 쇠고기 구이, 올리브 오일과 마늘로 요리한 보리, 찐 브로콜리, 식초와 허브로 만든 드레싱을 곁들인 그린 샐러드, 사과 몇 조각이었다. 7일째 되는 날, 초가공식품 그룹을 위한 저녁 식사는 하얀 빵 위에 땅콩버터와 딸기잼을 바른 샌드위치, 치토스, 통밀 비스킷, 초콜릿 푸딩, 저지방 우유였다. 초가공식 식단이 그리 나쁘지 않은 날도 있었다. 첫째 날 아침식사로는 허니 너트 시리얼, 블루베리 머핀, 마가린, 일반 우유가 나왔다. 하지만 전반적으로, 이 실험은 확실히 〈변강쇠와 불타는 돌〉이다.

여러분도 아마 결과를 짐작할 수 있을 것이다. 초가공식 식사를 한 사람들은 더 많은 칼로리를 섭취했고(약 500 이상) 또한 실험하는 동안 약 0.9킬로그램 쪘다. 저가공 식단을 먹은 사람들은 약 0.9킬로그램 감량했다. 그리고 기억하라, 이것은 관찰적인 연구가 아니라 (천사들의 합창 효과음 투입!) 무작위 통제 실험이었다.

꽤 믿을 만해 보이지 않는가?

그렇다. 하지만 물론 완벽한 실험은 없다. 그러면 이제 '빌어먹을 논리의 모자'를 다시 쓰자.

초가공식품이 사람들로 하여금 더 많이 먹고 체중을 늘리게 하는 원인인지 여부를 시험하기 위해, 여러분은 과학자들의 말대로 "관심 변수를 분리해야 한다." 이 말의 의미는 '초가공식품인지 아닌지'가 두 식단의 유일한 차이점이어야만 한다는 것이다. 왜냐고? 만약 오줌이 수영장 냄새를 유발하는지 알아내기 위한 실험에서, 내가 비커들을 다음과 같이 채웠다면 어떨까?

1번 비커: 증류수 + 염소
2번 비커: 마당 수돗가에서 나온 물 + 염소 + 오줌

2번 비커에서는 수영장 냄새를 맡았을 것이다…. 하지만 오줌이 범인이라고 단정할 수는 없었을 것이다. 왜일까? 마당 수돗가에서 나온 물이 '그 냄새'를 유발하는 무언가를 가지고 있었을 수도 있고, 염소와 반응해서 '그 냄새'를 유발했을 수도 있기 때문이다.

그런 간단한 실험에서는 관심 변수를 분리하기가 비교적 쉽다. 하지만 전체 식단을 포함하는 연구에서는 훨씬 더 어렵다. 홀과 동료들은 두 식단이 모든 변수에서 가능한 한 비슷한지 확인하기 위해 최선을 다했지만, '그램당 칼로리' 같은 것이 완전히 일치하지는 않는다. '그램당 칼로리'는 '에너지 밀도'라고도 알려져 있으며, 이 특정 변수에서 식품은 크게 다를 수 있다. 예를 들어, 치즈케이크팩토리의 페퍼민트 바크 치즈케이크 1조각은 1,500칼로리인 반면, 비슷한 질량

의 우유는 약 250칼로리다. 우리가 1장에서 알게 되었듯이, 초가공식품은 에너지 밀도가 매우 높다. 그리고 밝혀진 바와 같이, 에너지 밀도는 식품 가공 여부와 별개로 여러분을 더 많이 먹게 할 수 있다. 가이 피어리Guy Fieri(미국의 요리사이자 방송인. 맛있는 고칼로리 요리의 대가—옮긴이)가 여러분에게 밥을 지어준다고 생각해보자.

"오 신이시여, 제가 무슨 짓을 한 건가요?"

그가 해준 '식사'는 극도로 에너지 밀도가 높지만 전혀 가공되지 않았을 것이다. 자, 지아다 드 로렌티스Giada De Laurentiis(이탈리안 요리를 주로 하는 미국의 셰프—옮긴이)가 여러분에게 밥을 지어준다고 생각해보자. 그것도 가공되지 않았겠지만, 에너지 밀도가 훨씬 낮을 것이다. 어느 것을 더 먹겠는가?

그렇다, 가이의 음식이다. 그리고 먹는 동안 스스로를 미워하겠지.

케빈 홀의 연구도 같은 생각이었다. 초가공식 식단은 훨씬 더 에너지 밀도가 높았다.˙ 따라서, 몸무게 증가는 단지 식품의 가공 여부 차이뿐 아니라 적어도 부분적으로는 에너지 밀도의 차이로 야기될 수 있었다.

만약 여러분이 '지아다의 흰강낭콩 스튜를 놓고 피어리의 모듬 파히타를 선택하는 사람은 누구도 제정신이 아닌 것'이라고 말하는 이 내용을 보고 비명을 지르고 있다면, 그것은 우리가 아직 고려하지 않은 또 다른 변수가 있기 때문이다. 바로 맛이다.

˙ 음료를 제외한 초가공식 식단은 저가공 식단에 비해 에너지 밀도가 2배 가까이 높았다. 그 차이를 보완하기 위해 홀과 그의 팀은 다이어트 레모네이드에 많은 섬유질을 녹여 초가공식품에 추가했지만, 그것은 두 가지 식단의 고형분 음식 비율을 맞추는 것과는 다르다.

아마도, 한 트위터 사용자가 지적했듯, "이 연구는 그저 사람들이 밍밍한 샐러드보다 맛있는 케사디야를 더 좋아한다는 사실을 발견했을 뿐이다." 다시 말해서, 사람들이 그냥 예술보다 포르노를 더 좋아하기 때문에 마법사의 돌보다 변강쇠의 돌을 더 좋아하는 것일 수도 있다. 미친 생각은 아니지만, 연구에 참여한 20명은 '기분' 면에서 두 식단이 대략 같다고 평가했다. 여러분은 이 결과가 바로 맛이 요인이 아니라는 의미라고 주장할 수 있겠지만, 미국 〈임상영양저널〉의 전 편집장 데니스 비어Dennis Bier는 동의하지 않는다. 그는 초가공식 식단이 제공되었을 때 500칼로리를 더 먹었다는 바로 그 사실이 초가공식품의 맛이 더 좋다는 사실을 매우 그럴듯하게 보여주는 지표라고 생각한다.*

따라서 만약 이 연구가 **오로지** 초가공식품이 체중 증가에 어떻게 영향을 미치는지만 실험하기 위한 것이었다면, 두 그룹의 식단이 에너지 밀도뿐만 아니라 우리가 고려하지 않은 몇 가지 다른 변수들 측면에서도 더 밀접하게 비슷했어야 했다. 하지만 우리가 이 발견을 아직 은행에 제출하고 싶지 않게 하는 다른 이유들이 있다.

이 연구는 규모가 작고(20명), 기간이 비교적 짧았는데(28일), 평생의 식생활과 비교하면 더욱 그랬다. 또한 홀은 사람들이 자기가 무엇을 먹고 있는지 모르게 할 수가 없었다. 그러기는 불가능했을 것이다. 그가 지원자들에게 연구의 내용을 알리지 않으려고 노력하긴 했다. 예를 들어, 참가자들은 이 실험이 체중 감량 연구가 **아니며** 자신

---

* 그렇다면 어떻게 사람들이 두 가지 식단을 기분 면에서 똑같이 평가할 수 있었을까? 아마도 참가자들은 가공되지 않은 음식이 '몸에 좋다'거나 '자연스럽다'고 느껴 인위적으로 맛을 부풀렸을 것이다. 아니면 연구되고 있다는 사실을 알고 있었기 때문에 맛을 부풀렸을지도 모른다.

들의 체중 측정 결과를 알려줄 수 없다는 말을 들었다. 그러나 그들은 가공식품이 해로운지 시험하기 위해 고안된 연구를 하고 있음을 직감적으로 알았을 것이며, 결과에 영향을 미칠 수 있는 기존의 믿음을 초가공식품에 대해 가지고 있었을 것이다.

또한 이 실험의 환경은 실생활과 전혀 달랐다. 참가자들은 병원에서 생활하며 (똥을 제외한) 모든 것을 측정하게 하는 것 외에도, 정기적으로 "지금 얼마나 배고프니?", "지금 얼마나 많은 음식을 먹고 싶니?"와 같은 질문을 받았다. 또한 그들이 먹고 있는 음식의 등급을 **먹는 동안** 매겨달라는 요청을 받았다. 이게 뭐가 문제냐고? 두 집단의 차이에 영향을 미칠 정도로 큰 문제는 아니지만 이 특정한 환경 **밖에서** 유사한 실험을 했을 때 효과가 있을지에 영향을 미칠 수 있다. 다시 말해, 만약 여러분이 집에 가서 자연식 식단을 정확히 그대로 해먹는다고 해도 **전체 실험**을 반복하지는 않을 것이다. 병원이라는 환경에서 살지 않을 것이고, 끊임없이 주사나 침에 찔리거나 무게가 측정되지 않을 것이며, 그만큼 음식에 대해 많이 생각하지 않을 것이다. 이런 모든 것들은 여러분의 행동에 매우 영향을 끼쳐서 여러분이 칼로리를 적게 섭취하고 살을 빼는 데 효과를 나타낼 수 있다. 하지만 이런 영향을 없애기 위해 홀이 할 수 있는 일은 많지 않다. 참가자들은 병원에 감금되었고 자연스러움이 급격하게 변화했다. 참가자들이 무엇을 먹었는지 그가 확실히 알기 위해서는 환경을 이렇게 만드는 것이 유일하고 효과적인 방법이었다.

또 다른 잠재적인 문제가 있다. 참가자들 자신이다. 평균적으로, 그들은 세계보건기구가 '과체중'이라고 여기는 범위 안에 확실히 들어 있었고, BMI(체질량지수)는 27이었다. 또한 꽤 젊었다(평균 나이 31세). 그리고 1달간의 복잡한 임상 실험에 기꺼이 참여했다. 다시 말하지만, 그 사실이 아마도 두 그룹의 차이점에 영향을 미치지 않을 수도 있다. 하지만 반대로 그 결과가 여러분 자신에게는 적용되지 않는다는 의미일 수도 있다. 만약 여러분이 75세에, BMI가 22이고 과학자들이 여러분을 연구하도록 허락할 의향이 없다면, 여러분의 몸과 참가자들의 몸이 보이는 차이는 연구 결과가 매우 다르게 나타날 정도로 클 수 있다.

위의 두 가지 모두 홀이 구체적으로 잘못한 문제가 아니라 모든 무작위적 통제 실험에 관한 일반적인 문제다. 실제로 무작위 통제 실험에 대한 가장 일반적인 비판은 환경과 시험 대상자를 포함하는 연구의 설정이 결코 여러분의 상황에 정확하게 적용되지 않는다는 것이다. 따라서 여러분이 관심을 갖는 일련의 사람들에게 결과를 반드시 일반화할 수는 없다.

좋다. '빌어먹을 논리의 모자'를 벗고 홀의 연구에서 마땅히 인정받아야 할 지점은 인정해주자.

첫째, 이 연구는 철저하고 신중하게 사전등록되었다. 홀은 자신의 목표를 미리 말했고 측정하겠다고 한 것을 정확히 측정했다. 또한 자신의 모든 원 자료를 자유롭게 이용할 수 있도록 했다. 즉, 누구나 모든 계산을 검사하거나 추가 계산을 하고 싶다면 허가 없이 할 수 있다는 뜻이다. 이 두 가지 선택으로 인해 나는 이 연구가 헛소리 더미가 아니라고 확신한다. 그리고 비록 두 식단 사이에 어떤 변수들은 달랐지만, 많은 변수들은 매우 비슷했다. 예를 들어, 두 식단은 탄수화물, 단백질, 지방으로부터 나오는 칼로리의 비율 면에서 거의 동일했다. 그래서 여러분은 잠재적인 범인 명단에서 몇 가지 변수를 지울 수 있다. 그리고 그것은 매우 유용하다.

그렇다면 이 실험이 내가 초가공식품에 대한 증거를 보는 방식을 바꿀까?

그렇다, 조금은.

이 실험은 초가공식품이 과체중인 젊은이들 한 무리에게 체중 증가를 **유발했음**을 보여준다. 하지만 우리는 음식을 가공하는 과정 때문에 초가공식품이 체중 증가를 일으킨다고 단정할 수 없다.

얼핏 보면 말이 안 된다. 초가공식품이 무슨 일을 했는지 어떻게 알 수 있겠으며, 가공됐기 때문에 그랬는지는 더더욱 알 수 없다. 초가공식품은 에너지 밀도(높음), 부피(낮음), 맛(맛있음), 생산지(공장), 염분(높음) 등 하나의 편리한 패키지로 묶인 변수들이 총체적으로 많다. 홀의 연구에서 이런 변수들 중 일부는 완전히 불일치했기 때문에, 그들 중 누가 체중 증가에 책임이 있는지 알 수 없다. 가공 때문이었을까? 그럴지도 모르지만 아닐지도 모른다. 에너지 밀도 때문이었을 수도 있다. 식이섬유의 종류 때문일 수도. 아니면 맛이라든가. 가능성은 무한하다.

초가공식품이 체중 증가를 유발한다는 사실을 아는 것과 그 **이유**를 아는 것을 구별해서 생각해봐야 한다. 우리는 항상 그 **이유**를 알고 싶어 하지만, 가끔은 **구별**부터 시작해야 한다. 홀의 연구는 그 길을 따라가는 필수적이고 중요한 첫걸음이다. 더 많은 실험이 뒤따를 것이다.

또한 우리는 실험이 짧고, 작으며, 특정 인구와 인위적으로 정해진 환경에서 진행되었다는 사실을 잊어서는 안 된다. 따라서 그 결과가 우리가 본능적으로 믿는 것처럼 광범위하게 적용되지 않을 수도 있다.

전반적으로 보자면, 지금까지의 내용이 이제 막 초가공식품에 대한 '진실의 다리' 건설을 시작하는 시점에서 괜찮은 첫 벽돌이라고 할 수 있다. 하지만 나는 또한 우리가 **정답**을 확실히 안다고 말하기 전에 더 많은 벽돌과 시멘트가 필요하다고 생각한다.

9장

뉴스가 우리를 혼란스럽게 하는 이유들

**기억, 실패한 어린이들,
토끼 굴, 물사마귀,
죽음에 대하여**

우리는 합리적이고 인과적인 연관성을 찾아가는 과정에서 웅덩이 5개를 다루었다. 이제는 논쟁의 바다로 나가야 한다. 이 웅덩이들이 영양역학에 영향을 끼칠까? 답을 알기 위해, 나는 생물학자 벳시 오그번Betsy Ogburn에게 전화를 걸었다. 오그번은 내가 잘못 생각하고 있다고 말했다. "만약 여러분이 영양역학자들에게 연구의 약점을 설명하도록 요구한다면, 그들 대부분은 이 목록 전부를 나열할 것입니다." 다시 말해, 모든 사람들이 그곳에 웅덩이가 있다는 사실에 동의한다는 것이다.

그러나 그녀는 이어 이렇게 말했다.

이 목록 중 어떤 것이든, 매우 강력한 증거처럼 보이는 무언가를 훼손할 수 있다는 사실을 실제로 인정하기는 어렵다고 생각합니다. 특히 연구자들이 자신의 피, 땀, 눈물을 연구에 쏟아부었다면요.

오그번 말이 옳았다. 나와 대화했던 영양역학자들은 그 웅덩이의 존재를 인정했다. 그리고 모두 그 웅덩이 때문에 여러분이 과학의 거리를 질주하기 힘들고 그저 그곳에 빠지지 않기만을 기도할 수 없다는 것에 동의했다. 그러나 그들은 두 가지 점에 대해 격렬히 반대했다. 첫째, 자동차가 웅덩이에 빠지긴 했는가? 둘째, 그 자동차가 여전히 달릴 수 있는가?

과학자 2명이 도로의 시작 부분에 서서, 자신들 앞에 있는 웅덩이를 분명히 보고, 웅덩이의 존재와 위험을 인지한 다음, 자동차에 타고, 웅덩이를 피해 차를 몰았는데, 자동차가 무언가를 쳤는지 그리고 파손됐는지 아닌지에 대해 서로 소리를 지르고 싸운다? 이건 좀 이상해 보인다.

왜 이것이 그렇게 뜨거운 논쟁거리인지 이해하기 위해서, 90년대 후반과 2000년대 초반으로 돌아가 보자. 2005년, 존 이오아니디스John Ioannidis라는 그리스 전염병학자는 "왜 가장 많이 출판된 연구 결과가 거짓인가"라는 아주 순하고 도발적이지 않은 제목의 논문을 발표했다. 만약 여러분이 그 당시에 과학 뉴스를 열심히 봤다면 이 논문에 대해 읽었을 것이다. 그리고 여러분이 논문의 제목에 동의하든 동의하지 않든, 그것은 과학계에 큰 충격을 던졌다. 또한 심리학과 기초 암 연구 분야에서 여러 재현성 프로젝트의 시작을 촉진하는 데 도움이 되었다(과학자들이 그 결과를 재현할 수 있는지 알아보기 위해 논문을 다시 발표했다). 이오아니디스는 스탠퍼드로 옮겨갔다. 그리고 영양역학으로 관심을 돌려, 캐나다 기자에게 "그것은 쓰레기통에나 가야 한다"고 말했고 〈복스〉(미국의 뉴스 및 의견 웹사이트-옮긴이) 기자에게는 "오래되고 죽은 분야다. 어느 시점에서는 시체를 묻고 다른 곳으로 옮겨 가야 한다"라고 말했다.

이건 뭐 싸우자는 말이지. 영양역학자들은 이오아니디스처럼 극적으로 말하는 재주를 갖추고 있지는 않았지만, 어쨌든 반격했다. 하버드 대학교의 영양역학자 월터 윌렛Walter Willett은 "당신은 정말로 영양역학이 어떻게 수행되는지 심각하게 잘못 설명하고 있습니다"라고 답했는데, 그것은 마치 "당신이 옹호하는 모든 것은 썩어가는 똥 더미요"라는 말과 "우리는 그 주제에 대해 서로 의견이 다르군요"라는 말을 동시에 한 것과 같다. 내가 앞으로 "영양역학 전쟁"이라고 부를 이오아니디스와 윌렛 사이의 격차는 내가 이 책을 연구하면서 발견한 토끼 굴 중 가장 크고 깊었다. 만약 끔찍할 정도로 혼란스러운 통계, 하버드와 스탠퍼드 간의 경쟁심,˙ 그리고/또는 스스로의 분별력에 대한 의심이 재미에 대한 여러분의 생각에 포함된다면, 여러분은 분명이 특별한 토끼 굴을 좋아할 것이다. 하지만 재미에 대한 나의 생각은 그런 것들을 전혀 포함하지 않기 때문에 굴 속으로 다이빙하는 대신 그 주변으로 다정하게 안내할 것이다. 우리는 몸을 앞으로 기대고, 입을 쩍 벌린 어둠 속을 자세히 들여다 볼 것이며, 안에 있는 인물들

˙ 2010년에 하버드는 이오아니디스를 역학 부교수로 임명함으로써 양쪽의 의견 충돌에 대한 입장을 분명히 했다.

을 탐색하겠지만, 중대한 전환점을 **지나쳐서는** 안 된다.

영양역학 연구에 반대하는 이오아니디스의 주장 중 하나는 우리
가 7장에서 다룬 내용이다. 여러분이 더 많은 가설을 제안할수록, 적
어도 하나는 우연에 의해 "통계적으로 유의미한" 것으로 판명될 가능
성이 더 높아진다. 그러나 이오아니디스는 이런 경우가 **특히** 음식과
질병에 해당한다고 주장한다. 왜냐하면 기본적으로 다음과 같은 무
한 가설이 있기 때문이다.

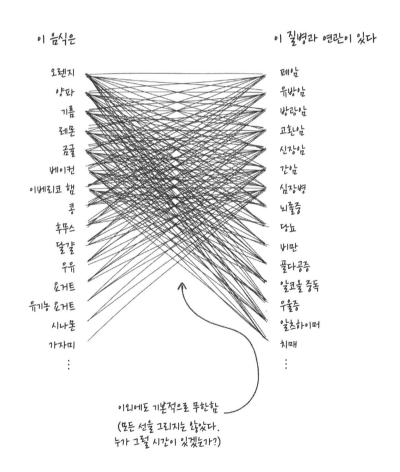

이 음식은   이 질병과 연관이 있다

오렌지	폐암
양파	유방암
기름	방광암
레몬	고환암
귤	신장암
베이컨	간암
이베리코 햄	심장병
콩	뇌졸중
후무스	당뇨
달걀	비만
우유	골다공증
요거트	알코올 중독
유기농 요거트	우울증
시나몬	알츠하이머
가자미	치매
⋮	⋮

이외에도 기본적으로 무한함

(모든 선을 그리지는 않았다.
누가 그럴 시간이 있겠는가?)

각각의 선은 잠재적인 실험이다. 예를 들어, 서로 다른 음식 300개와 질병 800개가 있다면, 잠재적인 실험은 24만 개가 있을 것이다. 그중 5퍼센트만이 우연에 의해 통계적으로 유의미한 연관성을 보여준다고 해도 실험 1만 2,000개가, 말하자면, 금귤류와 항문 종기 사이의 연관성을 보여줄 것이다.* 이오아니디스는 또한 이렇게 주장한다(나도 동의한다). 식품과 질병의 연관성을 보여주는 결과가 훨씬 더 많이 출판되고 언론 보도될 가능성이 높기 때문에, 여러분은

"가자미가 고환암 위험을 23퍼센트 더 높이는 것과 연관이 있다"

이런 뉴스를 다음의 뉴스보다 훨씬 더 많이 읽게 된다는 것이다.

"월계수 잎은 특정한 무엇과도 연관되지 않았다"**

월렛과 회사의 반론은 다음과 같다. "우리는 로봇처럼 모든 가설을 맹목적으로 시험하지 않는다. 우리는 생화학, 동물 실험, 대사 실험에 대한 지식을 이용해 가설 목록을 가장 그럴듯한 것으로 좁힌다. 또한 최근 단일 음식의 실험에서 식습관(지중해식 식단과 같은)의 실험으로 주제를 변경했는데, 그럼으로써 이용 가능한 가설의 총 수를 줄이고 사람들이 실생활에서 어떻게 먹는지를 더욱 가깝게 반영한다."

* 사실은 이것보다 조금 복잡하다. 변수의 일부가 독립적이지 않기 때문에 실제 수는 더 작을 것이다. 하지만 기본적인 아이디어는 같다.
** 혹시 몰라 말하자면, 헤드라인 2개 모두 내가 지어냈다.

이오아니디스의 또 다른 주장은 영양역학이 무작위적인 통제 실험보다는 관찰적 연구에 기초하고 있다는 것이다. 기억하시라, 관찰 실험에서 여러분은 실제로 사람들의 행동을 바꾸려고 노력하지 않는다. 가장 잘 계획된 실험에서는 사람들을 모집하고 그중 몇몇에게 암, 심장병, 또는 여러분이 연구에 관심이 있는 어떤 결과가 나올 때까지 몇 년 동안 추적한 다음, 암(또는 심장병)에 걸린 사람들을 그렇지 않은 사람들과 비교한다. 담배를 더 피웠는가? 운동을 적게 했는가? 두더지쥐를 적게 먹었는가?

관찰 연구(추적 조사)에 대한 이오아니디스의 문제 제기를 살펴보기 전에, 먼저 관찰 연구의 정당성에 대해 말해보자. 윌렛은 관찰 연구가 몇 번의 성공을 거두었으며 흡연이 가장 유명하고 좋은 예라고 주장한다(나도 동의한다). 흡연을 반대했던 초기 증거는 대부분 관찰 연구에서 나왔었다. 기억하시라, 1964년 보고서에서 공중보건국장이 인용한 무작위 통제 실험의 수는… 0이었다. 물론, 실제로 담배를 먹는 건 아니므로 엄밀히 말해 **영양**역학은 아니지만, 영양역학 또한 관찰 시험에서 높은 점수를 받았다. 윌렛 팀은 몇 가지 연구를 예로 들었는데 가장 최근의 것은 트랜스지방에 대한 연구였다. 또한 **오직** 관찰 연구에만 의존하지 않는다고 말한다(무작위 통제 실험도 사용한다). 하지만 그들이 올바르게 지적했듯이, 관찰 연구가 더 비용이 적게 들며, 때로 무작위 통제 실험은 여러분이 연구하고자 하는 것에 대해 윤리적이거나 실용적이지 않다.

좋다. 그러면 관찰 연구에 대한 이오아니디스의 불만은 무엇일까? 첫 번째, 관찰만 한다. 즉, 컵에 오줌을 싸지 않고 수영장을 콩콩

거리며 돌아다니기만 한다. 그래서 그들이 음식과 질병 사이의 합리적인 연관성을 밝힐 수 있다고 해도, 음식이 실제로 질병을 유발하는지 여부를 밝힐 수 없다.

불만 두 번째, 기억력이다. 내용이 길어질 것이니 안전벨트를 매시길.

인디애나 주에서 벌어진 다음의 이야기를 생각해보자. 시작은 순수하다. "지난 주, 매리언 카운티 보안관실 직원이 인디애나폴리스 주 모리스 가 3828W에 있는 맥도널드 지점에서 맥치킨 샌드위치를 구입했다." 그러고 나서 그는 샌드위치를 냉장고에 넣고 하던 일을 계속했다. 7시간 후, 돌아와서 샌드위치 한 입이 없어진 것을 발견했다.

딴.

딴.

딴.

그는 곧바로 "내가 법 집행관이라는 이유로 맥도널드 종업원이 음식에 손을 댔다"고 결론을 내렸다. 그래서 맥도널드로 돌아가서 항의했다. 이 사건을 취재한 〈워싱턴 포스트〉에 따르면 맥도널드와 매리언 카운티 보안관실 모두 발 빠르게 '사라진 한 입' 사건에 대한 대대적인 조사에 착수했다.

이 특별한 미스터리는 어떻게 해결되었을까?

"직원은 매리언 카운티 감옥에서 교대 근무를 시작할 때 샌드위치를 한 입 베어 물고는 휴게실에 있는 냉장고에 넣었다. 그리고 7시간 가까이 지난 뒤 돌아와서는 샌드위치를 한 입 먹었다는 사실을 잊었다."

혹시 궁금한 사람을 위해, 그렇다. 정말 이런 일이 일어났다. 나는 매리언 카운티 보안관 사무소에서 발행한 사건 요약 성명서에서 이 이야기를 인용하고 있다.

이 이야기의 요점이 무엇이냐고? 바로 이것이다. 여러분은 자기가 무엇을 먹었는지 기억하는 데 꽝이다.

영양역학의 핵심은 여러분이 먹은 음식이 질병을 일으키는지 여부를 알아내는 것임을 기억하라. 따라서 영양학자들이 여러분이 무엇을 먹었는지 확실하게 알아내지 못한다면, 그들이 음식이나 식단을 질병과 확실하게 연관시킬 수 있는 방법은 없다. 그건 불가능하다. 이 때문에 적당한 규모의 영양역학(및 그것에 대한 비판)은 기억력이 얼마나 형편없는지(또는 그렇지 않은지)라는 치명적인 질문에 집중된다. 자, 윌렛은 '사라진 한 입' 사건이 아무것도 증명하지 못한다고 말할 것이다. 그리고 그가 옳을 것이다. 이야기는 과학이 아니다. 그러니 이제 과학에 대해 이야기해보자.

이상적으로는 음식에 대한 사람들의 기억력이 얼마나 좋은지 나쁜지 알아낼 수 있는 간단하고, 쉽고, 저렴하고, 정확한 방법이 있을 것이다. 그러나 불행히도 그런 방법은 없다. 사실 **어떤 것이든** 그에 대한 기억력을 평가하기는 어렵다. 그리고 기억은 더 큰 질문의 일부일 뿐이다. "사람들이 말하는 것을 얼마나 신뢰할 수 있는가?" 누군가에게 체육관에 얼마나 자주 가는지 물어봤는데 "일주일에 3번"이라고 답했다. 믿을 수 있을까?

이 문제를 다루는 몇 가지 방법이 있다. 먼저 내 친구 NHANES(국민건강영양검진조사National Health and Nutrition Examination Survey)를 소개하겠다. NHANES는 CDC(질병관리본부)에 의해 운영된다. CDC는 매년 다음과 같이 한다.

1. 미국인을 대표하는 표본 5,000명을 고른다.
2. 그들이 보았던, 그리고 앞으로 볼 시험 중 가장 포괄적인 시험지를 그들에게 준다.

의료 기록, 가족의 의료 기록, 신체검사, 치과 검진, 혈액 검사, 청력 검사, 물리적 활동 모니터링, 임신 테스트, 식단 질문. NHANES는 여러분에게 돈을 얼마나 버는지, 피부색이 어떤지, 흡연과 운동과 성관계 여부(피임 여부, 콘돔 사용 여부, 구강 성행위 여부, 성인용품 사용 여부 등 포함) 및 빈도, 마약 사용 여부를 묻는다. 그리고 거의 모든 다른 질문들도 집에서 쫓겨나지 않으면서 끊임없이 물어볼 수 있다. 이 일련의 질문은 거의 하루 종일 또는 참가자가 지쳐서 탈진할 때까지 계속된다.

장난이다. NHANES는 사실 참가자와 직원 모두를 위해 엄청난 노력을 기울인다. 단 5,000명으로부터 이 자료를 수집하는 데 1억 달러가 넘는 비용이 든다. 그 결과 엄청난 양의 정보를 얻는다. 만약 여러분이 의사에게 갔는데 그들이 12분 만에 여러분을 쫓아내는 대신 하루 종일 질문하면서 여러분의 사생활을 침해하고는 LabCorp과

Quest Diagnostics 같은 임상 실험 연구소들의 모든 실험을 해본다고 상상해보라.

또한 NHANES는 간단하지만 기발한 두 가지 일을 한다.

1. 여러분의 키와 몸무게를 **측정한다**.
2. 여러분에게 키와 몸무게가 어떻게 되냐고 **묻는다**.

그러면 여러분이 **말한** 키, 몸무게를 **실제** 키, 몸무게와 비교할 수 있게 된다. 이 방법은 간단하게 누군가가 여러분에게 알려주는 키와 몸무게를 믿을 수 있는지 여부를 테스트할 수 있다. 2009년에 과학자 2명이 정확히 이렇게 했다. 그들은 세 차례의 NHANES(약 1만 6,800명)에서 데이터를 다운로드했고, 사람들이 말한 것을 실제 측정치와 비교했다.

결과는?

평균적으로 남성은 실제보다 키는 약 1.3센티미터 크게, 몸무게는 약 0.2킬로그램 더 나간다고 말했고, 여성은 실제보다 키는 약 0.6센티미터 크다고, 몸무게는 약 1.4킬로그램 덜 나간다고 말했다.

만약 여러분이 데이트 앱에서 시간을 보내봤다면 이 결과가 사실임을 알 것이다. 사실, 적어도 나에게 있어 이 결과는 웃음이 나올 만큼 정확하다. 나도 앱에서 키가 얼마나 되냐는 질문을 받았을 때 1.3센티미터를 더했다.

이 연구에서 나이 든 사람, 부유한 사람, 가난한 사람, 저체중인 사람, 과체중인 사람 중 실제보다 키가 작다고 말하는 사람은 단 한

명도 없었다. 모든 사람들은 자신의 키가 실제보다 더 크다고 생각한다. 하지만 무게에 관해서는 이야기가 조금 더 흥미롭다. 남성들은 거의 일반적으로 실제보다 더 무겁다고 말했다. 예외적으로 CDC에서 비만이라고 정의하는(BMI 30 이상) 남성들은 평균적으로 실제보다 약 1.4킬로그램 더 가볍다고 말했다. 여성들은 거의 일반적으로 실제보다 가볍다고 말했다(예외적으로 저체중인 여성들은 더 무겁다고 말했다).

몸무게를 가장 정확히 말하지 않은 사람들은 누구라고 생각하는가?

여러분이 생각하는 그룹은 아니다.

바로 저체중 남자였다. 특히 CDC에서 저체중으로 정의한 남성들은 실제보다 약 3.7킬로그램 더 무겁다고 말했다. 2009년 연구가 특별했던 건 아니다. 사람들이 자신에 대해 **말하는** 것이 실제로 **측정하는** 것과 매우 다를 수 있음을 보여주는 연구들이 많이 있다.

키와 몸무게에 관한 한, 그렇게 큰 문제는 아닌 것 같다. 여기는 몇 센티미터, 거기는 몇 킬로그램 차이가 있어서 무슨 문제가 있을까? 어느 정도는 나도 동의한다. 하지만 키와 몸무게는 단순한 것이니까 오차가 더 작아야 하지 않을까? 그래서 여러분은 다음과 같은 의문을 갖게 된다. 만약 사람들이 자신의 키와 몸무게조차 다르게 말한다면, 식단에 말하는 것은 얼마나 믿을 만한가?

이오아니디스와 윌렛을 포함해, 내가 이야기를 나눠본 모든 과학자는 음식이 복잡하다는 데 동의했다. 체중보다 훨씬 더…. 여러분은 아마 1년 동안 수백 가지, 어쩌면 천 가지 다른 음식을 엄청나게 다른 양으로 먹을 것이다. 계절에 따라서도 다르게 먹을 것이다. 집에서 요리를 해 먹기도 하고, 외식도 하고, 간식도 먹고, 때때로 금식이나 폭식도 한다. 몇 년 동안 여러분의 식단은 극적으로 변할 수 있다.

음식에 관해서라면 틀릴 수 있는 방법이 훨씬 더 많은 것이다.

하지만 그 이야기를 하기 전에, 우선 음식이 애초에 어떻게 측정되는지 알아보자. 대부분의 경우 음식은 케빈 홀의 무작위 통제 실험에서와 달리 **기억에 기반한 방법**에 의해 측정된다. 들리는 그대로다. 여러분이 먹은 음식을 누군가에게 말하는 것이다. 하지만 기억력을 바탕으로 한 방법들에는 여러 다른 특징이 있다. 예를 들어, 많은 연구들은 "24시간 기억"이라고 불리는 방법을 사용하는데, 역시 들리는 대로다. 지난 24시간 동안 자신이 무엇을 먹었는지 누군가에게 말한다. NHANES는 24시간 기억을 2번 사용하며, 각 회차는 5번의 "단계"로 관리된다. 기본적으로, 지난 24시간 동안 뭘 먹었는지 그들에게 말해주는 것이다… 5번이나. 왜 5번이냐고? 회를 거듭할수록 더 잘 기억하기 때문이다. 두 번째 단계에서 기억하지 못했던 '점심에 후식으로 먹었던 초콜릿 아이스크림 바'를 다섯 번째 단계에서 추가로 기억할 수도 있다.

다른 연구들은 "음식 섭취 빈도 설문지"라는 것을 사용한다. 모든 연구 그룹은 자신들의 목적에 맞는 고유한 음식 빈도 설문지를 가지고 있지만, 가장 상세한 것에는 대개 다음과 같은 질문이 들어 있다.

얼마나 자주,

평균적으로,

특정한 양의,

특정 범주의 음식을,

지난 1년간,

먹었는가?

예를 들면 다음과 같다. 평균적으로 지난 1년 동안 얼마나 자주 6온스, 즉 약 170그램(또는 1인분)의 감자튀김을 먹었는가?

① 먹은 적 없음

② 1달에 1번 미만

③ 월 1~3회

④ 일주일에 1회

⑤ 일주일에 2~4회

⑥ 일주일에 5~6회

⑦ 하루에 1인분 이상

기억을 다루기 전에, 훨씬 더 기본적인 문제가 있다. 질문을 이해하는 것이다.

'일주일에 5~6회'와 '하루에 1인분 이상'의 차이점을 파악하려고만 해도 일일계획표가 필요한 기분이 드는 이유는 뭘까? 그리고 1인분 이야기가 나와서 말인데, 정확히 170그램인가 아니면 1인분인가? 둘은 어떤 경우에만 똑같다. 즉, 실제로는 다른 경우가 많다. 사실 맥도널드에 정확히 170그램인 감자튀김 사이즈는 없다(라지 사이즈가 약 150그램). **부피로** 6온스(약 170.5밀리리터)를 의미했다면 또 모르겠지만…. 만약 그렇다면 감자튀김을 계량컵에 얼마나 세게 꾹꾹 눌러 담을 것인가?(그렇게 세게 눌러 담지 않았다고 생각하자)

그도 그렇고 감자튀김이라면 맥도널드 감자튀김, 고급 레스토랑 감자튀김, 집에서 만든 감자튀김 중 뭘 말하는 거야? 1장부터 기억해보면, 화학자는 세 가지 모두 똑같다고 말할 것이다. 노바 분류 시스템을 만든 카를로스 몬테이로라면 아마 다르게 생각할 것이다. 그리고 "평균적으로"라는 말도 문제가 있다. 이 말은 주로 이렇게 설명된다. "계절에 따라 먹는 음식의 양을 한 해 동안의 평균 양으로 계산하도록 노력하십시오. 예를 들어, 캔털루프 메론 같은 음식을 제철인 3개월 동안 일주일에 4번 먹었다면, 한 해 동안의 평균은 일주일에 1번이 될 것입니다."

나처럼 혼란스러운 분들을 위해 빠르게 수학식으로 번역해보겠다. 다음을 보라.

$$4 \frac{\text{번}}{\text{주}} \times 4.33 \frac{\text{번}}{\text{달}} \times 3\text{달} = 52\text{번}$$

(여름 동안 먹은 메론 양의 4분의 1)

$$\text{그러니까} \cdots \frac{\text{여름 동안 } 52\text{번}}{1\text{년에 } 52\text{주}} = \text{일주일에 } 1\text{번(평균)}$$

헉!

때로는 음식을 분류하는 방식이 전혀 말이 안 되는 것 같다. 예를 들어, "토르티야가 옥수수인가 밀가루인가"에 대한 질문이 있다면 그 바로 아래에 "감자칩 또는 옥수수/토르티야 칩"에 대한 질문이 있다.

토르티야 칩과 토르티야를 구분하고 싶은 마음은 이해하지만, 감자와 토르티야 칩을 한데 묶고 싶을까? 둘은 완전히 다른 종류의 식물이다.

쓰여 있는 대로라면, 질문들 중 일부는 완전히 틀린 답을 만들어낼 것이다. 예를 들면 다음과 같다. 평균적으로 지난 1년 동안 피자 2조각을 얼마나 자주 먹었는가?

내가 정확히 피자 **2조각**을 얼마나 자주 먹었냐고?

난 평생 피자를 **2조각**만 먹어본 적이 없는데.

결론은, 전염병학자 캐서린 플레걸Katherine Flegal이 말하듯, "이 질문들은 대답하기 매우 어려우며 인식하기에 쉽지 않다. 그런 식으로 생각하는 건 사람들에게 자연스럽지 않다."

그리고 기억력 문제가 있다. 플레걸은 이어 이렇게 말했다.

사람들은 자신이 절대 먹지 않는 음식을 알아요. 뭐, 괜찮죠. '케일은 싫어, 절대 안 먹어.' 끝이에요. 그리고 사람들은 자신이 매일 먹는 음식도 알아요. '평생 동안 매일 아침 식사로 이걸 먹었지.' 사람들이 모르는 건, '절대 먹지 않는'과 '매일 먹는' 사이에 있는 모든 음식이에요. 대부분의 음식이기도 하죠.

마지막으로 덧붙일 중요한 말이 있다. 어떤 사람들은 무엇을 먹었는지에 대해 (헉!) 거짓말을 한다.

제대로 된 영양역학 연구들 다수가 이런 유형의 식단 조사에 기

• 장난이다. 질문의 요점은 이해했다. 하지만 이상한 건 마찬가지다.

초한다는 사실이 미친 짓처럼 보일 수도 있지만, 그 반론 중 일부를 고려해보자. 간단히 말해서 다음과 같다.

반론 1. 기억에 기반한 방법이 절대적으로 완벽할 것이라고 기대하는 사람은 아무도 없다.
반론 2. 방법들이 완벽할 **필요**는 없다. 충분할 정도면 된다.•
반론 3. 식사량 측정 오류는 **무차별적이다.**

마지막 반론 3이 무슨 의미인지 걱정할 필요는 없다. 요점은 기억에 기반한 방법들이 상대적인 위험을 **과소평가**하는 경향이 있다는 것이다. 예를 들어, 초가공식품과 14퍼센트의 사망 위험 증가 사이의 연관성을 발견한 연구를 기억하는가? 오직 식사량 측정 오류 유형만 갖고 생각한다면, 실제 위험은 아마도 14퍼센트보다 높을 것이다. 정확히 얼마나 높은지는 측정 오차가 얼마나 큰지 그리고 연구자들이 수학적으로 얼마나 잘 조정했는지에 달려 있다.

그래서 이 모든 것을 어떻게 생각해야 할까?

기억에 기반한 방법들은 직관적으로 볼 때… 엉성해 보인다. 하지만 그 방법들을 지지하는 사람들은 음식과 질병 사이의 연관성을 발견하기에 충분하다고 말한다. 게다가 기억에 기반한 방법이 우리가 할 수 있는 전부라고 말한다. 그리고 그들의 말이 옳다. 지금 당장

• 나는 반론 2에 따라오는 (b)를 건너뛰었다. "기억에 기반한 방법들을 우리가 승인했다"는 것이다. 음식 섭취 빈도 설문지를 비롯해 다른 기억에 기반한 방법들이 실제로 검증, 승인되었는지에 대한 논쟁은 골치 아픈 수렁이므로 이 책에서는 들어가지 않겠다. 내가 알 수 있는 바로는, 그 논쟁을 요약하면 "충분할 정도"로 간주할 수 있다.

은. 또한 내가 아는 바로는 사람들이 수십 년 동안 무엇을 먹었는지 추산할 때 이 방법이 제일 비용이 적게 든다. 다시 한 번, 기억에 기반한 방법에 대해서는 비평가들도 좋은 지적을 했다. 어떤 방법이 충분하지 않다면, 그게 여러분이 가진 전부일지라도 그 방법을 사용해서는 절대 안 된다.

영양역학에서 "이 설문조사를 얼마나 신뢰할 수 있는가?"보다 더 논쟁이 되는 부분은 없을 것이다. 월렛과 회사들은 "관찰 연구, 동물 실험, 중간 수준의 단점이 있는 통제 실험을 포함한 모든 가능한 증거를 고려한 후에 베이컨이 둔부암을 일으킨다고 합리적으로 결론 내릴 수 있다"와 같은 공중보건 선언을 할 수 있을 만큼 설문조사를 충분히 신뢰할 수 있다고 말한다. 이오아니디스와 회사들은 그것들이 본질적으로 가치가 없다고 말한다. 그러니까… 그렇다. 이 문제에 관한 한 양쪽의 입장차는 엄청 크다.

영양역학에 대한 이오아니디스의 세 번째 불만은 다소 지루하게 들린다. 바로 대부분의 영양 변수는 서로 밀접하게 연관되어 있다는 것이다.

이것은 무슨 의미이며, 대체 누가 이것에 신경 쓸까?

기본적으로 이 내용이 의미하는 바는 만약 당신이 하루에 사과 1개씩 먹는 사람이라면 칼로리 폭탄으로 유명한 밀크셰이크를 매일 마실 것 같지는 않다는 것이다. 또는 여러분이 1년에 8만 달러를 버는 사람이라면 핫요가 수업 사이에 아보카도 토스트를 먹고 소이 라테를 마시는 경우가 더 많다. 또는 운동을 규칙적으로 하는 사람이라면 티본스테이크보다 닭고기를 더 많이 먹을 것이다.

기본적으로 우리가 먹는 음식, 신체 활동, 수입 규모, 흡연 여부, 나이 등 영양과 생활습관 변수는 다른 과학 분야의 변수보다 서로 훨씬 더 연관되어 있다. 그 자체로는 세상을 뒤흔드는 통찰력을 주지 않는다. 물론 사과 소비는 예를 들어 당근 소비와 밀접하게 관련되어 있다. 누군가가 건강한 생활방식을 유지하고 싶다면 사과와 당근을 모두 먹을 가능성이 더 높다. 연관성이 (잠재적으로) 설명된다. 이오아니디스의 주장은 이런 변수들 중 **너무나 많은** 것들이 서로 연관되어 있어서 본질적으로 영양역학의 전체 연구를 무용지물로 만든다는 것이다.

왜냐고?

이오아니디스의 관점에서, 통계적으로 유의미한 연관성을 찾는 것은 마치 영화배우 타이 디그스Taye Diggs가 트위터에서 여러분을 팔로한다는 사실을 알아내는 것과 같다. 처음에는 놀랍지만, 타이 디그스가 트위터에서 거의 모든 사람들을 팔로한다는 사실을 알게 되면 그다지 의미 없다.

사고 실험을 해보자. 관찰 연구를 해서 하루에 사과 1개를 먹는 것은 사망 위험을 22퍼센트 감소시키는 것과 관련이 있음을 발견했다. 꽤 분명해 보인다.

사과 ●━━━━━━━━━━━━● 사망 위험 22퍼센트 감소

하지만 계속 찾아봤다면, 하루에 사과 1개를 먹는 것이 건과일 케이크, 당근, 생강차, 운동과도 관련이 있음을 발견했을 것이다. 사과를 먹는 것은 사망 위험 감소와 관련이 있기 때문에, 다른 모든 것들도 사과와의 연관성을 통해 사망 위험 감소와 관련이 있다.

이제 우리의 (가상적인) 그림은 좀 더 복잡해졌다.

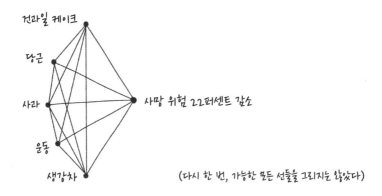

(다시 한 번, 가능한 모든 선들을 그리지는 않았다)

이것은 단지 내가 그린 3학년 수준의 그림이다. 다음의 그림은, 실제로 19가지 일반적인 영양 측정 결과만 가지고 "연관성의 구"를 만든 것이다. 여러분이 얼마나 많은 지방, 단백질, 탄수화물, 식이섬유, 알코올, 채소를 먹는지 그리고 혈액 검사 결과의 비타민, 미네랄, 콜레스테롤 수치를 나타낼 것이다. 이 구는 내가 그린 앞의 그림과는 달리 실제 데이터를 바탕으로 하고 있다.

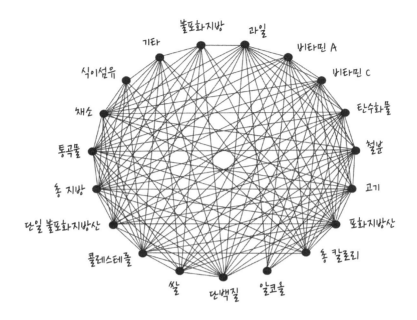

그리고 확신하는데 이 그림도 가능한 모든 선들을 그리지는 않았다.

만약 모든 요소가 다른 모든 요소와 거의 다 연관되어 있는 것처럼 보인다면, 그것은… 사실 그렇기 때문이다. 그다음 질문은 이렇게 된다. 결과(암, 심장병, 사망 또는 기타 연구 대상일 수 있음)를 주도하며 운전석에 앉아 있는 변수는 무엇이며, 어떤 변수가 그 차에 함께 타고 있을까? 좀 더 현실적으로, 어떤 변수들은 가속 페달을 세게 밟고 있을 수도 있고, 어떤 변수들은 가속 페달을 부드럽게 누르고 있을 수도 있고, 어떤 변수들은 브레이크를 살짝 밟고 있을 수도 있으며, 또 다른 변수들은 뒷좌석에 앉아서 **불평과 문자질**(젠장, 에반, 휴대전화 좀 그만하지 못해!)만 하고 있을 수도 있다.

이것은 월렛과 이오아니디스 사이에 보이는 의견 차이의 또 다른 핵심이다. 월렛은 이 모든 변수를 조정하기 위해 사용되는 수학적 방법들이 견고하며, 적절한 연구자들에 의해 조정되어서, 우리 모두가 확신할 수 있는 결과를 만들어낼 수 있다고 말할 것이다. 반면 이오아니디스는 1,000퍼센트 범위 내에서 흡연만큼의 위험에 대해 말할 때는 그럴 수도 있겠지만, 초가공식품과 사망 위험 14퍼센트 증가의 연관성 같은 훨씬 더 작은 위험에 대해서는 조금도 사실이 아니라고 말할 것이다. 이 문제에 대해서는 이오아니디스의 의견에 동의한다.

이오아니디스 측은 무작위 통제 실험 없이는 운전석에 실제로 어떤 변수가 앉았는지 알아내기가 거의 불가능하다고 주장한다.

월렛은 잘 수행된 관찰 연구가 공중보건 성명서를 발표할 수 있을 정도로 교란 변수를 잘 조정할 수 있다고 주장한다.

이제 전쟁의 주변부를 다 둘러보았다. 나는 논쟁과 등장인물들의 배역을 단순화할 필요가 있었다. 이오아니디스와 월렛 뒤에는 다른 사람들도 있고 각각의 주장 뒤에는 반박이 있다. 그 반박 뒤에는 더 많은 반박이 있다. 여러분은 기꺼이 뛰어들고 싶은 만큼 토끼 굴 속으로 계속해서 깊숙이 들어갈 수 있지만, 내 생각에 그 밑바닥에는 자존심과 두려움만이 있을 것 같다.

우리가 8장에서 처음 썼던 '빌어먹을 논리의 모자'가 기억나는가? 그 모자를 쓰는 것은 의심할 여지 없이 재미있다. 하지만 어느 순간이 오면 여러분은 빌어먹을 논리의 모자를 '안전모'로 바꾸고, 문제를 지적하는 대신에 고치려고 노력하기 시작해야 한다. 언제나 해결책보다 더 많은 문제들이 있지만, 과학자들은 한 무리의 수리공들이기 때문에 그들이 제안하는 잠재적인 해결책이 부족할 일은 없을 것이다.

(아주 짧은) 관광을 해볼까?

가장 극적이고 뜨겁게 논의되고 있는 해결책은 관찰 연구의 수를 줄이고, 대신 그 돈을 크고 무작위적인 통제 실험에 쓰는 것이다. 누가 이 지위의 선봉에 서 있고 누가 맹렬하게 반대하고 있는지 짐작할 수 있을 것이다. 냉소적일 수도 있겠지만, 나는 누가 먼저 은퇴를 하는지⋯ 아니면 누가 국립보건원의 돈을 관리하는지에 의해서만 이 의견 불일치가 해결될 것이라고 의심한다.

p-해킹은 어떤가?

한 가지 해결책은 케빈 홀처럼 하는 것이다. 목표를 미리 알리는 것 말이다. 여러분의 연구, 특히 데이터 분석 계획을 사전등록하자. 또 다른 해결책은 여러분의 연구를 보여주는 것이다. "여기서 나는 요점을 간단히 요약할 것이다" 정도가 아니라, **모든 단계를 하나하나** 보여줘야 한다. 브라이언 노섹은 인터뷰에서 이 점을 반복해서 말했다. 그는 심지어 사전등록보다 이것을 더 강조했다.

제가 원하는 것은 사람들이 어떻게 자신의 주장에 도달했는지, 그간의 과정과 방법을 모두 보여주는 것입니다. 완전히 탐구적이고 완전히 강력한 사전등록을 했는지, 자료를 수천 가지 방법

으로 다중 분석했는지는 중요하지 않습니다. 아이디어가 시작
된 시점부터 결론을 도출한 시점까지 여러분의 연구를 보여주
기만 하면 됩니다.

여러분이 어떤 일을 어떻게 했는지를 보여주는 부분에는 물론 익
명으로 처리된 원 자료 및 그 자료를 분석하기 위해 사용한 코드를 공
개하는 것도 포함된다. 일부 연구자들에게는 혐오스러운 일이지만,
다른 연구자들은 이를 수용하고 있다. 예를 들어, 만약 여러분이 케
빈 홀의 가공식품 연구에서 나오는 모든 원 자료를 다운로드해서 다
시 분석하기를 원한다면, 그렇게 할 수 있다.* 월터 윌렛이 이 연구에
구멍을 내고 싶다면 원 자료를 다운로드해서 그렇게 할 수 있다. 그리
고 이오아니디스가 윌렛의 구멍에 구멍을 내고 싶다면, 똑같이 원 자
료를 다운받아 그렇게 할 수 있을 것이다. 그리고 만약 무작위 제3자
가 어떤 구멍을 막고 다른 구멍을 내고 싶다면, 다른 모든 사람들이
이미 가지고 있는 동일한 데이터 세트를 사용해 그렇게 할 수도 있다.
이런 일은 이미 일어나고 있는데, 나는 이것이 대단하다고 생각한다.
완전하고 개방적인 데이터 공유에 100퍼센트 찬성하는 바다.

p-해킹 문제의 또 다른 해결책은 소위 '사양곡선'을 설정하는 것
이다. 이것이 어떻게 작동하는지 이해하기 위해서, 먼저 초콜릿 칩
쿠키의 조리법을 생각해보자. 고정된 불변의 재료 목록을 가지고도,
쿠키를 만들기 위해 그 재료들을 어떻게 결합하는가에 관해서는 여
전히 많은 융통성이 있다. 요리법을 정확히 따를 수도 있지만, 많은

---

* 다음의 주소에 있다. https://osf.io/rx6vm/

부분을 바꿀 수도 있다. 예를 들어 오븐 온도를 15도 올릴 수도 있고, 버터를 휘젓기 전에 실온이 될 때까지 기다릴 수도 있고, 반죽을 오븐에 넣기 전에 20분 동안 얼릴 수도 있고, 소금을 반죽에 넣는 대신 쿠키 위에 살짝 뿌릴 수도 있다. 가능성은 무한하다. 연구에 대해서도 똑같다. 동일한 데이터(재료)를 사용하더라도 데이터를 분석하는 방법은 매우 다양하며, 그러한 차이는 매우 다른 결과(쿠키)를 산출할 수 있다. 이 점이 p-해킹을 가능하게 만드는 것들에 해당한다.

대부분의 경우, 연구자들은 단순히 각자 최선이라고 느끼는 데이터 분석 방법을 선택하고 사용한다. 문제는 모든 사람이 무엇이 최선인지에 대해 동의하지 않는다는 것이다. 여기서 사양곡선이 들어온다. 사양곡선의 접근방식은 **모든 레시피를** 시도해보는 것이다! 그래서 쿠키 한 판을 만드는 대신, 체계적으로 모든 변수를 조정하고 그것이 맛에 어떤 영향을 미치는지를 보면서 수백 개의 쿠키를 만드는 것이다. 과학에서도 마찬가지다. 여러분이 컴퓨터에게 가능한 모든 방법으로 숫자를 조각내고 섞어보게 해서 그것이 결과에 어떻게 영향을 미치는지 본다. 만약 숫자를 어떻게 분석해도 결과가 대체로 같다면, 여러분은 진실에 다가섰다는 것을 꽤 확신할 수 있다. 하지만 데이터 분석 레시피를 수정했더니 결과가 이상한 곳으로 가버린다면, 아마도 그 효과는 처음에 생각했던 것만큼 그리 실제적이지 않은 것이다.

어떤 해결책들은 과학과 거의 관계가 없고 오히려… 상식과 더 큰 관련이 있다.

만약 윌렛과 이오아니디스 간의 의견 차이에 대한 여러분의 반응이 "어떻게 엄청 똑똑한 두 사람이 매우… 수학적으로 보이는 어떤 것에 대해 그렇게 격렬하게 동의하지 않을 수 있을까?"라면, 여러분만 그렇게 생각하는 게 아니다. 나도 그렇게 생각했고 **아직도** 그렇게 생각하고 있다. 결국 이것은 도덕이나 감정, 정치에 대한 싸움이 아니다. 수학적이고 철학적인 싸움이다. **진리의 본질**에 관한 것이다. 그래서 나는 어느 한쪽은 비유적인 무기를 내려놓고, 데이터를 근거로 다른 쪽과 동의할 것이라고 예상했었다. 데이터를 근거로.

분명히, 내가 너무 순진했다.

충분한 수의 전염병학 분석가들과 이야기를 나누고 나자 나는 적당히 지쳐 있었다. 그중 1명은 두 상대의 의견이 얼마나 고착되어 있는지를 완벽하게 요약했다. "나는 월트를 35년 동안 알고 지냈지만 35년 동안 의견이 맞지 않았어요."

하지만 그때 어떤 것을 보고 내 관점을 완전히 바꾸게 되었다. 소위 "적대적 협력adversarial collaboration"이었다. 이 말은 그저 '절대 의견 일치가 안 되는 사람들이 함께 일한다'는 의미일 뿐이다. 하지만 민주당과 공화당이 함께 일하는 것과는 다르다. 왜냐하면 그때는 보통 두 정당이 불화를 덜 일으키는 문제(예를 들면 도로 건설)에 협력하기 위해 특정한 문제(예를 들면 세금)에 대한 의견 차이를 제쳐놓는 것 같은 일들이 벌어지기 때문이다. 대신에, 과학에서의 적대적 협력이란 과학자들이 **절대 동의하지 않는 정확한 주제**에 대해 협력할 때를 의미한다. 즉 월렛과 이오아니디스가 영양과 건강을 위해 함께 일할 수 있다는 것이다. 그렇다면 여러분은 합리적으로 이런 질문을 던질 수 있다. "가톨릭교회가 무신론자들과 협력하는 일과 비슷한 것 아닌가요?"

아니다. 이유를 말해주겠다.

이오아니디스와 월렛은 많은 주제에 대해 의견이 다르지만, 그들은 영양(그리고 폭넓게 보면 생활방식)이 중요하고, 연구할 가치가 있으며, 우리의 건강에 영향을 미친다는 데 동의한다. 그리고 이 사실은 적대적 협력에 충분한 공통점이 될 수 있다.

자, 여기서 분명히 말해두겠다. 이 설득 작업은 매우 힘들다. 과학의 반목은 빠르게 심각하고 위험해질 수 있고, 양쪽 모두가 믿음을 가지고 함께 일하기 위해서는 스스로의 자부심을 꾹 참고 삼켜야 한다. 하지만 가능하긴 하다. 그리고 내가 보기에 적대적 협력에는 몇 가지 중요한 장점이 있다. 첫째, 실제로 무언가를 배울 수 있다. 둘째, 서로 무언가를 가르쳐줄 수 있다. 그리고 셋째, 여러분과 여러분의 적수가 같은 논문의 공동저자라면, 그 논문이 출판되었을 때 비판할 리가 없다.

물론 협업을 했더라도 어디서 의견 불일치가 발생했는지, 양측의 입장이 무엇인지, 그 차이를 해결할 수 있는 실험이 무엇인지에 대해 개략적으로 설명하는 논문밖에 만들어내지 못할 수도 있다. 그러나 그 결과만으로도 매우 가치 있을 것이다. 왜냐고? 자, 많은 과학적 논쟁은 다음과 같이 요약된다.

"X라고 하셨잖아요."

"아뇨, Y라고 했는데요."

"제가 분명히 그쪽 논문에서 X를 읽은 게 기억나요."

"진짜 논문 읽은 거 맞아요? 분명히 Y라고 말했다고요."

"아마도 그쪽이 거들먹거리는 데 신경을 조금만 덜 쓰고 문장 구성에 시간을 더 쓰면 제가 암호 해독 기계 없이도 그쪽 논문을 이해할 수 있을 거 아녜요."

　물론 이 과정은 편집자에게 결투 편지를 보내면서 수년에 걸쳐 일어난다. 내가 이 글을 쓰는 동안에도 월렛과 이오아니디스를 비롯한 많은 다른 과학자들이 헤즐넛 12개에 대해 쓴 문장 하나의 의미를 놓고 이것과 똑같은 싸움을 벌이고 있다. 그래서 같은 방에 있는 당사자들이 서로 동의하지 않는 어떤 것에 대해 합의하게 만들기만 해도 큰 발전일 것이다.

　이오아니디스, 월렛과 통화할 때 나는 두 사람에게 각각 상대방과 협력할 의향이 있는지 물었다. 그리고… 둘 다 승낙했다! 어느 정도는. 둘 중 1명은 내가 묻기 전에 먼저 그렇게 제안했고, 다른 1명은 "그럴 가능성도 있죠"라고 말했다. 정부에 있는 사람들과 비교하면 야합이나 다름없다. 나는 그들이 협력할 방법을 찾기를 바란다. 그게 우리 모두에게 더 좋을 것이다.

　만약 이 책을 말콤 글래드웰Malcolm Gladwell이 썼다면, 지금 여러분은 과학 전반에 대한 맹렬한 질책을 읽고 있을 것이다. 그는 스파게티 소스에 대한 이야기를 통해 어떤 과학자도 믿을 수 없다고 주장했다. 그리고 여러분은 글래드웰의 말에 일리가 있다고 생각할지도 모른다. 어쨌든 나는 여러분에게 부주의한 오류, 통계적 속임수 그리고 과학 출판의 성스러운 책장 사이에 숨겨진 모든 것이 압도적으로 많다는 사실을 보여주었다. 맞다, 이 모든 것들이 과학의 몸에 있는 어두운 그림자인 물사마귀라는 사실에 의심의 여지가 없다. 하지만 여러분은 이 속담을 알 것이다. "눈에 보이는 물사마귀가 눈에 보이지 않는 물사마귀보다 낫다." 다른 어떤 분야에서 아무리 근본적이라고 해도 전문가들이 그 학문의 결점을 알리고 공개적으로 토론할까? 영양역학이 지금 심판을 받고 있는 유일한 이유는 과학자들이 스스로 심판을 내리기로 결심했기 때문이다.

영양역학이 위기에 처해 있다는 데 모두가 동의하지는 않는다. 영양역학의 지지자들은 이오아니디스의 맹공에 맞서 싸웠으며 앞으로도 열심히 싸울 것이다. 다른 과학자들은 양쪽 모두를 판단하고 선택할 것이다. 일단 전쟁의 먼지가 가라앉으면 승자와 패자가 가려질 것이다. 한쪽 진영은 흡연이 폐암을 유발한다고 했던 전염병학자들처럼 〈사이언스〉와 〈네이처〉에 계속 출판되어 "정착된 과학Settled Science"이라는 제목을 주장할 것이다. 반대 진영은 희미해질 것이다. 결코 마음을 바꾸거나 사라지지 않는 사람들도 있겠지만. 하지만 결국 승리한 자들도 다음 세대의 관점이나 새로운 데이터의 물결에 의해 패배하게 되고, 그들 역시 퇴색하게 될 것이다.

어디서 들어본 것 같은 소리인가? 다른 전쟁들과 똑같다. 다만 지금 당장 여러분 주위에서, 공개적으로 벌어지고 있는 전쟁일 뿐이다. 그리고 여러분은 이 모든 지저분한 전쟁터에 접근할 수 있다. 이것이 내가 과학에 자신감을 갖는 이유다. 과학이 완벽해서가 아니라, 결함을 찾아서 스스로 심판할 수 있기 때문이다.

자, 말 나온 김에 여러분이 **어떻게** 과학을 접하는지에 대해, 즉 기사에 나오는 과학 소식에 대해 이야기해보자.

인터넷 언론의 헤드라인을 쓰는 사람들은 두 그룹 중 하나에 속하는 것 같다. ①100퍼센트 확실하게 건강의 모든 측면을 정확히 극대화할 수 있다고 생각하는 사람들, ②그런 ①그룹을 이용해서 돈을 벌려고 하는 사람들.

그래서 지금, 내가 다음과 같은 헤드라인을 보았다고 하자.

"달걀은 심장질환 위험의 27퍼센트 증가와 연관이 있다"

그럴 때마다 내 머릿속에는 이런 것이 떠오른다.

"죽음을 피할 수 있는 간단한 방법을 보려면 여기를 클릭하십시오. 소형 주방 가전제품에 대한 큰 혜택도 제공합니다."

음식과 건강에 관한 뉴스를 읽는 것은 타이타닉 호의 뱃머리에서 있는 것과 같다… 케이트 윈슬렛Kate Winslet 없이. 여러분은 아래를 내려다보고 갑자기 물에 떠다니는 얼음 조각을 본다. 이 얼음 조각은 수십 미터 아래까지 이어져 치명적인 결과를 불러올 수도 있는 빙산이 있음을 알려주는 걸까? 아니면 단지 여러분에게 토스터를 팔려는 걸까?

이제 수백 또는 수천 조각의 얼음이 전방에 있고 26명이 여러분 주변을 둘러싸고 있다고 상상해보라. 이 26명이 모두 "배를 돌려서 내가 가리키는 얼음 조각을 피해!"라고 고함을 지르고 있다. 그 사람에게 그 얼음 조각은 확실히 빙산이기 때문이다! 때로는 이 고함을 지르는 26명이 모두 보충제를 팔려고 하는 블로거일 수도 있고 때로는 그들에게 너무 귀중한 조회 수를 얻기 위해 조사 결과를 과장하는 언론인일 수도 있다. 가끔은 주요 매체에 기사를 전달하기 위해 보도 자료를 부풀리면서 과장하는 과학자 기관일 수도 있다. 임기를 늘리거나 세간의 이목을 끌기 위해, 아니면 단순히 자신이 내놓은 결과에 대해 충분히 회의적이지 않기 때문에 스스로 이렇게 행동하는 과학자일 수도 있다. 물론 때로는 실제로 빙산이 있을 수도 있다. 흡연은 거대하고 치명적인 빙산이었다.

의사들과 과학자들은 맹공격에 면역이 되지 않았다. 2001년 국립암연구소의 전 수장인 리처드 클로스너Richard Klausner는 뱃머리에 올라선 자신을 발견하고, 〈뉴요커〉의 제롬 그루프먼Jerome Groopman에게 이렇게 말했다. "저는 최근 연구들 사이에서 벌어지고 있는 일들을 잘 이해하게 되었습니다. '암의 중요 돌파구 발견!'이라는 뉴스를 듣는 순간 생각했죠. '이럴 수가, 최근에 중요한 소식은 들어본 적이 없는데 무슨 소리지?' 그런 다음 방송을 듣고 그 돌파구를 내가 들어본 적이 없다는 사실을 확실히 깨달았습니다. 그리고 다시는 그것에 대해 들어본 적이 없습니다."

음식과 건강에 관한 뉴스는 대부분 어둠 속으로 사라지고 아무런 피해도 입히지 않은 채 배에 튕겨 나간다. 그리고 이 사실은 이 책 전체를 통해 내가 독자들에게 주고 싶은 첫 번째 음식 조언으로 이어진다. CDC와 FDA의 안전 경고에 주의를 기울여라. 그 외에 인터넷에서 음식과 건강, 특히 케일과 계란 같은 개별 음식에 대한 소식을 읽는다면 마치 새끼고양이처럼 취급하라. 같이 재미있게 놀되 그로 인해 삶이 바뀌지는 않도록 하라. 빌어먹을 논리의 모자를 쓰고 구멍 몇 개를 찔러본 다음 계속 나아가라.

왜냐고? 뉴스에서 나오는 의심이 제대로 된 생각이고 뉴스가 모든 과학 논문을 완전하고 충실하게 보도할 것이라고 가정하더라도, 과학 저널에 실린 논문 하나가 **반드시** 근본적인 진실의 증거는 **아니다.** 증거가 축적되는 데는 수년이 걸리며 합의가 되려면 더 오래 걸린다. 한마디로, 벽돌은 다리가 아니다.

그러나 여러분은 이렇게 주장할 수도 있겠다. 바로 그렇기 때문에 인터넷 헤드라인에 주의를 기울여야 하는 것 아닌가? 진리의 다리가 마침내 건설되었을 때 알 수 있도록.

이것에 대해서는 이렇게 말하고 싶다. 아니다. 왜냐하면 여러분은 과학자들이 과학을 읽는 것처럼 뉴스를 읽지 않기 때문이다. 과학자들은 해당 분야의 문헌에 깊이 빠져 있다. 대학원 때부터 그런 문헌을 읽었고 모든 핵심 멤버를 알고 있으며 (대부분) 사용된 방법의 함정을 이해한다. 즉, 그들은 올바른 문맥을 찾을 수 있다. 여러분과 나 같은 평범한 사람들은 그렇지 않다. 우선, 우리는 원본 기사를 읽지 않는다. 우리가 읽는 내용은 보통 최소한 논문 편집자나 언론인을 통과한 상태다. 하지만 더 중요한 점은 우리가 하나의 주제를 강박적으로 따르지 않는다는 것이다. 우리는 영양역학이 만들어낸 모든 연관성에 대해 읽지 않는다. 우리가 하는 일은 그때 눈을 사로잡는 트윗을 보거나 부모님이 우리에게 기사를 전달할 때마다 그 흐름에 발가락을 담그는 것이다.

2000년 이전의 커피에 대한 헤드라인들을 기억하시는지? 그중 3개만 무작위로 읽었다고 상상해보라. 커피가 고관절 골절 위험을 낮추고 폐암 위험을 증가시키며 심장마비 위험을 증가시킨다고 생각할 수 있다. 그러나 커피에 관한 지난 25년 동안의 과학 문헌에 깊이 빠져 있었다면 결과가 중구난방임을 알아볼 것이며 각각의 결과에 대해 약간 더 적은 가중치를 부여했을 것이다. 또한 수년에 걸친 수백 건의 연구 결과를 모아서 2017년에 발표된 리뷰 논문에 대한 리뷰 논문을 보았을 것이다. 그리고 그 무서운 헤드라인과 관련된 많은 연관성들이… 사라졌다는 사실을 발견했을 것이다.

이 모든 것으로 인해 나는 이런 스펙트럼에 이르렀다.

영양역학은 쓸데없고 영양가 없는 황무지야. ↔ 영양역학은 괜찮아. 왜들 이렇게 난리야?!

여러분은 어디에 가까운가? 중앙에서 약간 왼쪽으로? 오른쪽으로 훨씬 더 갈 수도 있겠다. 만약 여러분이 영양역학은 최상이자 최고라고 생각한다 해도, 아무 문제 없다. 나는 여러분의 의견을 존중한다. 하지만 아직 책을 덮지는 마라. 한 장이 더 남아 있다. 아직 우리가 다루지 않은 중요한 내용이 있으니까.

언젠가 여러분은 죽는다는 것이다.

그래서
나는 어떻게 해야 하지?

여러분이 어떻게 살아야 하는지에 대하여...
부담은 갖지 마시길.

여러분이 미국에 살고 있는 여성이고 오늘 서른세 번째 생일을 맞이했다면, **축하한다!** 여러분이 내년 생일이 되기 전에 죽을 확률은 약 0.0884퍼센트, 또는 1,131분의 1이다. 여러분이 남자라면 확률은 약 0.175퍼센트, 또는 571분의 1이다. 도대체 내가 그걸 어떻게 아냐고? 올바른 데이터가 있으면 쉽게 계산할 수 있다.

2017년에는 281만 3,503명의 미국인이 사망했다. 2016년에는 274만 4,248명, 2015년에는 271만 2,630명이었다. 미국의 거의 모든 사망자는 CDC(질병 통제 및 예방 센터)에 의해 분류되고 집계되어 정부 과학자들이 수년간 분석하는 데 사용하는 엄청난 양의 데이터를 산출한다. 약간의 통계와 미적분학을 적용해보면 평균적인 미국인 남성과 여성의 사망 위험을 대략적으로 추정할 수 있다. 매년 CDC는 이런 예상 위험을 "생명표"에 게시한다. 그 표의 핵심은 다음과 같은 숫자 열 2개로 되어 있다.*

여러분의 나이   이 나이일 동안 죽을 확률

나이	확률		나이	확률		나이	확률		나이	확률
0-1	0.5894 %		25-26	0.1004 %		50-51	0.4098 %		75-76	2.9614 %
1-2	0.0405 %		26-27	0.1028 %		51-52	0.4481 %		76-77	3.2507 %
2-3	0.0252 %		27-28	0.1056 %		52-53	0.4885 %		77-78	3.5786 %
3-4	0.0193 %		28-29	0.1094 %		53-54	0.5319 %		78-79	3.9616 %
4-5	0.0145 %		29-30	0.1138 %		54-55	0.5781 %		79-80	4.4017 %
5-6	0.0143 %		30-31	0.1185 %		55-56	0.6271 %		80-81	4.8899 %
6-7	0.0128 %		31-32	0.1232 %		56-57	0.6775 %		81-82	5.4283 %
7-8	0.0116 %		32-33	0.1277 %		57-58	0.7291 %		82-83	6.0367 %
8-9	0.0104 %		33-34	0.1318 %		58-59	0.7824 %		83-84	6.6954 %
9-10	0.0095 %		34-35	0.1359 %		59-60	0.8383 %		84-85	7.4533 %
10-11	0.0091 %		35-36	0.1408 %		60-61	0.8991 %		85-86	8.2695 %
11-12	0.0098 %		36-37	0.1468 %		61-62	0.9652 %		86-87	9.2575 %
12-13	0.0125 %		37-38	0.1535 %		62-63	1.0353 %		87-88	10.3427 %
13-14	0.0174 %		38-39	0.1608 %		63-64	1.1081 %		88-89	11.5296 %
14-15	0.0241 %		39-40	0.1690 %		64-65	1.1838 %		89-90	12.8216 %
15-16	0.0314 %		40-41	0.1790 %		65-66	1.2634 %		90-91	14.2211 %
16-17	0.0388 %		41-42	0.1909 %		66-67	1.3510 %		91-92	15.7287 %
17-18	0.0473 %		42-43	0.2043 %		67-68	1.4504 %		92-93	17.3433 %
18-19	0.0566 %		43-44	0.2191 %		68-69	1.5664 %		93-94	19.0616 %
19-20	0.0660 %		44-45	0.2360 %		69-70	1.7055 %		94-95	20.8781 %
20-21	0.0757 %		45-46	0.2541 %		70-71	1.8766 %		95-96	22.7849 %
21-22	0.0846 %		46-47	0.2752 %		71-72	2.0689 %		96-97	24.7715 %
22-23	0.0914 %		47-48	0.3018 %		72-73	2.2709 %		97-98	26.8255 %
23-24	0.0958 %		48-49	0.3346 %		73-74	2.4795 %		98-99	28.9322 %
24-25	0.0984 %		49-50	0.3717 %		74-75	2.7078 %		99-100	31.0753 %
									100살 이상	100.0000 %

생명표의 중심은 사망 위험이다. 아이러니한 부분은 제쳐두고, 우리는 이 단순한 숫자 목록에서 실제로 많은 것을 배울 수 있다. 우선, 표를 보면 자신이 낙관론자인지 비관론자인지 즉시 확인할 수 있다. 여러분이 30세로 사는 1년 동안, 작지만 전혀 0이 아닌 0.1185퍼센트의 사망 위험을 가진다는 사실이 보이는가? 아니면 99.8815퍼센

---

* 생명표를 혼자 정독해보기로 결정했다면, 사망 위험은 일반적으로 0에서 1 사이의 확률로 표현된다는 점을 기억하라. 백분율로 환산하려면 100을 곱하면 된다. 예를 들어 30세에 사망할 확률은 0.001185로, 0.1185퍼센트와 같다. 이 책의 표에서는 이미 모든 것을 백분율로 변환했다.

트(거의) 생존할 것이라는 보장이 보이는가?

주목해야 할 또 다른 흥미로운 점은 20~30대 무렵부터 사망 위험이 매년 약 8퍼센트씩 증가한다는 것이다. 즉, 작년의 사망 위험에 1.08을 곱하면 올해의 위험을 얻게 된다. 별것 아니어 보이지만, 정기예금 금리도 약 8퍼센트였던 1986년으로 돌아가 보자(맥락이 좀 이상하다는 것은 알고 있지만 그렇다고 치고 계속 읽어보자). 1986년 은행에서 50년 동안 8퍼센트의 금리를 제공하기로 약정된 계좌에 여러분이 1만 달러를 입금했다면 만기 이자는 얼마가 될까? 1만 달러 × 8퍼센트 × 50년 = 4만 달러 정도가 될 거라고 생각했다면 틀렸다. 50년이 지나면 실제로 총 50만 달러 이상을 받게 된다. 이것이 바로 부모님과 CNBC 방송에 나오는 사람이 여러분에게 돈을 저금하라고 소리 지르는 이유다. 시간의 힘이라고도 알려진 복리의 힘 말이다. 50년 동안 벌어들인 수입이 **얼마인지**보다 더 놀라운 것은 벌어들이는 **시기**다. 입금한 후 첫해에 여러분은 약 800달러를 벌지만, 50년째 되는 해에는 4만 1,000달러를 벌게 된다. 즉, 거의 끝날 때 가장 많이 번다.

앞 문장에서 '벌다'라는 단어를 '죽는다'로 바꾸면 명백한 사실이 도출된다. 여러분은 거의 끝날 때 죽는다. 돈에 관해서 시간이 하는 **좋은** 일은 죽음에 관해서라면 여러분에게 정반대인 **나쁜** 일로 작용한다. 사실 기본적인 수학은 두 경우 모두 동일하다. "기하급수적" 증가로 알려진 것이다. 즉 나이가 들어감에 따라 사망 위험이 더 빨리 증가한다는 의미다.* 생명표를 해독하는 데 도움을 준 인구학자 앨리슨 반 랄트Alyson van Raalte는 기분 좋은 어조로 이 우울한 정보를 제공했

---

* 이 지수함수는 약 105세까지 계속된다. 그 후에는 어떤 일이 발생하는지 알 수 없다….

다. "대부분의 사람들은 나이가 들어감에 따라 사망률이 얼마나 빨리 증가하는지 알지 못합니다."

나 또한 정말 몰랐다. CDC의 생명표에 있는 숫자를 보고 또 곱씹기 시작하니 심각하게 무서워졌다. 예를 들어 85세의 사망 위험은 10세 어린이의 912배다. 9만 1,200퍼센트다! 85세와 50세를 비교해도 숫자는 엄청나다. 85세의 사망 위험은 50세의 2만 200퍼센트다!

비관론자들이 본다면 "그래! 그것 봐라, 모든 것이 개떡 같지 않은가!"라고 했겠지만, 기다려보라. 뭔가가 더 있다. 생명표에서 가장 눈에 띄는 점은 특정 연령에서 사망할 위험이 예상보다 낮다는 것이다. 예를 들어 40세 남성이 40세로 보내는 1년 동안 사망할 위험은 0.224퍼센트에 불과하다. 50세 미국 여성의 사망률은 0.32퍼센트밖에 안 된다. 여러분을 죽이려는 모든 것을 고려할 때 이런 위험은 더 낮아 보인다. (음… 오스트레일리아에 있는 모든 것들, 즉 생물과 무생물 모두가 생명에 치명적으로 위험하다는 악명이 높음에도 불구하고, 40세 오스트레일리아 여성의 사망 위험은 실제로 0.142퍼센트로 40세 미국인 여성보다 낮다.)

여기서 질문이 있다. 1년 동안 미국인의 사망 위험이 10퍼센트에 도달한다고 생각되는 나이는 몇 살일까? 다시 말해, 여러분은 인생의 어느 단계에서 1년 이내에 죽을 위험이 처음으로 10분의 1이 된다고 생각하는가?

60세?

70세?

87세?

아니다. 87세다.

85세는 사망 위험이 10세보다 9만 1,200퍼센트 높다는 사실을 기억하시는지? 그 노인들이 또한 자신들의 여든여섯 번째 생일까지 살아남을 확률이 11분의 1이다. 그들의 사망 위험은 **겨우** 8.27퍼센트다. CDC의 생명표는 100세까지의 자세한 확률만 제공하는데, 100세로 사는 1년 동안의 사망 확률은 34.5퍼센트에 불과하다. 즉, 여러분이 100세가 되면 대략 3분의 2 확률로 101세까지 살아남을 수 있다. 뼛속까지 비관론자인 나에게도 이건 꽤 낙관적인 것 같다!

하지만 기다려라. 낙관주의자들이 이겼다고 하기에는 이르다. 1년을 보는 대신 10년 주기로 보면 상황이 다시 우울해지기 시작한다. 예를 들어, 40세의 미국 남성으로 돌아가 보자. 그가 40세인 1년 동안 죽을 확률은 0.224퍼센트에 불과하지만 다음 10년 안에 죽을 확률은 3.2퍼센트다. 50세가 되면 7.4퍼센트로 증가하고, 60세에는 15퍼센트, 70세에는 31퍼센트, 75세에는 45퍼센트다. 따라서 만약 75세라면 85세까지 살아남을 수 있는지는 동전을 던져 확인하시라.

어떤 사람들은 이 내용을 우울하다고 생각할 것이고, 다른 사람들은 꽤 놀랍다고 생각할 것이다. 하지만 나는 지금 여러분을 우울하게 하거나 놀라게 하려는 것이 아니다. 나는 지금… 숫자들을 나누려 한다.

최근 미국 생명표를 볼 때 눈에 띄는 점은 남성과 여성을 통틀어 사망할 가능성이 가장 **낮은** 연령이 동일하다는 것이다. 바로 10살이다. 10살짜리 아이들은 11살이 되기 전에 죽을 확률이 0.0091퍼센트이고, 살아서 킴 카다시안Kim Kardashian의 가족들이 다음 해에 무슨 일을 할지 보게 될 위험이 99.9909퍼센트라는 것이다. 10살짜리 아이의 사망 위험이 매우 낮기 때문에, 이 값으로 나누는 거의 모든 숫자는 엄청나게 커 보일 것이다. 예를 들어, 20세에 사망 할 위험을 10세에 사망할 위험으로 나누면 숫자 8이 나오고 이는 20세가 죽을 확률이 10세에 비해 8배, 즉 가능성이 800퍼센트라는 의미다. 여기에 낙관주의와 비관주의의 경계가 모호해지는 부분이 있다. 20살의 사망 위험이 **엄청나게 낮다는** 것과 10살보다는 **훨씬 높다는** 것, 둘 다 사실이기 때문이다.

복리 또는 사망 위험과 같은 지수함수는 매우 까다롭기로 악명이 높다. 전체 함수의 모든 눈금을 머릿속에서 한 번에 전부 이해하기는 어렵지만 함수의 한 부분(30대 초반의 사망 위험 또는 처음 몇 년 동안의 예금액 증가)을 이해한다면 함수의 **다른 쪽** 끝(엄청난 부… 또는 사망)이 얼마나 높은지 알기 위해 머리를 쥐어짤 필요는 없다. 상당히 직관적으로 **이해할** 수 있다. 10살짜리 아이가 죽는다는 사실에 충격적인 것이(수학적, 감정적으로) 당연하다. 99세 노인이 죽으면 슬프지만 예상치 못한 일은 아니다. 그러나 그러한 직관적 이해는 수학적 이해로 해석되지 않는다. 백분율로 볼 때 10세의 최소 사망 위험과 99세의 최대 사망 위험의 차이는 우리가 예상하는 것보다 훨씬 크다. 무려 34만 퍼센트 이상이다. 34만 퍼센트라니!•

이제 이 질문이 떠오른다. 초가공식품 섭취가 얼마나 큰 확률로 여러분을 죽게 할까?

이에 답하기 위해 초가공식품과 사망 위험 증가를 연결한 연구를 다시 살펴보자. 저자는 참가자의 식단에서 초가공식품의 중량 비율

• 결론은. 여러분의 인생에 있는 노인들과 조금 더 많은 시간을 보내시기를. 노인들의 사망 위험은 여러분보다 훨씬 높고… 또한 훨씬 빠르게 증가하고 있다.

이 10퍼센트 증가할 때마다 사망 위험이 14퍼센트 증가한다는 사실을 발견했다. 이 결과는 프랑스의 NNS 연구 결과를 사용해 초가공식품을 암과 연관시켰던 바로 그 사람들이 도출한 결과다. 7장과 8장에서 이미 했던 것처럼 여러분은 이 숫자에 회의적인 몇 가지 이유를 나열할 수 있다. 하지만 "글쎄요, 사실…" 패턴을 1분 동안만 멈춰보자. 우리는 초가공식품 섭취가 진짜로 실험 참가자의 사망 위험을 14퍼센트 증가시켰다고 가정해볼 것이다. 즉, 이 연관성이 합리적이고 인과적인 것으로 알고 있다고 가정하자.

끔찍하게 들리지 않나? 내가 헤드라인을 쓰는 기자라면 다음과 같이 써서 약간의 솜씨(그리고 부정확성)를 주입할 수 있을 것이다.

"신은 치토스 먹는 이들을 싫어하신다?
연구 결과 수명이 14퍼센트 감소하는 것으로 밝혀져"

사망 위험이 14퍼센트 증가한다는 말을 총 수명이 14퍼센트 감소한다고 번역한다면… 끔찍하다!* 평균 미국인 수명의 14퍼센트라고 하면 약 11년이다. 삶의 너무 오랜 기간을 잃는 셈이다. 그러나 '사망 위험 증가'와 '기대 수명 단축'은 수학적으로 동일하지 않다는 것이 밝혀졌다. 이유를 알아보기 위해 빠르게 간단한 계산을 해보겠다. 내년에 죽을 위험은 약 0.18퍼센트다. 이제 그 위험을 14퍼센트 올려보면 나의 새로운 사망 위험은 0.18 × 1.14 = 약 0.21퍼센트이고 만약 우리가 상황을 뒤집어서 **생존** 위험과 숫자를 그래프에 표시하면 다음과 같은 결과가 나타난다.

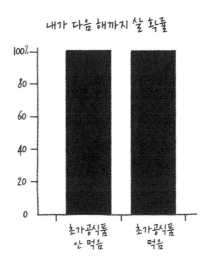

차이가 보이지 않는다(확실히 하기 위해 엑셀을 이용해서 확대해야

---

* 복잡한 수학적 이유로 사망 위험이 14퍼센트 증가하면 1 − 1 / 1.14 = 12퍼센트 감소. 즉 수명이 12퍼센트 감소한다고 나타나지만 시시콜콜 따질 필요는 없다.

했다). 향후 10년 동안 식단에서 초가공식품을 10퍼센트 더 먹을 것이라고 매우 비관적으로 가정한 뒤 생존 위험을 비교하더라도 50세에서 60세 사이 10년 동안의 결과는 거의 동일하다.

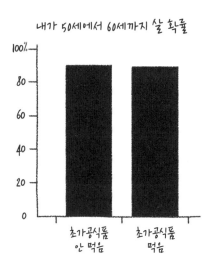

내가 50세에서 60세까지 살 확률

이 연구의 저자들이 사망 위험의 14퍼센트 증가를 기대 수명의 변화로 전환하고자 했다면 '회귀' 및 '가속 수명 모델'과 같은 멋진 수학 도구를 사용할 수 있었겠지만, 그렇게 하지 않았다. 원 자료를 공개하지 않아 사용할 수 없기 때문에 나도 여러분과 마찬가지로 계산할 수 없었다. 그러나 간단한 수학 방정식을 사용해 기대 수명의 변화를 대략적으로 계산할 수 있다.*

---

* 그리고 중요한 가정은 위험이 평생 일정하게 유지된다는 것이다. 이것은 사실이 아니지만 이렇게 생각하고 계산해보겠다.

기대 수명의 변화(기호와 거의 같음) −10 × LN(상대적 위험)

"LN"은 자연 로그natural log를 의미하는데, 대부분의 계산기에서 이 기능을 찾을 수 있다. 따라서 이 예에서 초가공식품을 섭취하면 사망 위험이 14퍼센트 증가한다고 진정으로 믿고 있다면 기대 수명의 대략적인 변화는 다음과 같다.

$$−10 \times LN(100퍼센트 + 14퍼센트)$$
$$= −10 \times LN(114퍼센트)$$
$$= −10 \times LN(1.14) = 약\ 1.3년\ 손실$$

뭐? 대체 어떻게 사망 위험이 그렇게 큰 변화를(14퍼센트 증가!) 보였는데 그렇게 작은 효과(미국 평균 수명의 약 2퍼센트 감소)를 만들 수 있는 것일까? 범인은 우리의 오랜 친구인 기하급수적 사망 위험 함수다. 특히 10~70세의 특정 연도 내에 사망할 위험이 낮다.

내 관점에서 볼 때 사망 위험에 관해서는 초가공식품과 관련된 14퍼센트 증가가 진짜라고 가정해도 별것 아닌 듯하다. 그 숫자가 매우 커 보이는 이유는 우리가 백분율을 최대 100퍼센트로 생각하는 데 너무 익숙하기 때문이다. 그러나 우리 모두가 정기적으로 직면하는 상대적 사망 위험의 맥락에서 14퍼센트는 낮다. 사실 이것은 20대의 치기 어린 행동으로 인해 발생하는 위험과 거의 정확히 일치한다…. 앞에서 흡연 이야기한 것 기억나시는지? 약 3만 5,000명의 영국 의사를 대상으로 한 연구에 따르면 골초인 흡연자는 비흡연자보다 사망할 확률이 234퍼센트 더 높았다. 이것이 훨씬 더 인상적인 수치이며 이 수치를 기대 수명 감소로 변환해보면 훨씬 더 인상적으로 감소한다. 평균 약 10년이다.

그러나 흡연 이외에도 매우 큰 다른 위험들이 있다.

그중 하나는 남성이라는 사실이다. 사실 선진국에서는 남성의 사망 위험이 여성보다 낮은 연령이 없다. 사망률의 비율이 최고조에 이르렀을 때의 수치는 2.85로, 남성이 여성보다 사망할 확률이 285퍼센트 더 높다는 의미다(그리고 당연히 이 비율은 22살 때 나타난다. 인구학자들은 이것을 "사고 고비accident hump"라고 부른다. 나는 이렇게 생각하기로 했다. "젊은이들은 멍청한 짓을 할 가능성이 더 높지만 그것은 그들의 잘못이 아니다. 테스토스테론 때문이거나 아마도 무모한 행동을 장려하는 사회적 환경 때문이다"). 소득은 또 다른 위험 요소다. 미국에서 소득 기준 상위 1퍼센트인 40~76세(사회보장국 측정 기준)는 하위 1퍼센트보다 10~15년 더 오래 산다. 여러분이 사는 곳도 또 다른 요소다. 뉴욕시에서 가장 가난한 미국인들은 인디애나 주 게리 지역의 가장 가난한 미국인들보다 평균적으로 4년 더 오래 산다. 예상대로 인종도 중요하다. 예를 들어, 1세 미만의 흑인 아기는 백인 아기보다 사망할 가능성이 2배 이상 높다(231퍼센트).

여러분은 나이를 바꿀 수 없다. 인종을 바꿀 수도 없다. 소득이나 거주지를 변경하기도 어렵다. 하지만 초가공식품을 덜 먹는 것은 꽤 쉽다. 또는 더 많은 "슈퍼 푸드"를 먹는 것도. 아니면 지중해식 식단으로 바꾸는 것도. 그리고 식단을 바꾸는 것이 수입을 바꾸는 것보다 훨씬 쉽다. 여기에 식습관 변화의 유혹이 있다고 생각한다. 이것은 그렇게 어려워 보이지 않는다. 그리고 14퍼센트라는 숫자는 여러분이 사망 위험에 실질적으로 영향을 미치는 것처럼 느끼게 한다…. 실제로는 그렇지 않더라도.

어떻게 보면 나는 지금까지 사람들이 내내 해온 말에 대해 다소 수학적이고 비정한 논쟁을 펼치고 있는지도 모른다. "진정해, 친구." 현대의 트위터 사용자들은 이렇게 표현하겠지만, "ㅋㅋㅋ 아무것도 중요하지 않아."

이 마지막 장을 작성하면서 월터 윌렛의 그룹에서 발표한 다섯 가지 건강 행동(생활 방식 선택이라고도 함)과 사망 간의 연관성을 조사한 최근 논문을 접했는데… 일종의 고전적인 영양역학 연구 5개를 하나로 통합한 버전이라고 할까. 이 논문의 가장 좋은 점은 "사망 위험을 27퍼센트 증가시킨다" 같은 무서운 소리를 하는 대신에, 실제로 위험을 우리 모두가 명확하게 이해할 수 있는 형식으로 설정했다는 것이다. 몇 년의 삶을 추가할 수 있는지 또는 잃게 될 것인지. 그리고 이 논문은 동일한 수학을 사용해 다섯 가지 다른 건강 행동을 분석하는 몇 안 되는 논문 중 하나다.

그래서 우리가 그 결과를 암묵적으로 신뢰한다고 할 때, 영양역학이 과연 우리에게 무엇을 해야 한다고 말하는지 매우 궁금했다.

월렛 팀이 한 일은 정확히 다음과 같다. 전통적인 방식으로 (상대적 위험으로) 사망 위험을 계산한 다음, 이런 위험이 50세인 사람의 남은 기대 수명에 어떤 영향을 미칠지 계산했다. 예를 들어, 그들은 골초 흡연자의 사망 위험(하루 25개비 이상)이 비흡연자의 사망 위험보다 약 287퍼센트 높다고 계산했다. 그런 다음 그 숫자를 가져다가 50세 이상의 미국인들을 위한 생명표에 뿌려서, 그 숫자가 생명표에서 어느 정도의 기간을 빨아들이는지를 알아냈다. 기본적으로, 그들은 여러분이 50세에 현재 하루 2.5갑을 피운다면 50세의 비흡연자에 비해 얼마나 빨리 죽을지 예측치를 계산한 것이다. 그 답은, 여러분이 남자라면 12년 정도 빠르고 여자라면 9년 더 빠르다.

각 생활 방식 선택에 대해 그들은 참가자를 수학적 그룹으로 나누고 혼란스러운 변수를 수정하고 각 그룹의 기대 수명을 다른 그룹과 비교했다.

신체 활동에 대해서는 어떤 결과를 찾았을까?

주당 3.5시간 이상 "중간 또는 격렬한 신체 활동"을 한 사람들은 운동을 "전혀 하지 않은" 사람들보다 약 8년 더 오래 살았지만, 주당 0.1~0.9시간의 적은 운동량을 가진 사람들이 5년 더 사는 것에 비하면 아주 큰 수치는 아니다.

비만은 어떠냐고?

BMI가 35 이상인 등급 2 또는 등급 3의 비만인 사람들은 BMI가 23~25인 사람보다 수명이 4~6년 짧고 BMI가 25~30인 사람의 수명은 BMI가 23~25인 사람들보다 1년 더 짧다.

알코올은?

술을 전혀 마시지 않은 사람과 하루에 30그램에 해당하는 알코올을 마신 사람은 하루에 5~15그램을 마시는 사람보다 수명이 대략

2년 정도 짧았다.

그리고 마지막으로 식단이다.

"가장 건강한" 식단을 먹은 사람들은 "가장 덜 건강한" 식단을 먹은 사람들보다 기대 수명이 4~5년 더 길었다. 아마 질문이 수도 없이 생기겠지만, 걱정하지 마시라. 모두 다 앞으로 살펴볼 것이다. 그 전에 몇 가지 핵심 사항을 지적하고 싶다.

첫째, 이 모든 숫자는 관찰 데이터(여기서는 무작위 대조 실험 없음)를 기반으로 하며 모든 기대 수명 계산은 기대 수명의 변화가 단순히 관련된 것이 아닌 생활 방식 선택에 의해 **발생한다**고 가정한다. 즉, 합리적으로 연관되어 있고 인과관계라고 가정한다.

둘째, 이 분석에 따르면 기대 수명의 증가는… 어마어마하다! 모든 생활 방식 선택에서 가장 최악의 그룹에 속한 사람들을 가장 최고에 속한 사람들과 비교해보면 기대 수명 차이는 약 20년이다! 여러분이 50세라는 것을 기억하시라. 94세와 74세의 차이다.

나는 이 결과를 처음 봤을 때 많은 생각이 들었다. 첫 번째 반응은 이랬다. '음, 피냐타*에 피클을 넣는 것보다 더 나쁜데.'

그리고 나서 든 생각은….

이 20년 동안의 차이는 모든 건강 특성이 완벽한 쪽으로 최대화된 사람들과 모든 건강 특성이 재난 수준으로 최소화된 사람들을 비교한 데서 나온 결과다. 다시 말해서, 담배를 피우지 않고 술을 적당히 마시고 죽도록 운동하며 가장 건강한 식단을 먹는 건강한 체중의

---

* 옮긴이: 멕시코를 비롯한 중남미 국가에서 어린이의 생일이나 축제에 사용하는, 장난감이나 과자를 넣은 종이 인형.

사람들을, 가능한 한 최악의 식단을 먹고 일주일에 신체 활동을 6분도 하지 않으며 병적인 비만에다 골초인 알코올 중독자와 비교하는 것이다.

나의 두 번째 반응은 이랬다. '흠, 이렇게 생각해보니 수명 차이가 20년 나는 게 사실… 그렇게… 말도 안 되는 것처럼… 보이지는… 않는데?'

누가 정확히 비교되고 있는지 상세히 설명하면 또 다른 중요한 점이 나타난다. 절대 최악 및 절대 최고 건강 그룹의 사람들은 드물다. CDC의 데이터를 사용해 윌렛 팀은 미국인의 0.14퍼센트만이 최악의 건강 그룹에 속하고 0.29퍼센트가 최고에 속한다고 추정했다. 대부분의 사람들은 중앙에 아주 꽉꽉 찼다. 이 중요한 사실은 두 가지 방법 중 하나로 볼 수 있다. 낙관론자들은 이렇게 생각할 것이다. '미국인의 99.86퍼센트가 생활 방식을 개선할 수 있어! 기회는 많아! 시도해보면 좋겠네!' 비관론자들은 똑같은 숫자를 보고 이렇게 생각할 것이다. '오, 미국인의 0.29퍼센트만이 자신들의 생활 방식에서 어려운 다섯 가지 항목을 각각 극대화했다는 거네? 잘났어, 정말.'

여러분의 수명에 나름대로 중요한 몇 년을 더 붙이는 데 무엇이 필요한지 살펴보기 시작하면… 상황은 여전히 비관적이다. 예를 들어, 50세가 되었을 때 여러분의 기대 수명에 약 3년을 더하고 싶다면 이렇게 할 수 있다.

· BMI를 5만큼 낮춘다(엄청 큰 것임).
· 하루에 담배를 20개비에서 10개비로 줄인다.
· 신체 활동을 일주일에 2시간이 아닌 4시간으로 늘린다.

명확하게 말하는데, 여러분은 이것들 중 하나가 아니라 이 모든 걸 해야 한다.

그렇게 하기는… 어렵다!

관점을 바꿔, 한 사람이 아닌 모든 미국인을 보면 상황이 좀 더 낙관적으로 보인다. 예를 들어, 신체 활동을 일주일에 2시간에서 4시간으로 두 배 늘리면 개인에게 1년이 더 생기는데 누가 신경이나 쓰겠는가? 그러나 미국 인구의 10퍼센트가 신체 활동을 두 배로 늘리면 많은 어린이의 생일이 추가될 것이다. 또한 이미 매우 빡빡한 의료 보험 시스템의 부담을 줄이는 추가 보너스가 될 것이다. 물론 이 모든 것은 연관성이 합리적이고 인과적이라고 가정했을 때 가능하다.

그래서 이 모든 것을 감안할 때 나는 여러분에게 무엇을 하라고 조언할까?

바로 이것이다.

〈여러분이 일반적으로 건강하다고 가정했을 때의 다섯 가지 조언〉

반드시 참고하라. 나는 의사가 아니다. 여러분의 의사가 이 책의 내용과 모순되는 일을 하라고 하면 의사의 조언을 따르고 나를 무시하시라. 의사는 여러분을 알고 있지만 나는 아니다.

좋다, 시작해보자….

〈소소한 조언 1〉

너무 걱정하지 마라. 식품 및 건강에 관한 대부분의 뉴스는 안전 리콜이나 오염 통지 등이 아니라면 무시하라. 건강 뉴스는 여러분의 건강에 대해 상황에 맞는 미묘한 정보를 제공하도록 쓰인 것이 아니다. 광고를 걸고 요리 책을 판매하도록 설계되었다. 결론이 아니라 최신 결과일 뿐이다.

미국에서 특정 식품, 식단 또는 약물에 대한 정직한 정보를 원할 경우 해당 정보를 얻을 수 있는 가장 좋고 쉬운 곳은 CDSR이다.* 그들은 전부는 아니지만 많은 음식, 해결책 및 건강 결과에 대한 연구를 검토하고 과학 문헌의 속임수를 감지하고 드러내려고 노력한다. CDSR은 완벽하지는 않지만 가장 많은 양의 정보와 증거의 강도에 대한 가장 엄격한 검토를 가장 짧고 읽기 쉬운 요약으로 압축한다. 또한 새로운 과학 논문이 발표되면 지속적으로 리뷰를 업데이트한다.

〈소소한 조언 2〉

담배를 피우지 마라. 담배를 피운다면 끊어라. 흡연자라면 금연은 더 오래 살 수 있는 가장 중요한 일이다. 여러분이 담배를 피우지 않는다면 아예 시작하지 않는 것이 장수하는 데 가장 중요하다.

전자담배는 어떨까? 이미 흡연자인 경우 전자담배를 피우는 것이 금연에 도움이 될 수 있다는 증거가 있으며 니코틴 대체 요법만큼 효과적일 수 있다(또는 그보다 더 효과적일 수 있음). 아직 담배를 피우

---

* 체계적 검토를 위한 코크런 데이터베이스Cochrane Database of Systematic Reviews(건강 관리의 체계적 검토를 위한 저널 및 자료를 모은 데이터베이스-옮긴이).

지 않았다면 말 그대로 담배 연기와 동일한 발암물질이 포함되어 있다는 것을 이미 알고 있기 때문에 부분적으로라도 전자담배 피우기를 시작할 이유가 없다. 이는 또한 흡연의 진입로가 될 수 있기 때문이다.

〈소소한 조언 3〉

신체 활동을 활발히 하라. 신체 활동으로 인해 수명이 더 **길어지는지** 또는 그저 더 긴 수명과 **관련이 있는지** 여부는 흡연과 마찬가지로 명확하지 않다. 하지만 그런 구별은 중요하지 않다. 신체 활동은 기분이 좋고 기본적으로 위험이 없으므로* 하는 것이 좋다.

〈소소한 조언 4〉

음식에 관한 내용이다. 이 내용이 내 목록에 마지막으로 등장한 이유는 무엇일까? 윌렛의 분석에서 가장 건강한 식단을 먹는 사람들은 가장 나쁜 식단을 먹는 사람들보다 기대 수명이 4~5년 더 길다는 사실을 기억하라(50세 기준). 그렇다면 가장 건강한 식단은 무엇일까? 과일, 채소, 견과류, 통곡물, 고도 불포화지방산, 긴 사슬 오메가-3 지방산이 많았으며 가공육, 붉은 육류, 단 음료, 트랜스지방 및 소금이 거의 또는 전혀 없었다.

자, 이 11개 항목을 여러분의 식단 목록에 추가해보자. 목록에서 뭔가가 보이시는지? 나는 두 가지가 보인다.

---

* 여러분이 선택한 신체 활동이 악어 사냥인 경우 일반적으로 과학 연구에서 신체 활동으로 간주되는 '활발한 걷기'보다 사망 위험이 훨씬 더 높다. 또한 건강이 정말 좋지 않다면 신체 활동이 여러분을 더 위험하게 만들 수도 있다….

첫째, 내용이 길다(그에 비해 '금연'과 '신체 활동'은 짧은 지침이다). 그게 왜 중요하냐고? 11개의 항목이 합쳐져서 약 4.5년의 기대 수명이 늘어난다면 각 개별 항목은 약 5개월만 기여하게 된다(모든 항목이 동등하게 기여한다고 가정했을 때).

둘째, 실제 목록은 11개 항목보다 훨씬 길다. 사실 개별 품목 4개(소금, 트랜스지방, 고도 불포화지방산, 오메가-3 지방산)와 **전체 식품 범주** 7개(과일, 채소, 견과류, 통곡물, 가공육, 붉은 육류, 단 음료)다. 아주 후하게 '단 음료'를 하나의 항목으로 계산하더라도 실제 음식 항목 5개와 범주 6개가 있으며 각 항목에는 수십 또는 수백 가지의 음식이 있다. 또한 다섯 가지 '식품'은 실제로 다양한 식품에서 발견되는 상당히 특정한 분자(소금, 설탕, 지방산 및 트랜스지방)다. 여기서 나의 요점은 이것이다. 건강한 식단이라고 하면 어떤 하나의 큰 일처럼 들릴지 모르지만 실제로는 수백 가지 작은 것들로 이루어진 상당히 복잡한 혼란이다. 즉, 한 가지 식품(블루베리 또는 다크로스트 커피)의 기대 수명에 대한 기여도는 아마도 아주아주 작다는 의미다.

이 중 어느 것도 건강한 식단을 먹으려고 하지 말아야 한다는 의미가 아니다. 내 요점은 어떤 종류의 생선이 고도 불포화지방산이 가장 높은지, 잘 익은 아보카도가 익지 않은 것보다 오메가-3가 더 적은지, 아니면 연하게 또는 진하게 로스팅된 커피가 항산화 물질이 더 높은지, 그밖에도 내가 건강 잡지에서 본 여러 가지 다른 허튼소리를 걱정해서는 안 된다는 것이다. 그리고 이와 같은 이유로, 여러분이 정확하게 어떤 식단을 선택하는지는 그다지 중요하지 않을 것이다. 가짜 약장수가 아닌 실제 의사가 권장하는 거의 모든 식단은 대부분

바람직하며 하나 또는 둘이 없거나 무언가가 추가된다고 해도 기대 수명에 거의 영향을 미치지 않는다.

물론, 식단(다이어트)은 단지 더 오래 사는 것에 관한 이야기만이 아니다. 때로, 아마도 대부분의 시간 동안, 다이어트는 "여러분이 최고의 컨디션으로 사는 것"이거나 밀레니얼 세대가 아닌 사람들이 말하듯이 "기분이 좋아지는 것"이다. 여러분은 거의 확실히 다이어트를 한 다음 어떤 식으로든 더 건강하거나 나아지는 느낌을 경험했다. 문제는 여러분이 **특정** 다이어트를 했기 때문에 기분이 나아졌는지 아니면 다이어트 **자체**를 했기 때문에 기분이 나아졌는지 알 방법이 없다는 것이다. 다이어트를 하는 간단한 행동(**어떤** 다이어트든!)만으로도 기분이 나아질 수 있다. 또한 다이어트를 한다면 운동을 더 많이 하고 숙취에 시달리는 시간을 줄이고 숙면을 더 많이 취할 것이다. 이 모든 것들이 식단과 관계없이 기분을 좋게 만들 수 있다.

식단에서 초가공식품을 완전히 제거하는 것은 어떨까? 여러분은 다음과 같이 질문할 수 있을 것이다. 이를 정당화하기에 충분한 높은 수준의 증거가 있나? 흡연과 마찬가지로 초가공식품과 죽음 사이에 확실한 진실의 다리가 있는가? 절대적으로 아니다. 하지만 다시 한 번, 미국의 공중보건국장은 확실하고 튼튼한 진실의 다리가 건설될 때까지 사람들에게 금연을 지시하는 걸 미룰 수가 없었다. 여러분이 이 책의 증거를 읽었다면 여러분의 반응은 "**이봐, 나중에 후회하는 것보다 조심하는 게 낫지**"일 것이고 이렇게 생각하는 사람들이 많다. 결국 치토스 또는 다른 초가공식품을 안 먹는 것과 연관된 알려진 위험은 없다. 그러니 그냥 아예 안 먹는 게 어떨까?

대부분 식이요법의 권장 사항은 정확히 다음과 같이 말한다. "가공식품을 피하라." 그리고 말해두지만, 나는 근본적인 점에서 이에 반대하지 않는다. 하지만… 가공식품을 독이라고 부르는 건 그만둘 수 없을까? 가공식품을 독이라고 부르는 것은 설사를 하게 만들거나 심장을 멈추게 하는 진짜 독에게 매우 무례한 행동이다. 설탕(심지어는 초가공식품)을 독이라고 부르기 시작하면 독이라는 단어가 싸구려가 된다. 아무도 사탕이 여러분에게 좋다고 말하지는 않지만, 사탕이 시안화물은 아니지 않은가.

여러분은 내가 현학적이라고 생각할 수도 있다. 그러나 이것을 고려하시라. 초가공식품이 끔찍한 독이라고 생각한다면, 초가공식품만 식단에서 제거하면 줄담배를 계속할 수 있고 두 위험이 서로를 상쇄할 것이라는 논리적인 결론을 내릴 수 있다. 과도한 망상이다. 또한 모든 사람이 계속 독이라고 말한다면 우리 모두 너무 지쳐서 **진짜** 독이 나와도 무시할 것이다. 마치 양치기 소년의 고함처럼 말이다. 따라서 여러분이 모든 초가공식품을 안 먹기로 결정했다면 훌륭한 결정이다. 위약 효과 때문이든, 아니면 모든 초가공식품을 과일과 채소 그리고 꼭 먹어야 한다고 들었던 다른 식품으로 대체해야 하기 때문이든, 여러분의 기분을 나아지게 할 수 있다.

그러나 초가공식품을 식단에서 제외하는 것 하나만으로 **절대** 여러분에게 영원한 삶이 주어지지는 않을 것이다.

벨비타 치즈, 개인적 책임, 키엘바사* 에 대하여

우리는 음식이 해리포터 이야기와 같기를 원한다. 누구든 덤블도어가 흠 하나 없이 선하고 볼드모트는 구제불능의 악임을 알고 있다. 그러나 음식은 프랑스 예술 영화 〈라 핀 데 하리코La fin des haricots〉(제목 자체는 콩이 다 떨어졌다는 의미로, 모든 희망을 잃어버린 중대한 상황에 대한 영화—옮긴이)에 더 가깝다. 모든 사람들은 결점이 있고 심지어 상황을 잘 이해하지도 못한다.

하지만 전반적으로 나는 월터 윌렛보다 존 이오아니디스에게 더 동의한다. 그렇다. 대규모 코호트 연구에는 몇 가지 강점이 있다. 우리는 그런 연구에서 특정한 음식을 먹을 필요가 없는, 단지 규칙적인 삶을 사는 사람들로부터 장기간의 데이터를 얻을 수 있다. 그리고 무작위 통제 실험에서 시험하기 위한 잠재적으로 흥미로운 연관성을 찾아낼 수 있다. 어떤 경우에는 흡연과 마찬가지로 연관성이 인과관계라고 확신할 수 있다. 하지만 내가 한 모든 연구 결과에서, 나는 이런 유형의 연구들이 14퍼센트의 사망 위험 증가와 같은 것을 감지할

* 옮긴이: 마늘을 넣은 폴란드식 훈제 소시지.

수 있을 만큼 신뢰할 수 있고 정확하다고 확신하지 못한다. 또한 과학자, 언론인, 일반 대중을 포함한 모든 사람들이 두 가지 사이의 연관성을 보고 한 가지가 다른 것을 야기한다고 가정하는 과정이 너무 쉽다고 생각한다. 내가 전통적인 영양역학에 의심이라는 혜택을 주고 사망 위험의 14퍼센트 증가가 합리적이고 인과적인 것이라고 가정한다고 해도, 그것은 꽤 낮은 수치다. 겨우 1년 정도의 수명을 잃었을 뿐이다.

내가 이 책의 첫머리에서 이 여행이 식품과 우리가 "소비재"라고 부르는 모든 것들에 대한 나의 관점을 완전히 바꾸어놓았다고 말했던 것을 기억하는가? 확실히 그랬지만, 사실 그보다 더 많은 일을 해냈다. 과학을 완전히 새롭고 더 나은 시각으로 보게 만들었다. 이상해 보이는 건 나도 안다. 결국 나는 지난 300여 쪽에 걸쳐 합리적이고 인과적인 연관성으로 가는 길에 있는 모든 웅덩이에 대해 이야기했다. 그러나 내가 배운 가장 중요한 사실은 역시 가장 분명한 사실이기도 하다. "우리가 먹고 마시고 들이마시고 우리 자신에게 바르는 모든 것에 대한 진실을 밝히기는 보기보다 훨씬 어렵다."

세상은 보통 유기화학 입문처럼 깨끗하고 단순한 반응이 깨끗하고 단순한 제품으로 이어지지 않는다. 오히려 마치 모든 아수라장이 펼쳐지는 고급 유기화학에 가깝다. 설사 그럭저럭 진실을 밝혀낸다 하더라도 때로는 그 진실이 복잡할 때도 있다. 만약 초가공식품이 정말로 사망 위험을 14퍼센트 증가시키는 것으로 판명된다면, 거의 대답만큼이나 많은 의문이 제기될 것이다. 모든 초가공식품이 똑같이 나쁜가? 정확히 무엇 때문에 그것이 나쁜가? 그것들을 덜 나쁘거나 심지어 좋은 것으로 바꿀 수 있을까?

과학은 느리고 불규칙하게 진행된다. 만약 여러분이 밖에서 안을 들여다보고 있다면, 무엇이 진실인지 알아내려고 노력하다가 미친 듯한 좌절감을 느낄 수 있다. 그러나 일단 놀랍도록 확실한 진리의 다리가 건설되면, 그것을 창조한 과정과 마찬가지로 아름다운 결과를 보여주는 것이 바로 과학이다.

이 책을 통해 나는 과학을 마치 기업의 돈과 권력의 영향 같은 인간의 모든 일반적인 관심사와는 별개로 운영되는 것처럼 취급해왔다. 물론 과학은 외부와 단절된 상태에서 작동하지 않는다. 지난 15년간 음식을 놓고 벌어진 많은 운동들에 대한 식품업계의 반응에 조금이라도 관심을 기울였다면, 그들의 주장과 나의 주장 사이에 현저히 유사한 부분이 있음을 알 수 있을 것이다.

예를 들어 "합리적으로 먹고 너무 걱정하지 말라"를 다르게 표현하면, "우리 회사는 우리가 팔 수 있는 것에 대해 규제를 받지 말아야 한다. 그 규제는 여러분이 사고 먹을 것을 선택할 때, 개인의 차원에서 여러분의 마음 속에 있어야 한다"가 된다. 비슷한 맥락에서 "더 운동하라"는 베일에 싸인 표현으로 해석할 수 있는데, "이런 형편없는 가공식품을 먹은 죄를 보상하기 위해서는 **우리가 아니라 소비자가** 여러 가지 일을 해야 한다"는 것이다.

미국 사회는 개인적 책임을 중요하게 생각하기 때문에, 우리는 보통 이런 종류의 논쟁에 열려 있다. 하지만 한 업계가 중독성 있는 제품을 만든 다음 돌아서서 중독에 저항하는 것이 **우리의** 책임이라고 말하는 것도 대단히 무책임하다. 그래서 여러분의 믿음은 여러분이 초가공식품이 중독성이 있다고 믿는지에 따라 무너져버릴 수 있다. 내게는 확실히 그렇다. 우리 대부분에게는 아마도 죄의식을 가지면서도 먹지 않을 수 없는 음식 하나가 있을 것이다(나에게는 네코 초코 웨이퍼다. 왜 그런지는 나도 모른다).

하지만 만약 우리가 초가공식품이 중독성 있고 여러분에게 나쁘다는 것을 증명한다고 해도 그것은 여전히 슈퍼마켓 진열대에 남아 있을 것이다. 담배는 중독성이 있고 폐암의 위험성이 열한 배 이상 증가한다는 사실을 우리가 알고 있지만, 수십 년이 지난 지금도 팔리고 있다. 설사 초가공식품이 비만 유행의 **유일한 원인**으로 밝혀진다 하더라도, 모든 가공식품을 금지시키는 법을 상상할 수 있겠는가? 〈폭스 뉴스〉에서는 "벨비타 치즈를 위한 복수"라는 코너를 방영할 것이며, 상원에서는 복모동물gastrotrich보다 그 법안이 더 빨리 없어질 것이다.

그렇긴 하지만, 탄산음료와 같은 특정한 종류의 가공식품에 세금을 부과하는 것이 분명히 앞으로 나아가는 길이라고 말하는 사람들이 있다. 그들은 탄산음료에 영양가가 전혀 없기 때문에 세금을 부과해야 한다고 생각한다. 하지만 모든 가공식품에 세금을 부과하는 것은 특히 가공식품의 가격이 싸기 때문에 훨씬 가능성이 없어 보인다. 만약 여러분이 먹고사는 데 어려움을 겪는다면, 가공식품의 저렴한 가격 덕분에 여러분이나 가족이 굶지 않을 수도 있다. 케빈 홀의 무작위 통제(대조) 실험 기억나는가? 홀은 이 연구를 위해 식사 준비에 드는 비용을 2,000칼로리 기준으로 초가공식품의 경우 약 15달러, 최소가공식품(자연 식품)의 경우 22달러라고 추정했다. 이는 1인당 연간

• 복모동물은 며칠밖에 살지 않는 작은 해양동물이다.

약 2,500달러의 차액을 발생시키고, 4인 가족이 있다면 1년에 1만 달러가 된다. 그래서 많은 미국인들에게 초가공식품을 안 먹는 것은 선택이 아니라 사치다.

어떤 점에서 이 문제에는 우리 삶의 대체 불가능한 몇 안 되는 요소 중 하나인 정치 체계를 통과해야만 하는 과정이 있을 수도 있기에 나는 여기서 간단한 해결책이 보이지 않는다.

하지만 여러분에게 돌아와 보자.

만약 여러분이 여전히 이 책의 첫머리에 있는 '걱정하는 소비자'에 동의하고 있다면, 만약 여러분이 음식과 독성 그리고 화학물질에 대해 깊고 실존적인 걱정을 하고 있다면, 만약 여러분이 단지 안전하기 위해서 영양역학적으로 공인된 '가장 건강한' 식단을 먹는다면, 나는 아마도 기초과학에 대한 여러분의 생각을 바꾸지 못한 것이다. 심지어 여러분이 합리적이고 인과관계인 연관성으로 가는 길에 있는 웅덩이가 별 문제가 아니라고 전적으로 믿는다고 해도, 식단을 바꾼다고 해서 기대 수명이 몇 년 이상 바뀌지는 않을 것이다.

그럴 만한 가치가 있을까?

그건 여러분에게 달려 있다.

나는 지금 당장 가공식품을 10퍼센트 적게 먹어서 1.3년을 더 벌 가치는 없다고 생각한다. 그건 내가 젊기 때문일지도 모르지만, 33세라는 유리한 시점에서 보면 77세부터 78.3세까지의 차이는 작아 보인다. 하지만 내가 죽음의 문턱에 있었다면 상황은 다르게 느껴질지도 모른다. 내가 이야기를 나눠본 한 인구통계학자는 이렇게 표현했다. "내일 죽는다는 말을 듣는 것과 15개월 후에 죽는다는 말을 듣는 것을 상상해보세요. 같은 1.3년이라도 훨씬 더 길게 느껴지겠죠."

하지만 '1.3년' 즉 '14퍼센트'가 합리적이고 인과적인지조차 확신할 수 없다.

나는 영양역학이 진짜인지에 대해 엄청나게 다른 견해를 가진 많은 과학자들을 인터뷰했다. 그러고 나서 이 결말을 쓰고 있을 때, 다른 사람들의 삶을 더 낫게 만들고자 하는 바람으로 자신들의 삶에 대한 자료를 아낌없이 기부한 대규모 장기 코호트 연구의 한 **참가자**와 실제로 이야기를 나눌 기회가 우연히 생겼다. 이 사람은 꽤 유명한 연구에 몇 년 동안 정기적으로 참여했었는데, 나는 기억력의 문제나 교란 변수, p-해킹, 통계적 속임수에 대해 연구자들이 뭐라고 말했는지 궁금했다. 알고 보니, 연구자들은 그것에 대해 아무 말도 하지 않았다. 나는 과학자들에게 연구 결과 때문에 식습관이 바뀌었는지를 물었다.

그들은 다음과 같이 대답했다.

저는 제 자신을 제가 섭취한 것의 총합으로 보지 않습니다. 제 기분, 제가 다니는 회사를 비롯해 많은 것들이 제 건강과 관련이 있어요. 그래서 저는 버터를 계속 먹었고 와인을 계속 마셨으며 매일 설탕을 먹었죠. 제가 먹는 것이 저를 행복하게 한다면, 그냥 괜찮다고 생각합니다. 하지만 저는 바뀌었고 점점 더 바뀌고 있습니다. 예전만큼 키엘바사를 많이 먹지 않거든요.

나에게는 이것이 올바른 접근법으로 보였다.

나는 또한 음식이 여러분의 기대수명을 어떻게 바꾸는지보다 더 중요한 걱정거리가 있다고 생각한다. 기후 변화나 아이들에게 백신 접종 인기가 급감하는 것이 사람들의 삶에 훨씬 더 큰 영향을 미칠 것이라고 주장한다.

하지만 이건 또 다른 책에서 해야 할 이야기다.

기도하면
사망 위험이 낮아질까?

지금까지 생사에 대해 많은 이야기를 나누었다. 이제 우리가 해야 할 이야기는 오직 신뿐이다.

1988년 샌프란시스코로 잠깐 돌아가 보자. 샌프란시스코 종합병원의 랜돌프 버드Randolph Byrd는 유대-기독교 신에게 드리는 기도(그는 이것을 "가장 오래된 치료법 중 하나"라고 불렀다)가 의학 문헌에서 거의 주목을 받지 못한다고 한탄했다. 이 상황을 바로잡기 위해 버드는 다음과 같이 했다.

1. 관상동맥 치료실(여러분 심장이 여러분을 죽이려고 할 때 가는 곳)에 입원한 393명의 환자를 데려간다.
2. 무작위로 두 그룹으로 나눈다.
3. 병원 밖의 거듭난 기독교인들에게 두 그룹 중 **하나**만을 위해 기도해달라고 부탁한다.
4. 두 집단에게 무슨 일이 일어났는지 추적한다.

버드가 〈서던 메디컬 저널〉에 게재한 수치 분석 결과에 따르면, 기도 받은 집단이 기도 받지 않은 집단에 비해 건강이 더 나아진 것으로 나타났다. 여러분도 상상할 수 있듯이, 많은 과학자들과 종교학자들은 과학적, 수학적, 신학적 근거를 들어 이 결과에 큰소리로 의문을 제기했다. 그 분노는 심지어 현재의 영양역학 전쟁보다 더 격렬했다.

언론사에 도착한 편지 몇 통을 읽어보면 대략 분위기를 알 수 있다. 노스캐롤라이나의 한 의사는 대단히 선동적인 과학적 문구를 사용했다. "부당한", "독단적인", "확실한 결함", "이성을 좀먹는", "주술사이자 신앙치료사의", "합법적인 의학 간행물", "아인 랜드_{Ayn Rand}•다." 이어 그는 이 기사가 "의학을 암흑시대로 되돌리려 한다"고 비난했고, 자신의 기반을 확실히 다루고자 이 문제 전체를 이렇게 불렀다. "의학과학에 해가 되고, 나아가 인류에게 해가 된다." 이 의사가 네 단락에 걸쳐 쓴 모든 내용이 그렇게 부당하지는 않았다. 또 다른 독자는 평소 과학자들이 논문을 쓸 때 항체 반 컵을 빌려준 동료들에게 고마움을 표하는 부분인 '감사의 글'에서 버드가 "환자들을 위해 올린 많은 기도에 응답해주신 하나님께 감사드린다"고 쓴 것을 지적했다. 편견이 없는 실험자로 보기는 어려운 것 같다.

냉소적인 무신론자들만 버드의 연구에 반대한 건 아니었다. 신앙을 가진 과학자들도 마찬가지였다. 그중 한 사람은 씁쓸하게 말했다. "신앙인들은 일반적으로 하나님께 치유를 행하라고 요구하지 않

• 옮긴이: 유대/러시아계 미국인 소설가, 극작가이자 철학자. 이성의 가치와 극단적인 개인주의 사상을 강조하며 1960년대와 70년대 미국에서 가장 논쟁적인 인물이었다.

으며, 치유를 행할 시간표를 제공하지도 않는다." 다른 사람은 좀 더 직접적이었다. "확실히 말하지만, 그런 실험은 아무리 좋게 말해도 소름끼칠 정도로 오만하고 확실한 신성모독이다." 그리고 3분의 1에 해당하는 사람들은 완전히 시인이 되었다.

"어쩌면 진정한 결론은 신의 은총이 인간의 기술보다 더 위대하고 인간의 도구로는 헤아릴 수 없다는 것인지도 모른다. 조사관들은, 자신들 이전의 많은 사람들처럼, 자신들의 '연구'가 전하는 진정한 메시지를 놓쳤을지도 모른다. 인간의 오만함에도 불구하고 신의 전지전능함은 우리가 추가하거나 퇴색할 수 있는 능력 밖이라는 것이다."

신학적인 의견 차이는 제쳐두고, 치료로서의 기도가 과학적으로 연구될 수 있다고 가정해 이 연구를 살펴보자. 내가 과학에서 가장 좋아하는 점이 바로 불화의 틀을 제공한다는 것이다. 아래의 표를 바탕으로, 블로그의 댓글에서 펼쳐지는 상황(왼쪽)과 과학 문헌에서 실제로 펼쳐지는 상황(오른쪽)에서 과학적 싸움의 차이를 생각해보라.

블로그	과학 문헌
인터넷 댓글 A: 기도가 사람을 치유할 수 있다는 것을 발견했다! 인터넷 댓글 B: 넌 분명 바보구나. 인터넷 댓글 A: 네가 바보지. 인터넷 댓글 B: 멍청하기 짝이 없네.	과학자 A: 기도가 사람을 치유할 수 있다는 것을 발견했다! 과학자 B: 넌 분명 바보구나. 과학자 A: 네가 바보지. 과학자 B: 네 바보 같은 이론을 실험해볼 테다.

1999년 미주리주 캔자스시티의 세인트루크 병원, 미주리 대학교, 샌디에이고의 캘리포니아 대학교 출신의 의학 박사와 박사 7명, 신학 석사 1명으로 이루어진 팀이 버드 교수의 결과를 시험하러 나섰다. 윌리엄 해리스_{William Harris}가 이 연구를 이끌었다. 이들의 연구는 비슷한 절차를 거쳤지만 환자 수는 두 배가 넘었다(1,013명). 연구 결과는 비슷했다. 기도 받은 환자들이 그렇지 않은 환자들보다 전반적으로 더 잘 회복했다. 결론은? 기도가 통한다! 과학이 해결했다. 자, 기억하라. 이것은 단순한 연관성이 아니었다. 누군가가 (비유하자면) 오줌을 (비유하자면) 컵에 받았으니 **인과관계**였다. 여러분의 이모가 병원에 입원하게 된다면 여러분은 기도해야 한다. 그러면 기도가 이모를 **낫게할** 테니 말이다.

깜짝 놀랐을 수도 있겠다. 적어도 나는 놀랐다. 하지만 두 손을 모으고 필사적으로 기도문을 기억해내려고 하기 전에, '빌어먹을 논리의 모자'를 쓰고 해리스의 연구를 자세히 살펴보자.

이번 연구에서 특이한 점은 거의 비밀리에 이루어졌다는 것이다. 환자들은 종교에 관해서는 말할 것도 없고 자신들이 임상시험에 등록되어 있는지도 몰랐다. 자신들이 기도 받고 있다는 것(또는 그렇지 않다는 것)도 확실히 모르고 있었다. 그런 이유로 해리스와 회사는 환자들이 종교적인지나 어떤 종교에 속해 있는지에 대해 어떠한 정보도 수집하지 않았다. 이는 곧 환자들이 종교에 관한 한 '적절히 무작위화'되었다는 것을 해리스가 증명할 수 없었다는 의미다.

그게 무슨 뜻이냐고? 음, 비아그라가 정말로 남성들을 치료하는 데 도움이 되는지 알아보기 위해 무작위 통제 실험을 하고 있다고 가정해보자. 대부분의 무작위 통제 실험과 마찬가지로, 두 그룹의 결과를 비교한다. 한 그룹은 비아그라를, 다른 그룹은 설탕 알약을 받는다. 그룹에 환자를 할당할 때, 여러분은 각 그룹이 가능한 한 동등한지 확인하려고 할 것이다. 특히 결과에 영향을 미칠 수 있는 사항에 대해서는. 예를 들어, 모든 금주자를 통제 그룹에 할당하고 모든 음주자들을 비아그라 그룹에 할당했다면, 여러분의 연구는 비아그라가 실제로는 발기를 막는다는 결과를 보여줄 수 있다(알코올은 알코올성 발기 부전을 일으키니까). **무작위로** 사람들을 배정하는 것이 여러분의 연구 결과를 망칠 수 있음을 보여주는 예다. 일반적인 무작위 제어 시행에서는, 일단 그룹을 할당하면 특정 연구에 중요한 특성에 대해 각 그룹이 거의 동일한지 확인해야 한다.

해리스의 경우에는, 기도 받은 그룹의 환자들이 기도 받지 않은 그룹의 환자들만큼 종교적인지 확인했어야 한다. 만약 그러지 않았다면 여러분은 갖가지 문제들을 상상할 수 있을 것이다. 기도 받은 그룹의 모든 사람들이 신께서 자신들을 치유해주실 것이라고 경건하고 열렬히 믿었던 반면, 기도 받지 않은 그룹의 모든 사람들은 자신들이 곧 죽을 것이라고 확신하는 냉소적인 무신론자였다고 가정해보자. 전자에 해당하는 그룹은 자신들이 받는 의료 서비스에 대해 더 긍정적인 전망을 가졌을지도 모른다. 그리고 이 사실이 그들의 건강에 영향을 미쳤을지도 모른다. 또는 기도 받은 그룹의 모든 사람들이 자신의 건강을 위해 열렬히 기도한 반면, 기도 받지 않은 그룹의 사람들은 아무도 그렇게 하지 않았다고 가정하자. 어쩌면 환자들이 한 기도가 결과에 영향을 미쳤을지도 모른다.

자, 이제 이렇게 생각해보자. 많은 기도들이 날아다니고 있다. 전 세계 약 10억 명의 가톨릭 신자들이 일요일마다 하느님에게 "아프고 고통받는 모든 사람을 치유해달라"고 기도하고 있다. 이것은 아마도 기도 받는 그룹과 기도 받지 않는 그룹 모두, 즉 연구에 있는 모든 환자들에게 해당될 것이다. 그러나 만약 기도가 신자들에게 더 잘 '달라붙는다면' 어떨까? 또는 기독교인들에게? 또는 천주교 신자들에게? 또는 사이언톨로지스트들에게? 또는 채식주의자들에게? 만약 기도 받지 않은 그룹에 우연(무작위 가능성)으로 더 많은 무신론자(또는 육식주의자)가 들어 있다면, 여러분은 그 환자들에게는 기도가 테플론 프라이팬에 올려놓은 돼지비계처럼 절대 '달라붙지' 않으리라고 생각할 것이다.

또는 조금 더 논리적인 설명을 선호한다면 기도 받지 않은 그룹이 월요일에서 금요일까지 관상동맥 치료실에 있었고 기도 받은 그룹은 일요일에서 목요일까지 그곳에 있었다고 가정해보자. 그러면 기도 받은 그룹은 그 달콤하고 달콤한 일요일 기도에 큰 은혜를 받았을 것이다. 반대로 기도 받지 않은 그룹은 그렇지 않았을 것이다. 그리고 우리는 아직 환자의 가족들, 친구들, 사랑하는 사람들의 기도를 고려하지 않았다. 기도 받은 그룹이 좀 더 종교적이라고 가정해보자. 그들에게는 아마도 신앙심 있는 친구들이 더 많을 것이고, 그 친구들은 환자들의 회복을 위해 더 많이, 더 열렬히 기도할 것이다. 아니면 여러분을 사랑하는 사람들의 기도가 전혀 모르는 사람들의 기도보다 더 강력할지도 모른다.

만약 해리스가 종교적인 관점에서 기도 받은 집단과 기도 받지 않은 집단이 대략 같은지 확인했다면, 내가 위에서 말한 어떤 요점도 아무런 의미가 없을 것이다. 왜냐하면 그 효과들이 대략 서로 상쇄될 테니까. 그렇기 때문에 무작위 통제 실험을 무작위적으로 시행하는 것이다. 여러분이 시험하려고 하는 것이 그룹 간의 **유일한** 차이점이 도록 하기 위해서.

하지만 나는 해리스가 이번 사건에서 암초에 걸렸다고 말할 수밖에 없다. 그 이유를 알아보려면 이렇게 생각해보자. 여러분이 병원에 입원해 있고 간호사가 여러분에게 이렇게 말한다. "실례합니다, 선생님. 저희에게 선생님의 목숨을 맡기시기 전에, 저희가 알아야 할 점이 있습니다. 혹시 신을 믿으시나요?" 명백한 차별이라는 점은 차치하자. 환자에게 단순히 이렇게 물어보는 것만으로도 만약 (예를 들어) 무신론자들에게 치료의 질에 대한 걱정을 일으킨다면, 실제로 결과가 달라질 수도 있다. 그래서 해리스는 환자에게 아무 말도 하지 않기로 선택했는데, 나는 그가 옳은 선택을 했다고 생각하지만 또한 결과에 대한 해석도 더욱 어려워진다.

이제 기도하는 사람들("중보자"라고도 알려져 있는데, 그들이 신과 우리 사이를 중재하려고 하기 때문이다)을 살펴보자. 이 실험의 주된 목표는 환자가 겪은 합병증의 수에 기도가 어떤 영향을 미치는지 시험하는 것이었다(합병증은 '환자가 오줌을 못 눈다'에서 '환자가 죽었다'에 이르는 모든 것이 될 수 있다). 중보자들은 "합병증 없이 빠른 회복"을 기도하라는 지시를 받았다. 이는 연구의 명시적 의도와 일치한다는 점에서는 좋지만 '중보자들에게 적절해 보이는 다른 것'에도 해당된다는 점에서는 좋지 않다. 중보자들에게 그들이 원하는 어떤 것을 위해 기도하라고 말하는 것은 곧 환자에게 정확히 200밀리그램의 약을 주면서 동시에 환자가 원한다면 더 많은 약을 복용하거나 다른 약을 복용할 수도 있다고 말하는 것과 같다.

아마도 중보자가 받은 정보 중 가장 이상한 점은 바로 그들이 아무 정보도 **받지 못했다**는 점일 것이다. 환자의 성이 무엇이고 나이가 몇 살인지, 무슨 병으로 진단을 받았는지, 예후가 좋은지 아니면 암울한지, 그 외의 다른 어떤 정보도 받지 못했다. 중보자는 환자를 알지 못했고 연구에서 환자들을 만난 적도 없었다. 환자의 이름만 주어지고 그 밖의 다른 것은 아무것도 **주어지지 않았다.** 그러면 각종 의문이 떠오른다. 예를 들어, 자신들이 기도를 해줘야하는 "프레드"가 누구인지 신은 어떻게 알겠는가? 또는 신이 없다면, 그 중보자가 어떻게 알겠는가?

기도가 어떻게 작용하는지(또는 작용하지 않는지)에 대한 가정들을 배 1척에 가득 찰 만큼 만들어야 한다는 사실을 눈치 챘을지도 모르겠다. 왜냐하면 아무도 실제로 어떻게 작동하는지 모르기 때문이다. 우체국처럼 생각해야 하나? 깜박 잊고 "아멘"이라고 말하지 않은 건 곧 깜박 잊고 봉투에 우표를 안 붙인 것과 같은가? 기도의 올바른 수신인을 찾을 수 없으면 어떻게 될까? 기도가 보낸 사람에게 돌아갈까? 아니면 그냥 우편함 2개 사이 빈 공간으로 빠지게 되는 것일까? 농담이긴 하지만 어쨌든 기도에 대해서는 더 깊은 의문이 많다. 예를 들어 중보자가 환자를 위해 기도하면, 기도가 신에게 올라간 뒤 신이 모든 기도와 환자의 가치를 저울질하고 나서 환자의 운명을 결정하는가? 아니면 중보자의 긍정적인 정신 에너지가 지금까지 알려지지 않은 메커니즘을 통해 환자에게 전달되어 환자의 건강에 직접적인 영향을 미치는가? 즉, 일이 일어나는 장소가 하늘인가 땅인가?

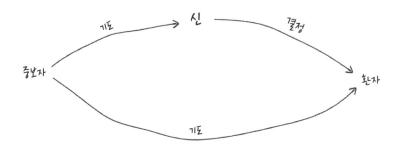

자, 가능성 있는 이 두 가지 메커니즘과 여러분이 생각할 수 있는 많은 다른 방법들에 대해 중대한 점이 하나 있다. 해리스의 실험은 여러분이 두 가지 사이를 구별하게 하지 않는다. 즉, 중보자들은 무언가를 위해 기도해달라는 요청을 받은 것이다. 그들은 '신에게 기도하라'는 지시도(상단 메커니즘) 받지 않았고 '환자에게 직접 기도를 집중하라'는 지시도(하단 메커니즘) 받지 않았다. 즉 기도는 위의 어느 메커니즘에 한정되지 않았으므로 둘 중 하나가 작동했을 수도 있고 둘 다 작동했을 수도 있으며 둘 다 작동하지 못했을 수도 있다.

그게 무슨 뜻이냐고? 해리스와 회사가 기도 받은 그룹의 환자들이 기도 받지 않은 그룹의 환자들보다 조금 더 나아졌다는 사실을 발견했음을 기억하라. 좋다. 이제 우리가 얻은 결과를 설명해보자. 아래 각각의 설명은 해리스와 동료들이 수집한 자료와 완전히 일치한다.

· 신께서 중보자들의 기도를 들으시고 기도 받은 그룹을 기도 받지 않은 그룹보다 나아지게 해주셨지만 기도 받지 않은 그룹에게 너무 벌을 주고 싶지 않아 그 차이를 작게 만드셨다.

· 신께서 중보자들의 기도를 들으셨지만 사실 우리가 생각했던 것보다 훨씬 전능하지 못하시기에, 신으로서 최선의 노력을 기울인 결과 두 그룹의 작지만 중대한 차이를 낳았다.

· 신께서 중보자들의 기도를 들으시고, 우리 모두에게 성경 신명기 6장 16절("주 너희의 하나님을 시험대에 올려놓지 말라")을 상기시키기 위해 기도하지 않는 그룹보다 기도하는 그룹을 아주 조금만 나아지게 하기로 결정하셨다. 신께서는 그렇게 하면 오직 결정적이지 않은 결과만이 야기할 수 있는 학문적 혼란을 만들어낼 것임을 알고 계셨기 때문이다.

· 신께서 중보자들의 기도를 들으셨지만 살인, 대량학살, 베일에 싸인 제국주의, 전쟁, 기근, 가뭄, 허리케인을 비롯한 그 밖의 자연재해와 인간이 만든 재해들을 막기 위해 다소 바쁘셨기 때문에, 지구상에서 가장 부유한 나라에서 어차피 죽음에 꽤 가까운 몇 사람을 치료하실 시간이 남아 있지 않았다.

· 신께서 중보자들의 기도를 들으셨지만 기도 받지 않은 그룹의 영혼을 필사적으로 빼앗고 싶었던 사탄도 들었다. 루시퍼와 주님은 환자 하나하나의 영혼을 놓고 장대한 전투를 벌였다. 주님이신 주님은 사탄보다 약간 더 많은 환자를 얻으셨다.

이런 맥락에서 여러 가지 다른 설명들을 생각해낼 수도 있을 것이다. 하지만 해리스의 실험 결과를 볼 때 똑같이 그럴듯하지만 아주 다른 설명들을 몇 가지 더 살펴보자.

- 신께서 모든 기도를 들으시고 모두 무시하기로 하셨다. 기도 받은 그룹과 기도 받지 않은 그룹의 건강상 차이는 우연(무작위적 가능성) 때문에 생겼다.
- 하나님, 알라, 야훼 모두 한바탕 웃고 나서 다시 포커 게임을 하러 돌아갔다. 기도 받은 그룹과 기도 받지 않은 그룹의 건강상 차이는 우연(무작위적 가능성) 때문에 생겼다.
- 신에 대한 우리의 이해는 만화적으로 틀렸다. 현실에서 신께서는 인간의 일에 간섭하시지 않는 다차원적인 존재다. 기도 받은 그룹과 기도 받지 않은 그룹의 건강상 차이는 우연(무작위적 가능성) 때문에 생겼다.
- 신은 없다. 기도 받은 그룹과 기도 받지 않은 그룹의 건강상 차이는 우연(무작위적 가능성) 때문에 생겼다.

이런 맥락으로 설명하면 영원히 할 수 있을 것이다. 하지만 **역시** 해리스의 데이터로 설명 가능한 몇 가지 다른 설명들을 생각해보자.

- 중보자들은 환자의 이름만 받았기 때문에 대부분의 기도들이 의도된 목표물에게 도달하지 못했다. 하지만 어떤 기도는 목표물에게 도달했고, 그래서 기도 받은 그룹이 기도 받지 않은 그룹보다 약간 더 나았을 뿐이다.

· 모든 기도가 의도된 목표물에 도달했지만, 우연히도 중보자가 정말 기도를 못했기 때문에 기도 받은 그룹은 기도 받지 않은 그룹보다 조금 더 나았을 뿐이다.

· 모든 기도가 의도된 목표물에 도달했지만, 중보자들은 기도의 대상이 어떻게 지내는지 전혀 알 수 없는 상태로 28일 동안 특정 대상을 위해 기도하는 것에 정말로 지쳤다. 그래서 첫날 중보자들의 기도는 아주 간절하고 길고 열정적이었지만, 28일째가 되자 "친애하는 주님, 부디 뭐가 됐든 프레드에게 잘못된 것을 고쳐주세요, 아멘" 같은 식이 되었다. 그리고 나서 중보자들은 골프를 치러 갔다. 그러나 그들이 초기에 했던 최상급의 기도들은 기도 받은 그룹에게 약간의 이점을 주기에 충분했다.

보다시피 해리스의 데이터는 수백만의 다른 방법으로 설명될 수 있는데, 이 말은 해리스의 실험이 그 설명들 중 어느 것이 정확한지에 대해서는 거의 알려주지 않는다는 의미다. 나는 여기서 해리스를 비난하지 않을 것이다. 많은 무작위 통제 실험들(그리고 대규모 코호트 연구들) 또한 이와 같은 문제로 고통받고 있다. 케빈 홀의 초가공식품에 대한 연구는 참가자들이 왜 더 많은 초가공식품을 먹었는지 확실히 말해주지 않는다는 사실을 기억하라. 그냥 먹었다는 것뿐.

다시 신에게 돌아가 보자. 어떤 이들은 종교에 관한 한, 실험이 훨씬 덜 유익하다고 주장할 것이다. 왜냐하면 (신이 존재한다면) 신이 어떻게 일하는지가 훨씬 더 불확실하기 때문이다. 예를 들어 약에 관해서라면, 우리는 약의 화학적 구조나 약을 많이 먹을수록 우리 몸에 좋은 방향으로든 나쁜 방향으로든 뭔가 눈에 띌 만한 변화가 일어날 것이라는 생각 같은 기본적인 정보에 모두 동의할 수 있다. 하지만 기도의 경우 기본적인 정보가 더 흐릿하고 애매하다. 어떤 사람들은 심지어 아예 알 수 없다고 말할 것이다. 기도의 화학적 구조는 무엇인가? 기도를 많이 할수록 '효과가' 더 좋은가? 기도하는 사람의 종교가 받는 사람의 종교와 일치해야 하는가? 질문과 대답이 끝없이 이어진다.

그런데 정확한 설명이 중요할까? 결국 신은 불가사의한 방법으로 일한다. 다시 말해, 무언가를 **사용하기** 위해 그것이 **어떻게** 작용하는지 이해할 필요는 없다. 우리는 사랑이 어떻게 작용하는지 잘 모르지만 여전히 결혼하고, 집을 사고, 아이를 낳는다. 이와 비슷하게, 이 논쟁은 이렇게 이어진다. 우리가 정말로 기도가 어떻게 작용하는지 알 필요가 있는가? 어쨌든 기도가 효과 있다는 것을 보여주면 충분하지 않은가?

나는 그것으로 충분한지 잘 모르겠다. 여기가 진리의 다리로 돌아가는 지점이다. 나는 흡연이 폐암을 유발하는 방법에 대한 설명이 흡연이 폐암을 유발한다는 결론을 뒷받침한다고 생각한다.

그러나 잠시 모든 신학적 질문들은 무시하고, 결과를 액면 그대로 받아들여 보자. 기도는 효과가 있다. 그다음에는 이런 질문이 나올 것이다. 얼마나 효과가 있을까? 연구를 시작하기 전에, 해리스 팀은 관상동맥 치료실에서 환자의 치료 경과가 얼마나 나빴는지를 요약하는 척도를 발명했다. 그들의 접근법은 환자에게 일어날 수 있는 합병증에 특정한 값의 '점수'를 할당하는 것이었다. 예를 들어, 환자에게 일시적으로 심박조율기가 필요해지면 3점이었다. 환자가 사망했다면 6점이었다. 각 환자에게 합병증이 생길(또는 생기지 않을) 때마다 골프에서처럼 점수가 쌓였다. 즉, 환자의 상태가 나빠질수록 더 높은 점수를 받았다.

그렇다면 기도 받은 그룹은 기도 받지 않은 그룹보다 얼마나 더 나았을까? 음, 기도 그룹의 모든 점수를 합산해 환자 수로 나누면 1인 당 6.2점이 나온다. 기도하지 않은 그룹에 대해 동일한 작업을 수행 하면 1인당 7점이다. 1점이라는 이 차이는 기도 받은 그룹에 소속된 환자에서 기도 받지 않은 그룹 환자에서보다 '심각 수준' 합병증이 대략 1개만큼 적게 나타났다는 의미다. 환자 개개인을 대상으로 하면 어떤 상황일까? 하나의 가능성은 4점짜리 심실 빈맥이 있는 대신 3점짜리 3도 심 블록(심장 박동 후 자극이 연결 조직으로 전도되지 않는 증상– 옮긴이)만 생겼을 수 있다는 것이다. 또는 6점짜리 사망 대신 5점짜리 심장마비 후 생존이었을 수도 있다. 이 1점 차이는 통계적으로 유의미했다(p=0.04). 이것이 연구의 주요 결과였다.

하지만 우리가 여기서 말하는 대상은 신이니, 아마 인간이 발명한 척도로 환자에게 신이 어떻게 했는지 측정하는 이 방법은 최선이 아닐 것이다. 대신에 우리는 가장 명확하고 가장 흑백적인 결과에 초점을 맞춰야 할지도 모른다. 환자가 살았는가, 죽었는가? 기도 받지 않은 그룹의 경우 8.8퍼센트의 환자가 사망했고 기도 받은 그룹의 경우 9.0퍼센트의 환자가 사망했다. 이것은 아주 작은 차이인데, 통계적인 유의성을 달성하지 못했다. 환자들이 중환자실과 병원에서 보낸 시간은? 거기에서도 큰 차이는 없었다.

냉소주의자들은 이것이 신의 힘을 다소 제한적으로 보이게 하거나 신이 힘을 변덕스럽게 사용하는 것으로 보이게 만든다고 지적할 수 있다(실제로 그런 지적이 있었다). 신은 여러분의 병원 생활을 1점만큼 덜 불쾌하게 만들 수 있지만, 여러분이 병원에서 보내는 시간을 줄일 수는 없다(또는 그러고 싶어 하지 않는다). 하지만 다시 한 번 말하는데, 어쩌면 이것이 완벽하게 이치에 맞을지도 모른다. 신은 여러분의 고통을 조금이나마 덜어주되 여분의 생명은 허락하지 않는데, 왜냐하면 죽음이 결국 가장 중요하기 때문이다. 죽음이 없는데 삶이 존재할 수 있는가?

자, 여기서 이상한 사실이 하나 있다. 기도 받은 사람들은 기도 받지 않은 사람들보다 약간 더 높은 사망률을 보였지만, 다시 한 번 그 차이는 미미했다. 이 사실을 어떻게 설명하겠는가? 냉소적인 무신론자는 킥킥거리며 기도가 효과는 고사하고 역효과를 낼지도 모른다고 말할 수도 있다. 종교적인 사람은 아마도 환자들 중 일부는 더 빨리 죽는 것을 선호했고 신께서 그들의 소원을 들어주셨다고 주장할 수 있다. 통계학자는 이 연구의 모든 차이점(점수 면에서, 입원 기간 면에서, 사망률 면에서) 등이 무작위적 요행이었다고 말할 수 있다.

그 후 10년 동안 몇 번의 중보기도 임상시험 논문이 더 출간되었다. 2009년 코크런 데이터베이스는 총 3,389명이 참여한 중보기도 관련 연구 결과 5개를 살펴본 결과, 기도 받은 그룹과 기도 받지 않은 그룹의 유의미한 건강 결과(사망 포함)에는 큰 차이가 없다고 결론을 내렸다.

여러분이 원하는 대로 이 결과를 받아들이시길.

감사의
말

더튼의 편집자 스티븐 모로에게, 이 책을 어머니의 사랑으로만 읽을 수 있는 것에서 어머니께서 실제로 읽으실 수 있는 것으로 바꿔줘서 고맙습니다.

엄마, 아빠, 이 책은 두 분의 사랑, 보살핌, 지지, 관대함, 영원한 낙천주의가 없이는 존재하지 못했을 거예요. 고맙습니다.

줄리아, 네가 전부야. 엄청 사랑해. 그리고 나와 헤어지지 않아 줘서 고마워. 미겔, 곱슬머리 귀염둥이! 나를 삶의 벽 위로 밀어 올려 줘서 고마워. 파스케일, 카린, 뮤리얼, 모두 검은 옷을 입고 우리 집에 몰래 들어온 거 기억나? 난 아직도 그렇게 하고 있어. 워텍과 리키, 맹세할게. 언젠가는 다시 골프 칠 거야. 공짜 치료 고마워. 케니, 네가 읽고 있는 초안은 좀 예전 거야. 앤드루, 친구로서 검토해줘서 고마워. 클로디아, 해외배송 전자제품이 필요하면 언제든지 부탁해. 켐프스, 명예 K가 되어 영광이다. 켈스와 크리스티나, 다음에 내 얼굴에 케첩 묻으면 말 좀 해줘. 니나, 격려와 산악 사진 고마워. 와심, 시기, 라이카, 우정 차선 기대된다. 토니, 퍼트리샤, 두 사람 집에서 격려와 응원을 받아 이 책의 많은 내용을 썼어. 앞으로 더 예쁜 정원

가꾸길 기대할게. 노치, 핥아줘서 고마워.

엘리자베스 초, 이 책의 제목이기도 한 '재료'를 이해할 수 있게 도와줘서 고마워. 제임스 윌리엄스, 대니얼 스타인버그 그리고 나와 엘리자베스의 시리즈 제작을 도와준 '내셔널 지오그래픽'의 나머지 팀들에게도 감사한다(두 번째 시즌을 생각하고 계시다면… 지금이 좋은 시기일 겁니다). '내셔널 지오그래픽'에 제안을 보내도록 권유해서 이 '책 쓰기' 작업을 시작하게 해주고, 현재 내 에이전트인 제인 디스털을 소개해준 수전 히치콕에게도 고마움을 보낸다.

제인이 보낸 이메일 제목들에서 이 책이 탄생될 때의 이면을 엿볼 수 있다.

"그냥 궁금해서 그러는데요."

"똑똑, 계세요?"

"안 계세요?"

"드릴 말씀이 있어요."

"저 정말 할 얘기 있거든요?"

"제안 좀 드리려고요!!!"

제인, 고맙습니다. 진심이에요.

이 책은 미국화학협회의 수 모리세이, 글렌 러스킨, 데이브 스모로딘, 플린트 루이스, 인사부의 놀라운 관대함이 없었다면 불가능했을 것이다. 이 글을 쓰기 위해 내게 6개월의 휴식과… 복귀를 허락해주었다. 미국화학협회가 베푼 관대함의 대가를 짊어지게 된 힐러리

허드슨에게, 내가 없는 동안 배를 잘 운영해줘서 고마워요. 그리고 나머지 리액션 팀에게: 스티비 닉스가 뉴욕 닉스 농구 팀 선수라는 나의 잘못된 인식을 고쳐줘서 고맙습니다.

케이틀린 머리, 당신 덕분에 몇 번이나 누군가에게 상처 주는 일을 피할 수 있었어요. 내가 초안을 몇 달 일찍 보냈더라면 당신의 통찰력 있고 사려 깊은 비평이 특히 더 유용했겠지만요. 한 번도 나를 구속한 적이 없어서 고맙습니다. 해나 피니, 주의할 점을 알려주고 내가 흐름을 잃지 않게 도와줘서 고맙습니다. 케이틀린 칼, 우리는 만난 적이 없지만 표지의 거대한 치토스 그림을 보는 순간 동료 여행자의 유머감각을 느낄 수 있었어요. 로리 파뇨치, 당신은 11포인트로 쓰인 글자들을 놀랍게도 읽을 수 있는 뭔가로 만들어주었어요. 그리고 데이비드 체사노, 우리가 구두점에 대해 의견이 다르다는 건 알지만 디즈니와 관련된 내용에서 내 부끄러운 실수를 당신이 모두 잡아냈으니, 우리의 결투는 다음으로 미뤄도 될 것 같군요(다시는 〈A Whole New World〉 부른 사람을 착각하지 않을게요). 펭귄 랜덤하우스 법무 팀에게, 배상해줘서 고맙습니다. 불경스러운 치토스에 대해서는 사과하겠습니다. 더튼의 동료 작가이자 전 이웃인 다니엘 스톤, 내게 무엇을 기대해야 할지 말해줘서 고마워요. 위스키도요. 존 에시그먼, 새벽 1시에 이별로 힘들어하는 대학생을 위로하는 것보다 훨씬 나은 일들을 할 수 있었지만, 당신은 일어나서 그렇게 하더군요. MIT는 당신이 있어서 더 따뜻하고 친절한 곳이 되었습니다.

아주, 아주 많은 과학자들이 이 책의 일부를 읽고 오류를 지적하거나 추가적인 내용을 제공해주었다. 레지나 누조는 통계학의 스승이었다. 제이 코프먼은 역학의 양심이었다. 알리손 판 랄터와 미챌 엥겔먼은 인구통계학의 신이었다. 존 디조반나는 태양의 슈퍼히어로였다. 데니스 비어, 답답하면 언제든 연락해요. 타일러 밴더윌, 수업에 참관할 수 있게 해줘서 고맙습니다. 캐서린 플레걸, 나와 다퉈줘서 고맙습니다. 월터 윌렛은 아마 이 책 내용의 90퍼센트에 동의하지 않겠지만 흠잡을 데 없이 친절하고 따뜻했다. 딜런 스몰, 당신의 인과추론 잔치에 불쑥 끼어들게 해줘서 고맙습니다. 데이비드 존스, 2006년에 내주셨던 그 모든 과제물들에 감사합니다. 셰리 푸추−헤이스턴, 믿을 수 없을 정도로 상세한 이메일 고마워요. 데이비드 슈피겔할터, 예정된 인터뷰 시간보다 20분 더 기다리게 해서 정말 미안합니다. 솔직히 어떻게 그런 일이 일어난 건지 전혀 모르겠어요.

다른 많은 사람들도 사실의 정확성을 밝혀내는 데 극도로 너그럽게 시간을 할애해주었다. 켄 알발라, 데이비드 앨리슨, 찰리 배어, 레이 바벤, 밥 베팅어, 더그 브래시, 댄 브라운, 켈리 브라우넬, 빈센트 칸나타로, 데이비드 챈, 피터 콘스타벌, 얼리사 크리튼던, 제니퍼 디브륀, 패티 드그루트, 브라이언 디피, 조애나 엘스베리, 스콧 에번스, 크리 개스킨, 크리스 가드너, 로즈 글리도, 샌더 그린랜드, 고든 가이엇, 케빈 홀, 빌 해리스, 스티븐 헥트, 멜로니 헤론, 미시 홀브룩, 케이시 하인스, 존 이오아니디스, 굴나즈 자반, 니샤드 자야순다라, 레네 예스페르센, 팀 존스, 샹탈 줄리아, 마르테인 카탄, 데이비드 클러펠드, 수사네 크뇌첼, 데이비드 컵스터스, 트레이시 로슨, 빌 레너드, 제임스 레츠, 루시 롱, 데이비드 매디건, 램지 마커스, 파비안 미켈란젤리, 카를로스 몬테이로, 레이프 넬슨, 로라 니던호퍼, 브라이언 노섹, 샘 뉴전, 벳시 오그번, 울리 오스터발더, 시라크 파텔, 앤드리아스 사셰지, 데이비드 사비츠, 레오니트 사자노프, 카티아 신달리, 캣 스미스, 조지 데이비 스미스, 버나드 스루어, 바스 스타브로스, 도니 스테드먼, 마이클 스테프너, 다이애나 토머스, 밥 터전, 피터 언가, 리-젠 웨이, 밥 와인버그, 포레스트 화이트, 톨스턴 윌, 애덤 윌러드, 세라 영, 스탠 영. 감사합니다.

지은이 조지 자이던 George Zaidan

과학을 알기 쉽게 설명해주는 사람. 〈내셔널 지오그래픽〉 유튜브에서 "재료들: 우리 주변의 물건들을 이루는 화학Ingredients: The Stuff Inside Your Stuff"이라는 제목의 웹 시리즈를 연재했고 큰 사랑을 받았다. 또한 MIT의 웹 시리즈 "과학 큰 소리로 읽기Science Out Loud"를 공동 집필하고 감독했다. 〈뉴욕 타임스〉, 〈포브스〉, 〈보스턴 글로브〉, 〈내셔널 지오그래픽〉, NPR의 〈더 솔트〉, NBC의 〈코스믹 로그〉, 〈사이언스〉, 〈비즈니스 인사이더〉, 〈기즈모도〉 등에 글을 실었다. 현재 미국화학학회의 책임 프로듀서를 맡고 있다.

옮긴이 김민경

화학자. 한양대학교 공업화학과를 졸업하고 같은 대학에서 석박사 학위를 받았다. 미국 워싱턴 주립대학교에서 화학환경공학 박사후 과정을 밟았다. 2009년부터 한양대학교에서 학생들에게 화학을 가르치고 있으며, 강의를 시작한 이후 매년 한 번도 빠지지 않고 학생들이 뽑은 최고의 교수로 선정되었다. 2014년에는 한양대학교 저명강의교수상을 받았으며 2016년에는 '생활 속의 화학' 강의가 교육부 KMOOC 강의에 선정되었다. 저서로 《우리 집에 화학자가 산다》가 있다.

오늘의 화학

초판 1쇄 발행일 2021년 4월 12일
초판 2쇄 발행일 2021년 11월 15일

지은이 조지 자이던
옮긴이 김민경

발행인 박헌용, 윤호권
편집 최안나
발행처 ㈜시공사 **주소** 서울시 성동구 상원1길 22, 6-8층(우편번호 04779)
대표전화 02-3486-6877 **팩스(주문)** 02-585-1755
홈페이지 www.sigongsa.com / www.sigongjunior.com

ISBN 979-11-6579-529-0 03430

*시공사는 시공간을 넘는 무한한 콘텐츠 세상을 만듭니다.
*시공사는 더 나은 내일을 함께 만들 여러분의 소중한 의견을 기다립니다.
*잘못 만들어진 책은 구입하신 곳에서 바꾸어 드립니다.